Gernot Dern
Dieter Masak

Objektorientierte Systementwicklung für Praktiker

Objektorientierte Systementwicklung für Praktiker
von Gernot Dern und Dieter Masak

Gernot Dern
Dieter Masak

Objektorientierte Systementwicklung für Praktiker

Design und Implementierung von Objekten im Großrechnerumfeld

ISBN-13:978-3-322-86833-6 e-ISBN-13:978-3-322-86832-9
DOI: 10.1007/978-3-322-86832-9

Softcover reprint of the hardcover 1st edition 1996

Der Verlag Vieweg ist ein Unternehmen der Bertelsmann Fachinformation GmbH.

Druck und buchbinderische Verarbeitung: Hubert & Co., Göttingen
Gedruckt auf säurefreiem Papier

Danksagung

Die methodischen Grundlagen zu diesem Buch entstanden in den Jahren 1993/94. Im Verlaufe der Projekte Partner, Wertpapierhandel und Außendienstverwaltung bei der R+V Versicherung Wiesbaden ergab sich die Anforderung, eine Methodik zur Funktionsmodellierung zu existierenden Datenmodellen zu entwickeln.

Die spezielle Situation eines Versicherungsunternehmens erfordert die Integration von Methodiken zur detaillierten Modellierung von Geschäftsprozessen. Daraus ergab sich die zusätzliche Aufgabenstellung, die Durchgängigkeit zwischen Geschäftsprozeß- und Klassenmodellierung zu garantieren. Bei der Definition der Grundlagen dieser Methodik ist insbesondere Herrn Dr. Sutter zu danken. Er leistete im Bereich der Geschäftsprozeßmodellierung Basisarbeit und war auch bei der Definition der Klassenmodellierung durch wesentliche Beiträge beteiligt.

Innerhalb der R+V folgte die Forderung, eine Ausgestaltung der geschaffenen Analyse in Richtung Design und Implementierung durchzuführen. Dies führte insbesondere zum Entwurf einer Interface Definition Language sowie Leitlinien für das Datenbankdesign auf der Basis des Klassenmodells. Die spezielle Systemlandschaft ließ es zudem angeraten erscheinen, Untersuchungen zur Verteilung der Klassenimplementierungen unter CICS durchzuführen. Die Überprüfung der definierten Konzepte erfolgte im Rahmen eines Prototyps. Hier leistete Herr Gereon Krämer von der Firma Rösch Consulting Grundlagenarbeit.

Das innerhalb dieses Buches verwendete Anwendungsbeispiel Wertpapierverwaltung basiert auf einem Modell der R+V Versicherung. Es wurde vereinfacht und auf einen ausgewählten Geschäftsprozeß beschränkt.

Wiesbaden, im August 1995

Gernot Dern, Dieter Masak

Inhalt

1 Einleitung

1.1 Problemstellung und Motivation

Die klassische Modellierung von Informationssystemen basiert auf der Entity-Relationship-Methodik und der Strukturierten Analyse. Insbesondere die Schwächen der Strukturierten Analyse als Methodik zur Beschreibung der funktionalen Anforderungen an ein Informationssystem führen zu der Forderung nach einer Methode, die den Übergang von der Realität in das Modell und die Implementierung durchgängiger gestaltet.

Die Schwächen der strukturierten Analyse sind:

1. deutlicher Bruch zwischen den Phasen Analyse und Design,
2. geringe Kapselung von Daten und Funktionen,
3. kaum beherrschbare Komplexität der Datenflußdiagramme in großen Modellen,
4. geringer Eignungsgrad für den Entwurf verteilter Anwendungen,
5. kaum Wiederverwendungsmöglichkeiten.

Die bereits bestehenden Vorstellungen zu abstrakten Datentypen und objektorientierten Programmiersprachen, die der Idee der Kapselung von Daten und Funktionen Rechnung tragen, führten zur Entwicklung objektorientierter Analyse- und Designmethoden. In den objektorientierten Methoden werden Daten und Funktionen als gleichgewichtig behandelt, mehr noch, beide zusammen bilden eine Einheit. Diese Einheit wird dann als Klasse bezeichnet. Die Objektorientierung verspricht, speziell auf den Gebieten Kapselung, Verteilung und Wiederverwertbarkeit neue Möglichkeiten zu schaffen.

1.2 Objektorientierte Methoden

Den meisten Entwicklern ist objektorientierte Programmierung bekannt, aber seltener objektorientierte Systemanalyse und Design. Diese Phasen mit Hilfe des Objektansatzes zu bearbeiten, ist die logische Konsequenz aus dem Erfolg der objektorientierten Sprachen. Die meist aus der Programmierung stammenden Mechanismen können und sollten auf die frühen Phasen eines Projektes ausgedehnt werden.

Der Wechsel zu einer solchen Analysemethode verursacht jedoch häufig einen Paradigmawechsel, der die Integration bestehender klassischer Modelle wenig unterstützt und so eher revolutionären als evolutionären Charakter besitzt. Ein Paradigmawechsel ist für den Analytiker oder Entwickler stets eine große Belastung, da die Änderung bestehender Denkschemata ein langwieriger Prozeß ist. Neben der Umstellung des einzelnen Entwicklers muß in einer echt objektorientierten Entwicklung zusätzlich die Projektorganisation neu ausgerichtet werden. Die anstehende Arbeit muß anders organisiert werden, und die Entwicklungszyklen unterscheiden sich grundlegend. Naturgemäß müssen auch die verwendeten Vorgehensmodelle angepaßt werden.

Der nicht vollzogene, aber notwendige Paradigmawechsel ist einer der Hauptgründe für fehlgeschlagene Projekte, welche einen objektorientierten Ansatz verfolgten. Letztendlich kann es für ein Projekt günstiger sein, auf eine altbewährte Methodik mit allen ihren bekannten Schwächen zurückzugreifen, als auf schwer kontrollierbare neue Methoden.

An dieser Stelle ermöglicht die hier vorgestellte Methode einen sanfteren Übergang von traditionell strukturierten zu objektorientierten Methoden.

Wir wollen auf die geänderte Projektorganisation im folgenden nicht eingehen. Das Hauptaugenmerk dieses Buches liegt in der Methodik, jedoch sollte der Leser die Hinweise im Reengineering-Abschnitt überdenken und seine Projektorganisation entsprechend restrukturieren.

Einschneidende Eingriffe in die Organisation und das Vorgehensmodell sind, schon aus Gründen der Investitionssicherung für Unternehmen mit bestehenden detaillierten Modellen, ein wenig praktikabler Weg. Zudem hat sich gezeigt, daß die Durchgängigkeit der einzelnen Phasen einiger objektorientierter Analyse- und Designmethoden im Umfeld klassischer proprietärer Großrechnerumgebungen nicht aufgezeigt wird. Unter einer klassischen Großrechnerumgebung verstehen wir:

1. MVS/ESA, VM oder BS2000 als Betriebssystem,
2. CICS oder IMS als Transaktionsmonitor,
3. DB2 oder Oracle als Datenbankmanagementsystem,
4. COBOL, CSP oder PL/I als Programmiersprache.

Die Folge ist, daß objektorientierte Entwurfsmethoden selten in Projekten zum Einsatz kommen, die Informationssysteme zur Unterstützung des Kerngeschäftes eines Unternehmens erstellen. Denn das Kerngeschäft stellt hohe Anforderungen an die Rechnerressourcen, was die erwähnten Großrechnerumgebung z.Z. unausweichlich einschließt. Bei der Verarbeitung großer Datenmengen sind diese Systeme immer noch führend. Die aufgeführten Umgebungen stellen heute das EDV-technische Rückgrat vieler Unternehmen dar. Allein aus diesem Grund sollte eine objektorientierte Methodik für solche Systeme vorhanden sein.

Weiterhin sollte stets beachtet werden, daß Systemanalyse und Design nicht nur der Realisierung von Computerprogrammen dienen. Auch manuelle und organisatorische Vorgänge und Daten müssen modelliert werden. Erst die Modellierung des Gesamtsystems ermöglicht es, gute Problemlösungen zu finden und gezielt bestimmte Teile eines Anwendungsgebietes EDV-technisch zu unterstützen. Zusätzlich ist die umfassende Modellierung als notwendige Voraussetzung für ein echtes und erfolgreiches Reengineering anzusehen.

Ein weiterer Gesichtspunkt bei der Beurteilung objektorientierter Analysemethoden ist die Unterstützung durch ein Werkzeug. Hat ein Unternehmen bereits Entity-Relationship-

Modelle werkzeugunterstützt mit Hilfe sogenannter CASE-Werkzeuge entwickelt, so wurden beträchtliche Investitionen getätigt. Daher erscheint es aus Kostengründen wünschenswert, den Wechsel zu objektorientierten Methoden ohne Werkzeugwechsel durchzuführen. Kosten sind hierbei nicht nur die Kosten der kommerziellen Software, sondern auch die Einarbeitungszeit für die Werkzeugbenutzer. Dieser Kostenfaktor liegt in der Größenordnung von mehreren Monaten pro Entwickler. Im Rahmen der hier vorgestellten Methodik kann der Entwickler das ihm bekannte und vertraute CASE-Werkzeug weiterhin benutzen und so einen großen Zeitvorteil gegenüber dem Umstieg auf neue, unbekannte Werkzeuge gewinnen. Allerdings müssen wir auch mit den Restriktionen des ausgewählten Werkzeugs leben.

Motivation für unsere Methodik (PROKLAM), die in diesem Buch vorgestellt wird, ist die Erkenntnis, daß die Objektorientierung auch in der Modellierung zu besseren und verständlicheren Ergebnissen führt als die Strukturierte Analyse. Der Entity-Relationship-Ansatz hat sich andererseits für die Modellierung von Daten bestens bewährt. Zudem beruhen viele bestehende, zum Teil unternehmensweit eingesetzte Modelle bis hin zur Implementierung auf dem Entity-Relationship-Ansatz. Die meisten derzeit in der Informationsverarbeitung verwendeten Datenbanksysteme basieren auf einem relationalen Ansatz, der die Fortsetzung der Entity-Relationship-Modellierung im Design und in Implementierung darstellt.

Die Gestaltung des Softwareentwicklungsprozesses sollte von der Analyse bis zur Implementierung in einer Synthese der Vorteile der Entity-Relationship-Modellierung und der objektorientierten Modellierung und Implementierung erfolgen. Diese Vorteile sind[1]:

1. verfügbare, ausgereifte Werkzeuglandschaften,
2. Verständlichkeit der Datenmodelle auch für die Anwender,

[1] Die Gewichtung dieser Vorteile wird in jedem Unternehmen unterschiedlich erfolgen.

3. großes vorhandenes Know-how bei den Analytikern,
4. Verfügbarkeit ausgereifter, auf den Entity-Relationship-Ansatz zugeschnittener Datenbankmanagementsysteme,
5. zufriedenstellende Durchgängigkeit der Phasen,
6. Kapselung von Daten und Funktionen,
7. stärkere Entsprechung von Modell und Realität,
8. Einsetzbarkeit bei der Modellierung verteilter Systeme,
9. Wiederverwendbarkeit von Objekten.

Unsere Methodik zielt insbesondere darauf, die Umsetzung der in Analyse und Design geschaffenen Modelle in Informationssysteme so zu ermöglichen, daß deren Systemarchitektur die Struktur der Analysemodelle widerspiegelt und die Möglichkeit der Verteilung von Anwendungsbausteinen eröffnet. Die Struktur des Analysemodells muß die treibende Kraft hinter dem Anwendungssystem sein. Alles andere stellt eine unnötige Restriktion dar.

1.3 Das Anwendungsbeispiel

Für die Verständlichkeit der von uns vorgestellten Methodik ist es entscheidend, sie mit einem durchgängigen, prägnanten Beispiel zu versehen. Deshalb soll, bevor im einzelnen auf die Inhalte der Methodik näher eingegangen wird, das dieses Buch stets begleitende Anwendungsbeispiel beschrieben werden. An einigen Stellen werden wir jedoch aus didaktischen Gründen von diesem durchgängigen Beispiel abweichen.

1.3.1 Wertpapierhandel

Das gewählte Beispiel stammt aus dem Bereich eines Versicherungsunternehmens und dient der Modellierung der Wertpapierverwaltung im Kaptitalanlagebereich. Ausgangspunkt ist der Geschäftsprozeß „Wertpapiergeschäft vorbereiten", der im folgenden genutzt wird, um nach und nach die im Rahmen dieses Buches verwendeten Modelle aufzubauen. Die fachliche Gesamtheit eines solchen Systems kann nicht Bestandteil eines Buches über eine Methodik zum Softwareengineering sein. Deshalb wird die im einzelnen komplexe Materie auf ein leichter nachvollziehbares Maß an Komplexität reduziert. Es wurde bewußt dieses Beispiel gewählt, um einen Ausschnitt der Problem Domain zu untersuchen, der im Tagesgeschäft eines Großunternehmens von Bedeutung ist. Wir wollen keine Reduktion auf die eingeschränkte Sicht eines Schulungsbeispiels durchführen. Das gewählte Anwendungsszenario kann dann, bei entsprechendem Transferaufwand, ein roter Faden für die Modellierung der für den jeweiligen Leser in Frage kommenden Geschäftslogik sein.

1.3.2 Prozeßbeschreibung

Im Rahmen des gewählten Geschäftsprozesses gilt es, einen Wertpapierkauf oder -verkauf soweit vorzubereiten, daß nach erfolgreicher Vorbereitung das eigentliche Geschäft disponiert oder getätigt werden kann. Zu den notwendigen Vorbereitungen gehören:

1. Geschäftsvorbereitung erfassen:

- Festlegung der Abwicklungsart (Disposition, Order oder Direktgeschäft),
- Festlegung der gewünschten Geschäftsart (Kauf oder Verkauf),
- Festlegung und eventuelle Erfassung des betroffenen Finanzproduktes.

2. Auswahl und gegebenenfalls Neuaufnahme der am Geschäft beteiligten Partner.

Im Falle eines Direktgeschäftes ist der Prozeß abgeschlossen, und das eigentliche Geschäft wird in einem Folgeprozeß bearbeitet. Ansonsten wird "Wertpapiergeschäft vorbereiten" folgendermaßen fortgesetzt:

3. Definition des geplanten Auftragsvolumens,
4. Festlegung der Gültigkeitsdauer der Order,
5. im Falle eines Verkaufes Prüfung und notwendige Reservierungen im Bestand,
6. Prüfung der Berechtigung des zuständigen Händlers,
7. Durchführung der Stückdisposition im Falle einer Disposition.

Der ausgewählte Geschäftsprozeß wird begleitend zur Entwicklung der Methodik verfeinert und zu einem (vereinfachten) vollständigen Modell detailliert. Grundlage der Beschreibung ist der Geschäftsprozeß aus Abbildung 1.1. Sie gibt einen Überblick über den Verlauf einer Wertpapiergeschäftsvorbereitung.

Abbildung 1.1 Wertpapiergeschäft vorbereiten

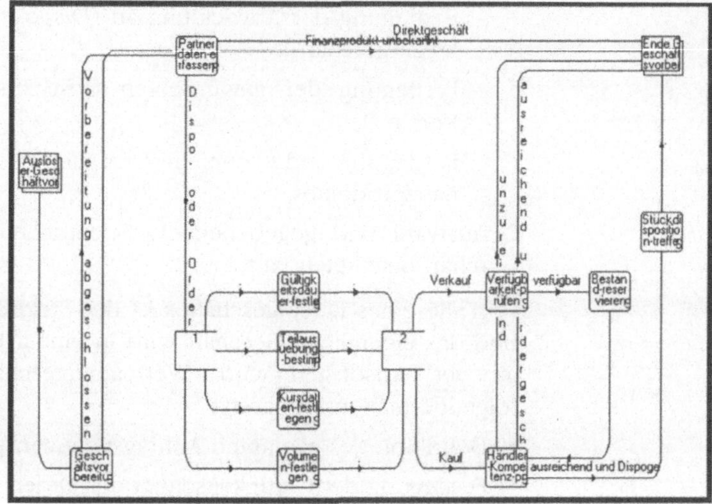

Alle Phasen der Modellierung dieses fachlichen Problems werden in einem CASE-Werkzeug dargestellt. Die Phasen beinhalten auch die Modellierung und Implementierung des beispielhaften Geschäftsprozesses „Wertpapiergeschäft vorbereiten", auf den im gesamten Buch immer wieder Bezug genommen wird.

2 Objektorientierte Analyse

2.1 Gesamtmodell

2.1.1 Einleitung

Für die Analyse eines gegebenen Systems existieren zur Zeit verschiedene Methoden, angefangen von traditioneller strukturierter Analyse bis hin zu objektorientierten Methodiken. Zwischen ihren einzelnen Verfechtern bestehen nicht selten große Auffassungsunterschiede darüber, welches die beste Methode sei. Eine solche „beste Methode" existiert jedoch nicht, denn alle ausgereiften Methoden sind, bei kompetenter Anwendung, in der Lage, eine für die Implementierung verwertbare Systembeschreibung zu liefern. Genauer müßte man formulieren: Es gibt weder gute noch schlechte Methoden, sondern nur problemadäquate oder inadäquate Methoden.

Das Hauptmerkmal einer adäquaten Methodik ist die Verständlichkeit der Beschreibungssprache. Adäquate Methoden zeichnen sich durch einen hohen Grad an Eleganz und Kompaktheit aus und sind, insbesondere gegenüber dem Personenkreis, der die fachlichen Anforderungen stellt, vermittelbar. Die Merkmale für eine erfolgreiche systemanalytische Beschreibung, auch Fachkonzept genannt, sind Verständlichkeit, Minimalität und Vollständigkeit. Wir können unsere Adäquatheitsaussage auch anders formulieren: „Zu jeder gegebenen Methode läßt sich ein Problem formulieren, für das die Methode nicht adäquat ist".

Traditionell werden die Methodiken zusätzlich in bottom-up bzw. top-down Ansätze unterschieden, wobei eine top-down-Vorgehensweise eine Beschreibung erzeugt, die, ausgehend von sehr abstrakten Formulierungen, immer konkretere Formen ausbildet. Neben diesen beiden Richtungen bestehen, meist aus praktischer Notwendigkeit geboren, hybride Ansätze. Bei diesen wird die Beschreibung von beiden Seiten zugleich vorangetrieben.

Die objektorientierte Modellierung betrachtet in der Regel die zu untersuchenden Daten, um diese dann sukzessive durch Funktionen zu ergänzen, welche auf ihnen operieren. Die Zusammenfassung der Strukturbeschreibung von Daten und Funktionen wird dann als Klasse bezeichnet. Sie liefert eine verallgemeinerte Beschreibung der Grundstruktur ähnlicher Objekte der Realität. Es hat sich deshalb durchgesetzt, die Instanz oder Ausprägung einer Klasse als Objekt zu bezeichnen. Hieraus leiten alle objektorientierten Methoden ihren Namen ab. Wir werden diesem Sprachgebrauch folgen und die Begriffe Instanz und Objekt sowie Funktion und Methode synonym gebrauchen.

Bei der Bildung einer Klasse werden die Daten und Funktionen zu einer Klasse zusammengefaßt. Die einzelne Klasse kann nicht spontan gefunden werden, sondern es wird ein Entwurf erstellt, der anschließend überprüft wird. Durch eine ausreichende Anzahl von Wiederholungen dieses klassenbildenden Prozesses gelangt der Analytiker zu Modellen, welche die fachlichen Anforderungen hinreichend genau abbilden. Theoretisch kann so, durch einen genügenden Iterationsaufwand, das fachliche Modell exakt beschrieben werden. In der Praxis erweist es sich als unmöglich, die Vollständigkeit und die Minimalität eines Modell zu verifizieren. Einzig möglich ist eine Falsifikation des Modells. Hierfür müßte, bei korrekter Wortbedeutung, ein zweites unabhängiges Modell erstellt werden. Ein solches Vorgehen läßt sich in realistischen Projekten jedoch nicht durchsetzen. Die Situation gleicht somit der in den Naturwissenschaften. Auch hier lassen sich Modelle nicht verifizieren, nur falsifizieren und gelten bis zur Falsifikation als brauchbare Beschreibung einer naturwissenschaftlichen Problemstellung.

Neben den Daten und Funktionen existiert im fachlichen Modell ein weiterer Typ zu untersuchender Objekte: die fachlichen Prozesse, im allgemeinen als Geschäftsprozesse bezeichnet.

Erst die Betrachtung dieser einschließlich der Daten und Funktionen ergibt ein abgerundetes Bild der fachlichen Anforderungen. Die Gesamtheit der fachlichen Anforderungen wird häufig auch als Problem Domain bezeichnet, ein Begriff, der im Rahmen dieses Buches beibehalten wird. Es liegt daher nahe, die Analyse als einen holistischen, d.h. ganzheitlichen Vorgang zu betrachten. Genau dies geschieht in der **Pr**axis**o**rientierten **Kla**ssen**m**odellierung (**PROKLAM**). Bei diesem holistischen Vorgehen werden die Prozesse, Daten und Funktionen nicht getrennt voneinander betrachtet, sondern stets als semantische Einheit gesehen. Diese Beziehung ist wechselseitig. Es gibt keine Funktionen ohne Daten und keine Daten ohne Funktionen.

In PROKLAM sind alle drei Teile der Problem Domain, Geschäftsprozesse, Daten und Funktionen gemeinsam die treibende Kraft hinter dem Klassenmodell.

Die starke Einbeziehung der Geschäftsprozesse hat eine einfachere Kommunikation mit dem Endanwender zur Konsequenz. Dieser formuliert seine Anforderung meist in prozessuraler Form, ganz im Sinne der Geschäftsprozeßdarstellung. Fachbereiche denken in der Regel in Abläufen.

Bei der Formulierung der Geschäftsprozesse kann das bestehende Wissen über Strukturierte Analyse wiederverwendet werden, da Prozeßmodelle das Rückgrat der Strukturierten Analyse bilden.

Das Gesamtmodell besitzt jedoch noch zwei weitere, oft vernachlässigte Teile. Zum einen das Lifecycle-Modell der Klasseninstanzen, auch Zustandsmodell der Objekte genannt, und zum anderen das Verteilungsmodell für die Klassen und Prozesse.

Die in diesem Buch vorgestellte Methodik betrachtet daher alle vier Bereiche des Gesamtmodells in einem gesamtheitlichen Ansatz:

1. Klassenmodell
   Das Klassenmodell wird mit Hilfe eines bottom-up Ansatzes gewonnen. Eine Klasse besteht aus Daten und auf den Daten operierenden Funktionen. Als grundlegende Notation der Daten aller Klassen wird das klassische Entity-Relationship-Modell, wie es in jedem Buch über Datenmodellierung zum Einsatz kommt, verwendet. Ausschnitte dieses Datenmodells, die Datensichten, werden für die Klassenbildung verwandt. Eine Klasse besitzt genau eine Datensicht auf das Entity-Relationship-Modell. Auf diesen Datensichten des Entity-Relationship-Modells agieren die Klassen mit ihren Funktionen. Das so gewonnene Klassenmodell ist jedoch noch nicht vollständig, sondern muß durch die im Geschäftsprozeßmodell gewonnene Information ergänzt werden. Im Klassenmodell wird zwischen Basisklassen und aggregierten Klassen unterschieden. Basisklassen bilden die unterste Ebene des Gesamtmodells. Sie haben einen direkten Bezug, d.h. direkten Zugriff auf das Datenmodell. Aggregierte Klassen hingegen erweitern das Modell um solche Klassen, die wiederum Instanzen anderer Klassen als zentrale Bestandteile beinhalten. Sie besitzen keinen direkten Bezug zum Datenmodell.

   Eine dritte Art von Klassen, die Metaklassen, werden in einigen Abschnitten nur kurz erwähnt. Metaklassen sind Klassen von Klassen, d.h. die Instanz einer Metaklasse ist wiederum eine Klasse.

2. Geschäftsprozeßmodell
   In einem top-down Ansatz wird das Geschäftsprozeßmodell gewonnen. Das Modell beschreibt die Logik von Geschäftsprozessen, oft auch als fachliche Abläufe oder Vorgänge bezeichnet. Es dient, neben der Kommunikation mit dem Endanwender, dem Auffinden weiterer Klassen. Aus dem Entity-Relationship-Modell werden vorwiegend Basisklassen und aus dem Geschäftsprozeßmodell Aggregationsklassen abgeleitet. Zudem beschreibt dieses Modell die Geschäftslogik, die zum einen zahlreiche Organisationseinheiten eines Unternehmens einbezieht und zum ande-

ren Integritätsbedingungen auch über längere Zeiträume gewährleisten muß.

3. Lifecyclemodell (Zustandsmodell)
   Durch die Betrachtung des Lebenszyklus der einzelnen definierten Klassen wird ein Zustandsmodell der Instanzen dieser Klasse entworfen. Dieses Modell kann zur Bestimmung weiterer Funktionen und Daten verwendet werden. Idealerweise besitzt jede Klasse ein Zustandsmodell. Die Übergänge einer Klasse von einem Zustand in einen anderen müssen durch entsprechende Funktionen sichergestellt werden. In der Praxis wird man jedoch nur für ausgewählte Klassen die expliziten Zustände formulieren, da das Zustandsmodell für die meisten Klassen trivial ist. Auf die Darstellung trivialer Zustandsmodelle werden wir verzichten.

4. Verteilungsmodell
   Für die Klassen und Geschäftsprozesse ist die Zuordnung zu Geschäftslokationen aus fachlicher und organisatorischer Sicht schon zum Zeitpunkt der Systemanalyse notwendig. Nur so läßt sich ermitteln, wo welche Teile der zu erstellenden Anwendung an unterschiedlichen Unternehmensstandorten eingesetzt werden. Zusätzlich wird auf Grund des Mengengerüstes der Prozesse, Daten und Funktionen die Stärke der Klassenkommunikation analysiert. Sind diese fachlichen Verteilungsanforderungen beschrieben, so können Verteilungsaspekte in der Design- und Implementationsphase besser berücksichtigt und eventuelle Sollbruchstellen geplant werden.

In einem anschließenden Abschnitt werden wir den Entwurf des Klassenmodells betrachten. Dieser wird in den darauffolgenden Abschnitten durch die Modellierung von Geschäftsprozessen ergänzt. Dabei wird aufgezeigt, daß das Klassenmodell und das Geschäftsprozeßmodell ohne Bruch ineinandergreifen und sich gegenseitig ergänzen. Vervollständigt wird das Gesamtmodell durch die detaillierte Entwicklung eines Zustandsmodells. Ein Verteilungsmodell ist nicht unbedingt erforderlich, allerdings muß die Information erneut ermittelt werden, wenn in der Designphase die Verteilung der Anwendung ansteht. Unsere Methode PROKLAM betrachtet deshalb das Verteilungsmodell als einen ergänzenden Bestandteil des Gesamtmodells.

2.1.2 Beschreibung der Modellstruktur

Das Gesamtmodell besteht aus den erwähnten vier Teilen: Klassenmodell, Geschäftsprozeßmodell, Lifecycle-Modell und Verteilungsmodell. Alle müssen gemeinsam gewonnen werden, nur dies ermöglicht eine gesamtheitliche Vorgehensweise.

In der Praxis wird man jedoch immer einen Teil in der Entwicklung vorantreiben, ihn mit dem Rest konsolidieren und dann andere Teile vorantreiben. Die Verzahnung der Modelle sollte nicht unterschätzt werden, speziell das Geschäftsprozeßmodell und das Klassenmodell sind untrennbar miteinander verbunden. Bei allen Darstellungen sollte unbedingt darauf geachtet werden, daß Notation und Modell nicht miteinander verwechselt werden dürfen. Notation ist ein syntaktischer Darstellungsteil, während das Modell die eigentliche Semantik bildet.

Betrachten wir das Klassenmodell. Hierbei ist das Entity-Relationship-Modell ein Teil des Klassenmodells und nicht mit ihm identisch. Das Entity-Relationship-Modell wird als Notation für die Datensichten verwandt. Dies kann auch in völlig anderer Form geschehen. Wird ein CASE-Tool benutzt, so liegt es nahe, die Modellierungswerkzeuge des Tools zu verwenden.

Das betrachtete Entity-Relationship-Modell kann jedoch durch die klassischen Datenmodellierungsverfahren gewonnen werden. Diese Stelle ist ein Ansatzpunkt für die Wiederverwendung von Modellierungs- und fachlichem Wissen in einem Unternehmen. Zum einen können bestehende Datenmodelle, meist unter großen Mühen und Kosten erstellt, übernommen werden, und zum anderen bleibt das Wissen über Datenmodellierung gültig. Neben der Informations- und Meta-Informationskonservierung kann im Rahmen von PRO-

KLAM auch das bisher genutzte CASE-Tool weiter verwendet werden. Voraussetzung ist allerdings, daß dieses CASE-Tool eine gute Modellierung von Entity-Relationship-Modellen und Prozessen erlaubt. Die Nutzung eines CASE-Werkzeuges für die PROKLAM-Verwendung wird in den folgenden Methodenabschnitten deutlicher werden.

2.2 Klassenmodell

2.2.1 Einleitung

Ausgangspunkt der Klassenmodellerstellung sind die fachlichen Daten eines zu modellierenden Geschäftsbereiches. Die Darstellung der Daten erfolgt in Form eines Entity-Relationship-Diagramms. Dieses wird dann nach und nach zu einem Klassenmodell erweitert. Das Entity-Relationship-Modell liegt entweder bereits aufgrund früherer Modellierungsaktivitäten des Unternehmens vor oder wird jetzt, unter Nutzung des vorhandenen Modellierungs-know-hows, erstellt. Bücher und Seminare über "klassische" Datenmodellierung existieren in großer Zahl. Auch die verschiedenen Notationen und Nuancen in der Entity-Relationship-Modellierung sind Feinheiten, welche zur Anwendung von PROKLAM unerheblich sind. Wir passen uns der erweiterten Chen-Notation nach James Martin an. Sie wird im CASE-Tool KEY von Sterling Software, früher ADW von KnowledgeWare, benutzt. Wird im konkreten Fall eine andere Datenmodellierungsnotation verwandt, so müssen die im Buch aufgezeigten Beispiele leicht modifiziert werden.

Eine Darstellungsmöglichkeit für überdeckende und nicht-überdeckende Spezialisierung sowie die Vererbung von Schlüsseln in Entity-Typen muß vorhanden sein. Kann ein CASE-Tool oder eine bisherige Datenmodellierungstechnik dies nicht gewährleisten, so ist entweder die Technik bzw. das CASE-Tool zu ändern, oder diese speziellen Darstellungsformen werden mit Hilfe einer Namenskonvention simuliert und eingehalten.

Die Modellierung und der Entwurf eines Informationssystems für Großunternehmen ohne Berücksichtigung bestehender Systeme, gewissermaßen „auf der grünen Wiese", ist heute im Bereich professioneller Anwendungen die große Ausnahme. Vielmehr ist die Integration bestehender Anwendungen zu berücksichtigen, die häufig auf einem Bereichsdatenmodell basieren, das zuvor mit erheblichem Analyse- und Abstimmungsaufwand erstellt wurde. In diesen Modellen sind fachliche Begriffe, Zusammenhänge, Abhängigkeiten sowie Regeln umfassend beschrieben.

In einer solchen Ausgangssituation ist es ohne weiteres möglich, bereits im Detail modellierte Teile der zukünftigen Anwendung als Grundlage der Klassenmodellierung zu nutzen. Dies sichert getätigte Investitionen. Sind Bereiche eines Unternehmens zu beschreiben, deren Daten bisher nicht modelliert wurden, so werden diese nach der vorhandenen Entity-Relationship-Methodik behandelt. Die so bereitgestellten Datenmodelle bilden den Einstieg in das zu erstellende Klassenmodell. Die Entity-Relationship-Modellierung ist in diesem Fall eine Vorstufe zur Klassenmodellierung.

Bei einem völlig neuen Modell bietet es sich an, das Entity-Relationship-Modell und das Klassenmodell simultan zu entwickeln. Bei dieser Form der Entwicklung können sich beide Modelle gegenseitig befruchten. Allerdings muß streng darauf geachtet werden, daß das Entity-Relationship-Modell nicht zu einem simplen Abbild des Klassenmodells degradiert wird. Ein gutes Entity-Relationship-Modell enthält sehr detaillierte Informationen über die einzelnen Klassen hinaus und kann zusätzliche Konsistenzprüfungen eines Klassenmodells einschließen.

So ist im Falle der Modellierung einer verteilten Anwendung die Zahl der zu modellierenden Klassen begrenzt. Ansonsten ist eine sinnvolle Planung der Verteilungsaspekte nicht möglich. Die fachlichen Regeln bezüglich der zugrundeliegenden Daten können in diesem Fall trotzdem detailliert mittels eines Entity-Relationship-Modells beschrieben werden. Unabhängig vom Ziel einer Verteilung sollte die Zahl der Klassen eingeschränkt werden, da das Klassenmodell ansonsten zu unübersichtlich wird. Ist dies nicht möglich, so müssen geeignete Untermengen des Klassenmodells gebildet werden, welche die Überschaubarkeit des Klassenmodell erhöhen.

Nicht alle Klassen müssen in Form einer EDV-Lösung realisiert werden. Auch manuelle, d.h. von Menschen ausgeführte Vorgänge können als Funktionen von Klassen beschrieben werden. Meist kann man schon sehr früh erkennen, ob ein bestimmter Teil des Geschäftsprozeß- und Datenmodells am Ende manuell realisiert wird. Für diesen klar abgegrenzten Teil wird die Analyse genauso intensiv durchgeführt wie für alle anderen Teile. Lediglich im Design und im Implementierungsteil wird man diese Gebiete nur oberflächlich behandeln. Die intensive Analyse der prädestiniert manuellen Teile hat zwei Ursachen: Zum einen benötigt man eine eindeutige Beschreibung der Schnittstellen dieser Teile zum Rest des Systems, zum anderen bietet sich hier die Chance, alle Informationen für ein vollständiges Business Process Reengineering zu sammeln und zu verwalten.

2.2.2 Entity-Relationship-Modell des Wertpapierhandels

Das Entity-Relationship-Modell zur Beschreibung des Datenteils des Geschäftsprozesses „Wertpapiergeschäft vorbereiten" eines Wertpapierhandelssystems besteht aus drei Kernbereichen:

1. Partner (im Bereich des Wertpapierhandels),
2. Vertrag (Kapitalanlagevertrag),
3. Produkt (des Finanzsektors).

Im folgenden soll der Datengehalt dieser drei Kernbereiche und ihrer Abhängigkeiten in vereinfachter Form beschrieben werden.

2.2.3 Finanzprodukt

Das Finanzprodukt besteht aus den drei Teilen:

- Finanzprodukthierarchie mit Bestimmungsfaktoren,
- Geschäftsart,
- Kauf, Vorkauf, Verkauf bestimmter Finanzprodukte inklusive Geschäftsvorbereitung.

In der Abbildung 2.1 sind die verschiedenen Entitätstypen und Relationen des Datenmodells Produkt zu sehen. Die verwendete graphische ADW-Notation wird im Anhang erläutert.

Die zentralen Entity-Typen sind das Finanzprodukt, die Finanzproduktaktion und die Finanzproduktnutzung. Diese zentralen Entity-Typen zerfallen in Subtypen. Das hier dargestellte Datenmodell „Finanzprodukt" wird in einer Vielzahl von Unternehmen in ähnlicher Form anzutreffen sein.

Abbildung 2.1 Datenmodell Produkt

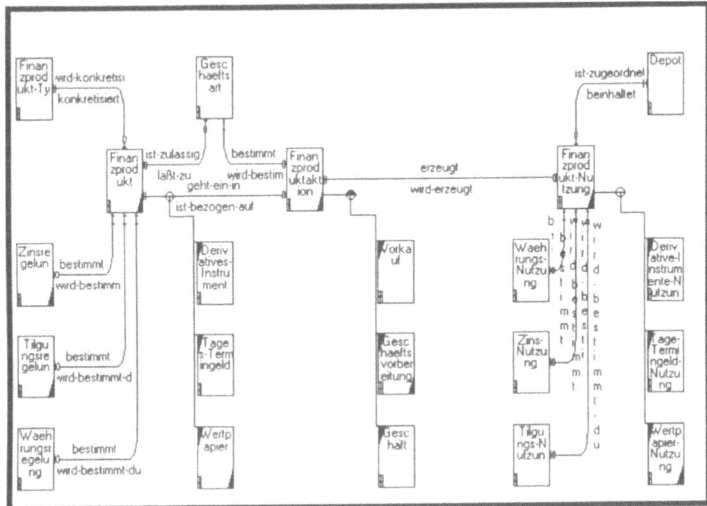

2.2.4 Partner

Das Datenmodell „Partner" besteht aus den drei Teilen:

- Partnertypen, d.h. Privatpersonen und Unternehmen,
- Mitarbeiter und Händlerberechtigungen,
- Adressen und Telekommunikationsanschlüsse.

Partner sind in diesem Modell alle Menschen, Unternehmen oder Organisationen, die im Rahmen des Geschäftes des betrachteten Finanzdienstleisters von Interesse sind.

Neben dem Partner besitzt die Adresse eine große Bedeutung in dem von uns verwandten Kontext. Sie wird durch ein eigenes Teilmodell Adresse beschrieben.

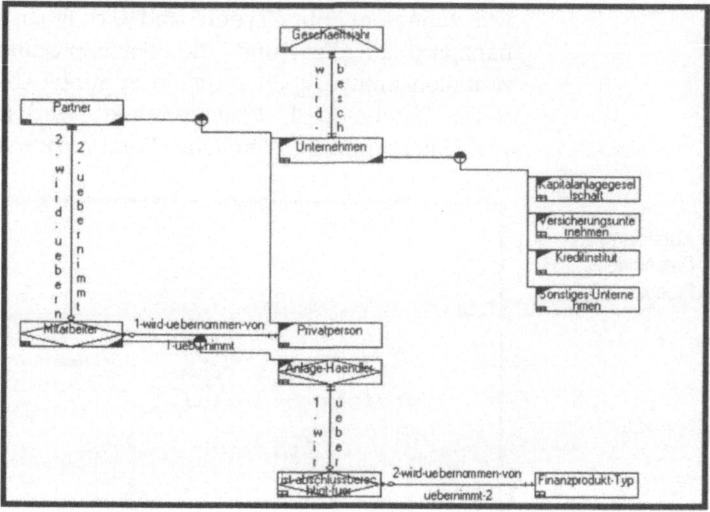

Abbildung 2.2
Datenmodell
Partner

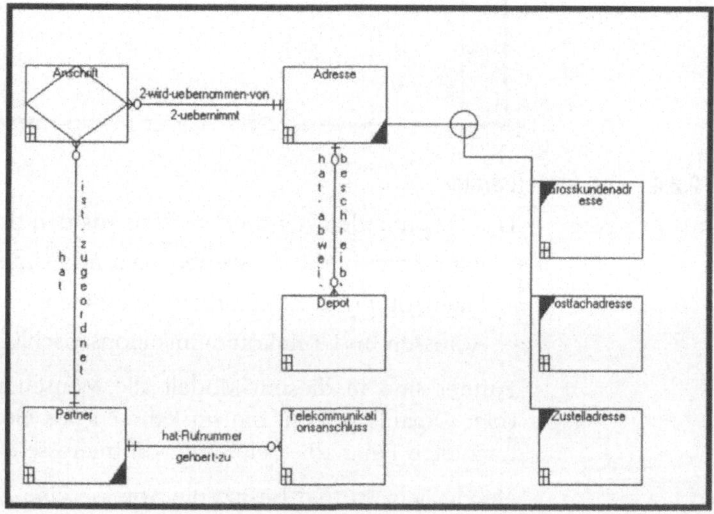

Abbildung 2.3
Datenmodell
Adresse

Adressen werden in diesem Modell als eigenständiger Entity-Typ modelliert, um sie in einem weitergehenden Ansatz Immobilien, Wertpapierdepots (abweichende Depotanschrift) etc. zuordnen zu können.

2.2.5 Vertrag

Der letzte Teil unseres Fallbeispiels ist das Datenmodell „Vertrag“. Es besteht aus den vier Teilen:

- Kapitalanlagevertrag und Produktvereinbarung,
- Nebenkostenvereinbarung,
- Bezug zum Händler,
- Bezug zum Produkt.

Abbildung 2.4
Datenmodell Vertrag

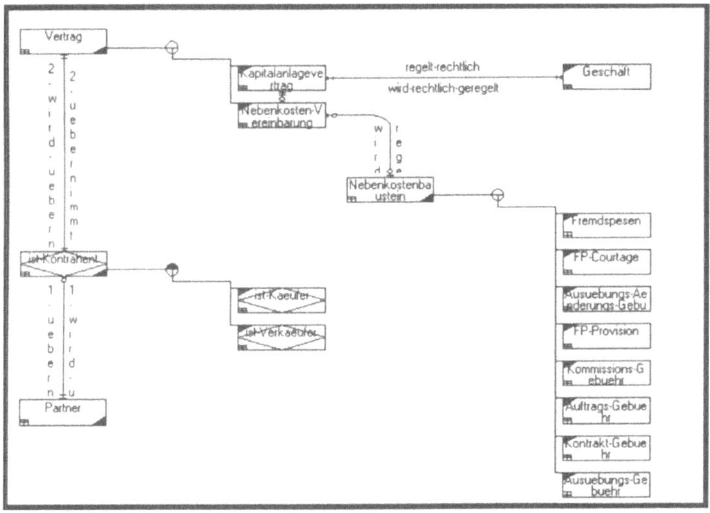

Diese Teilmodelle, genauer gesagt handelt es sich um Sichten auf das Gesamtmodell, bilden die Datengrundlage unseres durchgängigen Beispiels. Der Einfachheit halber haben wir auf die Beschreibung der Attribute der Entity-Typen verzichtet.

2.2.6 Basisklassen

Ziel der Definition von Klassen ist die sinnvolle Kapselung von Daten und Funktionen zu überschaubaren Einheiten. Die Klassen dienen als Grundlage eines detaillierten Systemdesign bis hin zur Planung einer möglichen Verteilung eines Endsystems. Die Daten werden als Entity-Relationship-Modell beschrieben und liegen damit in standardisierter und verständlicher Form vor. Da das Entity-Relationship-Modellierungs-Wissen weit verbreitet ist, können wir allgemeine Verständlichkeit voraussetzen.

Basisklassen sind diejenigen Klassen, die einen Ausschnitt des Datenmodells direkt verwalten und die dafür erforderlichen Funktionen bereitstellen. Die Daten werden als Datensicht auf dem gesamten Datenmodell definiert. Sie werden direkt und ausschließlich über die in der Klasse definierten Funktionen verwaltet. Die Ausschließlichkeit der Verwaltung über die Klasse ist die direkte Folge des Prinzips der Kapselung. Wir betrachten die Datensicht einer Klasse als Minidatenmodell für die Klasse, d.h. die Klasse benutzt keine Daten außerhalb der Klassendatensicht.

Eine Basisklasse beschreibt also eine Datensicht sowie Funktionen, die auf dieser Sicht operieren. Sie bildet eine Zusammenfassung von Funktionen und Daten nach fachlichen, datenorientierten Gesichtspunkten. Die Klasse beinhaltet nicht nur die Daten und Funktionen, sondern auch alle notwendigen Regeln zur Konsistenzhaltung der Datensicht. Unter den Basisklassen existieren zwei Sonderformen, die genutzt werden, um bestimmte Modellierungsaspekte zu berücksichtigen. Diese Sonderformen sind die Spezialisierungsklassen und die Assoziationsklassen.

2.2.7 Spezialisierungsklassen

Das Konstrukt der Spezialisierungsklasse wird verwendet, um das Prinzip der Vererbung im Rahmen von PROKLAM abzubilden. In der diesem Buch zugrundeliegenden Entity-Relationship-Methodik werden Spezialisierungshierarchien zur Darstellung einfacher Vererbung im Sinne einer Abstraktion bzw. Spezialisierung von Entity-Typ zu Entity-Typ genutzt. Dieser Ansatz soll im Rahmen der Methode PROKLAM bei der Modellierung der Basisklassen erweitert werden, um die Vererbung von Daten und Funktionen abzubilden.

Deshalb werden Spezialisierungsklassen (oder Subklassen) definiert, die zur Modellierung von Generalisierungs- oder Spezialisierungshierarchien genutzt werden. Dabei gehen diese Klassen jedoch über die reine Spezialisierung der Datenstrukturen hinaus. Ausgangspunkt für die Spezialisierung ist stets eine andere Basisklasse, die sogenannte Superklasse. Hierbei gilt, wie für objektorientierte Ansätze üblich, daß die Spezialisierungsklasse einer anderen Klasse deren Funktionen und Daten erbt, soweit dies nicht explizit ausgeschlossen ist. In unserem weiter unten detailliert erläuterten Anwendungsbeispiel wird die Finanzprodukthierarchie betrachtet und näher auf die Notation zur Modellierung von Klassenhierarchien eingegangen. Die auf diesem Wege erstellte Hierarchie fachlicher Klassen bildet ein Fundament des mittels PROKLAM erstellten Modells.

So besitzt im Anwendungsbeispiel Wertpapierhandel die Klasse Finanzprodukt die Subklassen Rente, Aktie und Derivat. Die Subklasse exportieren spezielle Anlagefunktionen, die jeweils die von der Superklasse ererbte Funktion „FP-erfassen“ nutzen, um im Falle einer Neuanlage allgemeine Produktinformation abzulegen.

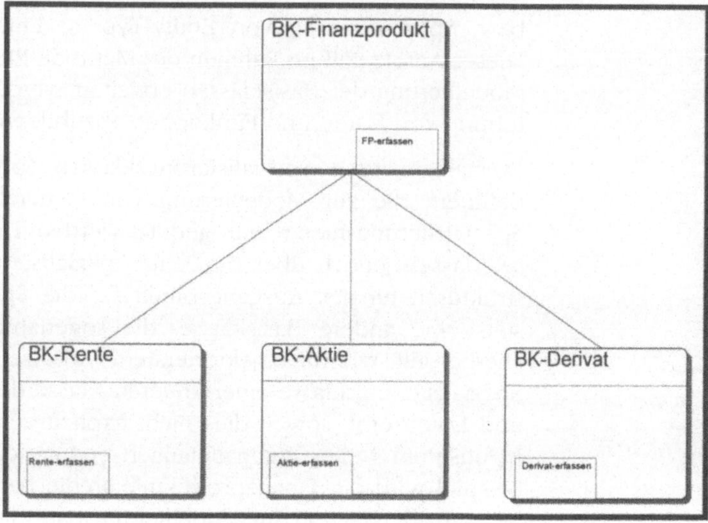

Abbildung 2.5 Spezialisierung der Klasse Finanzprodukt

2.2.8 Assoziationsklassen

Betrachten wir die Entity-Relationship-Modellierung. In dieser Modellierung gibt es das Konstrukt des assoziativen Entity-Typen. Es handelt sich hierbei um informationstragende Beziehungen. Solche Konstrukte tauchen meist dann auf, wenn es notwendig ist, einem Relationship-Typen zwischen zwei Entity-Typen Attribute-Typen zuzuordnen. Häufig stellt die Beziehung im Verständnis des Endandwenders einen eigenständigen Entity-Typ dar. Assoziative Entity-Typen, die nicht als Teil der Datensicht einer gewöhnlichen Basisklasse abgebildet werden, sind als eigenständige Klassen zu modellieren. Diese Klassen stellen über die Beziehungen auf Entity-Relationship-Modellebene Beziehungen zwischen Klassen her, die als eigene Klasse behandelt werden, da sie für den Endanwender eigenständige Objekte repräsentieren. Aus diesem Grund besitzen Klassen, deren Datensicht von assoziativen Entity-Typen bestimmt wird, beziehungsbildende Wirkung zwischen anderen Basisklassen. Sie werden, in Anlehnung an die Entity-Relationship-Modellierung, in PROKLAM als assoziative Klasse oder Assoziationsklasse bezeichnet.

2.2.9 Zur Notation von Basisklassen

Im Rahmen der von uns vorgeschlagenen Notation werden in dem CASE-Tool ADW die Klassen mittels des Prozeßkonstruktes dieses Werkzeuges abgebildet. Man beachte, daß das ADW-Prozeßkonstrukt im Sinne der Investitionssicherung auch für die objektorientierte Modellierung verwendet wird und nicht mit einem echten Prozeß im Verständnis der Strukturierten Analyse verwechselt werden darf. Auf Grund der Basisklassenmodellierung ergibt sich folgende Modellstruktur:

Abbildung 2.6
Modellstruktur
Basisklassen

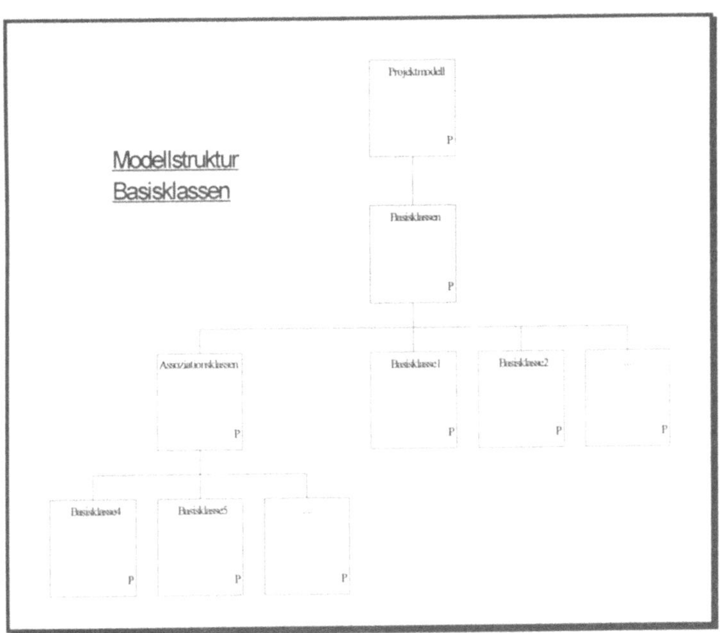

Ausgangspunkt ist der Anker des Gesamtmodells mit der Projektbezeichnung. Dieser Anker „Projektmodell" wird auch als Kontextprozeß bezeichnet. Die nächste Stufe besitzt lediglich die Funktion eines Inhaltsverzeichnisses und verweist hier lediglich auf die Basisklassen. Diese Stufe wird sukzessive um andere Modellteile, z.B. das Geschäftsprozeßmodell, erweitert. Auf der Folgestufe finden sich zum einen der Verweis auf diejenigen Basisklassen, die Assoziationsklassen darstellen, und zum anderen alle anderen Basisklassen, die nicht Spezialisierung einer übergeordneten Klasse sind, aber durchaus Subklassen besitzen können. Unterhalb des Verweises auf Assoziationsklassen sind analog diejenigen assoziativen Klassen angeordnet, die nicht als Spezialisierungen anderer Assoziationsklassen modelliert werden, sondern ggf. als Superklasse einer Hierarchie zu verstehen sind.

Alle Basisklassen können durch weitere Basisklassen spezialisiert werden. Es ergibt sich als verfeinerte Modellstruktur:

Abbildung 2.7 Verfeinerte Modellstruktur

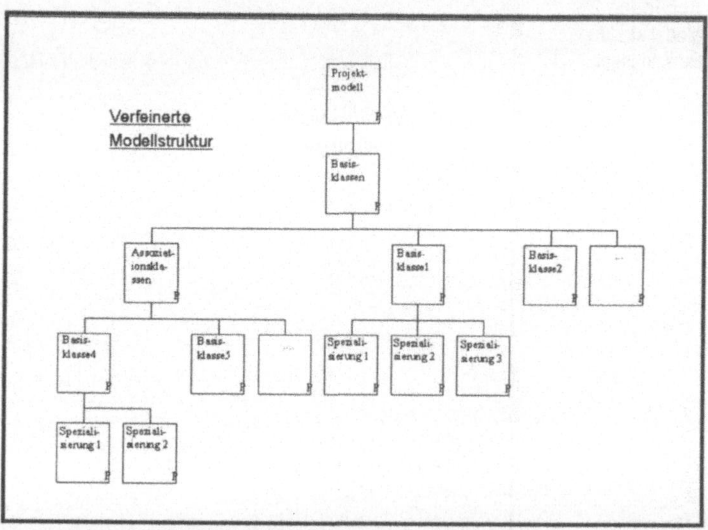

Der entstehende Baum läßt sich beliebig vertiefen. Allerdings sollte die Anzahl der Stufen nicht zu groß werden, da das Modell sonst unübersichtlich wird.

2.2.10 Basisklassendefinition der Wertpapierverwaltung

Ausgangspunkt des Anwendungsbeispiels ist der Geschäftsvorfall „Wertpapiergeschäft vorbereiten" und das dazugehörige aus den Teilmodellen bestehende Datenmodell. Zunächst ergibt die objektorientierte Analyse des Entity-Relationship-Modells folgende vereinfachte Grundstruktur, welche anschließend verfeinert wird[1]:

Abbildung 2.8 Modellstruktur Wertpapierhandel

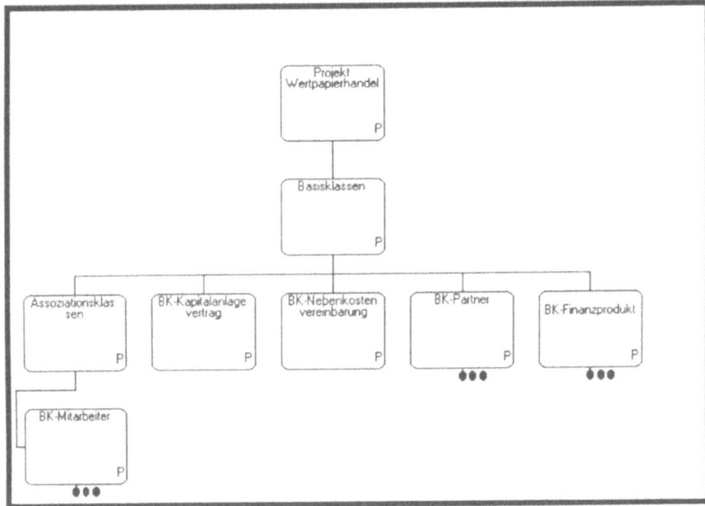

Die drei Punkte symbolisieren in allen Abbildungen eine versteckte Fortschreibung der Hierarchie.

Verfeinern wir dieses Modell und betrachten die Spezialisierungen, so ergibt sich als verfeinerte Modellstruktur folgendes Bild.

1 Damit Basisklassen schnell identifiziert werden können, besitzen sie den willkürlich gewählten Präfix BK.

Abbildung 2.9 Verfeinerte Modellstruktur Wertpapierhandel

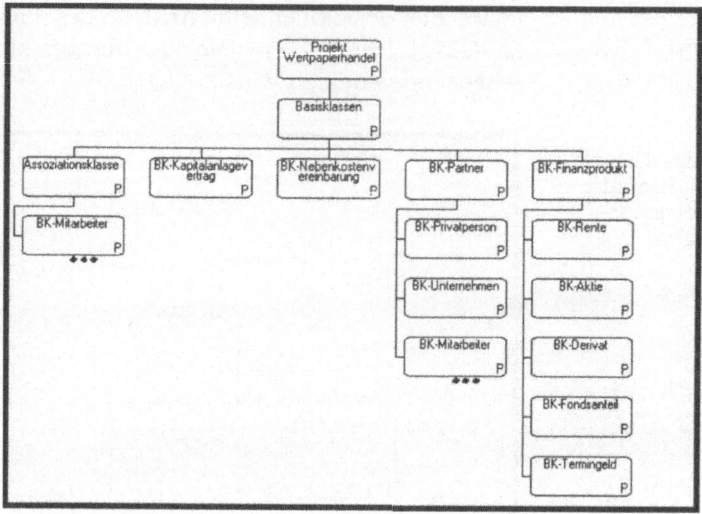

Die Basisklassen Partner und Finanzprodukt spezialisieren sich in eine Reihe von anderen Basisklassen. Die Basisklasse Mitarbeiter spielt eine Sonderrolle. Sie stellt eine Assoziationsklasse zwischen den Basisklassen Privatperson und Partner dar.

Dieses Modell ist Grundlage weiterer Überlegungen im Rahmen der objektorientierten Analyse des Wertpapierhandels.

2.2.11 Hauptschritte der Basisklassendefinition

Die Basisklassendefinition vollzieht sich auf der Grundlage eines bestehenden (möglicherweise jedoch noch unvollständigen) Entity-Relationship-Diagramms in folgenden Hauptschritten:

Definition

Für die zu spezifizierende Klasse wird eine verbale Beschreibung des fachlichen Gehaltes, der Integritäts- und Konsistenzregeln festgelegt. Diese Beschreibung stellt in der Sprache der Problem Domain zusammenfassend dar, welche fachlichen Operationen die Klasse anbietet. Die Problem Domain-Sprache ist in der Regel die Sprache des Fachbereichs.

Beispiel: Definition der Basisklasse Finanzprodukt

```
Finanzprodukt
Finanzprodukte sind alle materiellen und immate-
riellen Güter und Dienstleistungen, deren Produkt-
merkmale in erster Linie der Erzielung einer ange-
strebten Rendite bzw. der Absicherung dieser die-
nen. Nutzung bedeutet, sie werden gekauft oder
verkauft, vorgekauft, abgetreten usw.. Die Basis-
klasse Finanzprodukt stellt alle Funktionen zur
Verfügung, um Finanzprodukte zu bearbeiten, soweit
dies durch Geschäfte notwendig wird. Versiche-
rungsprodukte, d.h. Produkte, deren Leistung darin
besteht, Wagnisse eines Kunden abzusichern, werden
in diesem Sinne nicht als Finanzprodukte verstan-
den.
```

Datenspezifikation

Eine Basisklassen-Datensicht (im folgenden einfach Datensicht genannt) ist ein nach fachlichen Kriterien gebildeter Teilausschnitt des gesamten Entity-Relationship-Modells. Eine Datensicht besteht aus Entity-Typen, Relationship-Typen, Attribut-Typen sowie Regeln, welche die Konsistenz und die Integritätsbedingungen der Basisklasse detailliert beschreiben. Es existiert, zumindest im Rahmen des Datenmodells, eine zweite Konsistenzebene, die mittels der Möglichkeiten der Entity-Relationship-Modellierung Konsistenzbedingungen der Daten beschreibt. Ein Entity-Relationship-Modell kann auch Konsistenzen außerhalb des Klassenmodells beinhalten.

Für die Bildung einer Datensicht gelten folgende Regeln:

- Nur fachlogisch eng verknüpfte Bestandteile des Datenmodells sind in einer Sicht enthalten.
- Eine Datensicht besteht aus mindestens einem Entity-Typ.
- Alle Attribute der ausgewählten Entity-Typen sind Bestandteil der Datensicht. Obwohl eine Teilauswahl technisch möglich ist, widerspräche ein solches Vorgehen dem Prinzip der Kapselung.

- Alle Relationship-Typen zwischen zwei Entity-Typen, die in eine Datensicht aufgenommen wurden, sind Teil der Datensicht.
- Relationship-Typen zwischen Entity-Typen, von denen der eine Bestandteil der Datensicht ist, der andere jedoch nicht, sind ebenfalls Bestandteil der Datensicht. Das bedeutet, daß solche Relationship-Typen in den Datensichten zweier Klassen auftauchen können.
- Alle Funktionen, welche die Datensicht benutzen, dürfen keine weiteren Datensichten verwenden.

Kriterien, welche die Bildung der Datensichten erleichtern, werden später detaillierter beschrieben.

Jeder Entity- bzw. Relationship-Typ des Datenmodells muß in mindestens einer Datensicht enthalten sein. Ansonsten gibt es keine Möglichkeit, diesen Teil des Datenmodells zu verwalten, da nur über die Funktionen der Basisklassen auf die Daten im Datenmodell zugegriffen werden darf. Das Basisklassenmodell liefert eine vollständige, iterativ erstellte Überdeckung des Datenmodells. An dieser Stelle wird die Notwendigkeit der vollständigen Modellierung der Problem Domain offensichtlich. Erst sie gewährleistet die Konsistenz und vollständige Überdeckung des Gesamtmodells durch die Klassen. Die Überdeckung durch Basisklassen muß eine disjunkte Aufteilung der Entity-Typen des Entity-Relationship-Modells liefern. Bis auf die im nachfolgenden diskutierten Sonderfälle ist dies immer der Fall. Die Schnittmenge der Entity-Typen zweier beliebiger Basisklassen ist daher stets leer, wenn die beiden Basisklassen nicht innerhalb derselben Spezialisierungshierarchie liegen.

Die Datensicht einer Basisklasse beinhaltet die ausgewählten Entity-Typen sowie die mit diesen Entity-Typen in Verbindung stehenden Relationship-Typen. Die Relationship-Typen sind stets bidirektionale Verbindungen zwischen zwei Entity-Typen. Beide Richtungen eines Relationship-Typs werden einer Datensicht zugeordnet. Die Zuordnung beider Richtungen ermöglicht es, die Semantik der Beziehung bei Änderungsfunktionen zu wahren. Nun gibt es jedoch eine Reihe von

Relationen, welche zwei Klassen auf Datenmodellebene miteinander verbinden, indem sie als Beziehungen zwischen Entity-Typen existieren. In einem solchen Falle liegen die verbundenen Entity-Typen in zwei getrennten Klassen. Wer verwaltet diese Relationen?

Hierbei existieren drei Möglichkeiten:

1. Die Funktionalität zur Verwaltung dieser Relationship-Typen ist redundant in beiden Basisklassen vorhanden.
2. Die Relation wird pro Richtung in eine der beiden Klassen eingeordnet.
3. Die Relation wird genau einer Basisklasse zugeordnet.

Es ist zu entscheiden, in welcher Basisklasse diese Funktionen beschrieben werden. Grundlage dieser Entscheidung sind die fachlichen Regeln des Modells wie z.B. Kardinalitäten der beteiligten Beziehungen. Die Entscheidung, ob eine oder zwei Funktionen modelliert werden, kann zwar von Fall zu Fall verschieden sein, es sollte jedoch im Rahmen eines Projektes eine klare Richtlinie über die Zuordnung der klassenübergreifenden Relationship-Typen existieren.

Bei assoziativen Entity-Typen tauchen analoge Fragestellungen auf. Assoziative Entity-Typen sind informationstragende Beziehungen. Es liegt nahe, hier ähnlich vorzugehen.

Wird jeder assoziative Entity-Typ genau einer Basisklasse zugeordnet, so ist die Basisklassenüberdeckung, bis auf die Vererbungsklassen, stets streng disjunkt.

Der Preis hierfür ist die Aufnahme von zusätzlichen Konsistenzregeln in die betreffende Klasse, da nun zusätzliche Teile des Relationship- bzw. des assoziativen Entity-Typs berücksichtigt werden müssen.

Wie schon erwähnt, müssen die Datensichten der Basisklassen auf Entity-Typ-Ebene überlappungsfrei sein, d.h. ein Entity-Typ darf nur in der Datensicht einer Basisklasse vorkommen. Von dieser Regel gibt es genau zwei Ausnahmen:

Spezialisierungsklassen

Entity-Typ-Hierarchien des Entity-Relationship-Modells werden in Datensichten von Klassenhierarchien überführt. Die Klassenhierarchien müssen nicht notwendigerweise die gleiche Spezialisierungstiefe haben, sondern können einzelne Stufen der Entity-Typ-Hierarchie zusammenfassen. Zudem können weitere Entity-Typen, die in Beziehung zu denen der Entity-Typ-Hierarchie stehen, mit in die Datensichten der Klassenhierarchien überführt werden.

Was geschieht mit den Klassen in einer Spezialisierungshierarchie?

Eine Subklasse erbt im Rahmen einer Spezialisierungshierarchie alle Daten und Funktionen ihrer Superklasse. Dies bedeutet, daß sie zum einen auf die Daten der Superklasse mittels ihrer eigenen Funktionen zugreifen und zum anderen die Funktionen der Superklasse nutzen kann. Dieses Prinzip kann gemäß der Öffentlichkeit der Funktionen eingeschränkt werden. Enthält die Datensicht einer solchen Subklasse nun einen Entity-Typ einer Spezialisierungshierarchie auf Entity-Relationship-Modell-Ebene, so ist die gesamte übergeordnete Entity-Typ-Hierarchie, einschließlich der verknüpfenden Relationship-Typen, Bestandteil dieses Entity-Typen und wird damit automatisch in die Subklasse vererbt. Folglich sind damit die Klassenhierarchien untereinander disjunkt.

Neben einzelnen Pfaden lassen sich auch komplette Teilbäume von solchen Entity-Typ-Spezialisierungshierarchien zusammenfassen. Hierbei wird eine neue Basisklasse definiert, deren Datensicht den vollständigen Teilbaum umfaßt. Zusätzlich zum Teilbaum erbt die Basisklasse auch alle darüberliegenden generalisierten Entity-Typen bis hin zum Wurzel-Entity-Typ.

Problematisch wird dieses Vorgehen bei nicht vollständiger Spezialisierung auf Entity-Typ-Ebene. Hier existieren Ausprägungen dieses Entity-Typs, welche in keiner Spezialisierung vorhanden sind. In einem solchen Fall kann die Disjunktheit der Überdeckung nicht mehr gewährleistet werden. Deshalb sollte die Entity-Typ-Spezialisierung vervollständigt werden, um ein eindeutiges Klassenmodell zu erhalten.

Anmerkung zur Notation:
In der ADW-Notation wird nicht die gesamte Superklassendatensicht Teil der Subklassendatensicht. Dies ist bei umfangreicher Spezialisierung schon aus Gründen der Übersichtlichkeit nicht sinnvoll. Es werden lediglich die Anknüpfungspunkte an die Sicht der Superklasse aufgenommen. Dies sind die übergeordneten Entity-Typen der Superklasse, die sich auf Grund der Entity-Typ-Hierarchie ergeben.

Assoziationsklassen

Assoziative Entity-Typen sind Repräsentationen für informationstragende Relationship-Typen und sind von ihrem Charakter her auch als Entity-Typ interpretierbar, insbesondere aus der Sicht der Problem Domain. Ein solches Konstrukt ist in allen größeren Entity-Relationship-Modellen vorhanden.

Diese speziellen Entity-Typen müssen besonders im Rahmen der objektorientierten Analyse untersucht werden. Grundsätzlich bestehen drei Möglichkeiten, diese Entity-Typen in eine Basisklassendatensicht aufzunehmen:

1. Einordnung in eine Klasse, die an einer der beiden an der Assoziation beteiligten Entity-Typen enthalten ist.
2. Einordnung in beide Klassen, welche die beteiligten Entity-Typen enthalten.
3. Schaffung einer eigenen Basisklasse für den assoziativen Entity-Typ.

Die Zuordnung zu einer der Möglichkeiten geschieht durch die Analyse des Regelwerkes aller an der Assoziation beteiligten Entity- und Relationship-Typen. Entity-Typen, auch assoziative, haben im Gegensatz zu Relationship-Typen jedoch ein Eigenleben. Daher wird man sich oftmals für den dritten Weg entscheiden. Es empfiehlt sich, auf Variante zwei zu verzichten, da die Notwendigkeit der Zuordnung zu zwei Klassen bereits stark darauf hindeutet, daß der assoziative Entity-Typ aus der Sicht der Problem Domain als eigenständige Einheit betrachtet werden kann. Es wird konsequenterweise eine Basisklasse geschaffen, welche den assoziativen Entity-Typ enthält. Außer dem Entity-Typ selbst gehören auch die beteiligten Relationship-Typen sowie ggf. weitere Bestimmungsfaktoren zu der neuen Basisklasse.

Eine solche Basisklasse bezeichnen wir stets als assoziative Klasse. Sie kann wiederum in Spezialisierungsklassen verfeinert werden. Assoziative Klassen sind die Methode, um innerhalb von PROKLAM Beziehungen zwischen Klassen abzubilden, die über die Beziehungen auf Datenmodellebene hinausgehen. In der Regel ist ihr Informationsgehalt höher. Die Detaildarstellung erfolgt dabei mittels des zugrundeliegenden Entity-Relationship-Modells. Im nachfolgenden Anwendungsbeispiel handelt es sich bei der Basisklasse Mitarbeiter um eine Assoziationsklasse.

Die Funktionalität dieser neuen assoziativen Klasse kann von beiden beteiligten Basisklassen, das sind Klassen, deren Datensicht Verweise auf den assoziativen Entity-Typ enthalten, genutzt werden, um den jeweiligen fachlichen Auftrag zu erfüllen.

Ein analoges Vorgehen wird bei assoziativen Entity-Typen gewählt, die zwischen zwei anderen assoziativen Entity-Typen liegen. An dieser Stelle sollte man beachten, daß es manchmal günstiger ist, alle drei beteiligten assoziativen Entity-Typen zu einer Basisklasse zusammenzufassen. Ausschlaggebend für diese Wahl sind die Kardinalität der Relationship-Typen und weitere fachliche Regeln.

2.2.12 Basisklassen der Wertpapierverwaltung

Betrachten wir die Basisklasse Finanzprodukt, so enthält diese die gesamte Information des Entity-Relationship-Modells, die zur Beschreibung der allgemeinen Aspekte eines Finanzproduktes notwendig sind:

– den Entity-Typ Finanzprodukt,
– dessen zugeordnete Bestimmungsfaktoren:
– Finanzprodukt-Typ,
– zulässige Geschäftsarten,

– Zins-, Tilgungs- und Währungsregelungen.

Die Subklasse Rente des Klassenmodells erbt in PROKLAM die allgemeinen Aspekte eines Finanzproduktes und verfeinert sie durch:

- den Sub-Entity-Typ Wertpapier des Entity-Typs Finanzprodukt,
- den Sub-Entity-Typ Rente des Entity-Typs Wertpapier,
- alle Sub-Entity-Typen von Wertpapier.

Dieses Beispiel zeigt die folgenden Varianten der Klassenmodellierung:

- Eine Basisklasse enthält mehrere Entity-Typen sowie deren Beziehungen untereinander und wird als Superklasse einer Hierarchie definiert.
- Eine Subklasse erbt diese Datensicht und verfeinert sie durch einen ganzen Teilbaum der Entity-Typ-Hierarchie des Entity-Relationship-Modells.

Die Dokumentation der Datensicht einer Basisklasse vollzieht sich mittels des Entity-Relationship-Diagramms und dessen Darstellung in dem genutzten CASE-Tool in folgenden Schritten:

Beschreibung

Die bereits erstellte Definition der Basisklasse wird, falls erforderlich, verfeinert und ergänzt, damit aus fachlicher Sicht nachvollziehbar bleibt, welche Daten die Klasse bearbeitet.

Beispiel: Definition der Basisklasse Finanzprodukt

```
Finanzprodukte sind alle materiellen und immate-
riellen Güter und Dienstleistungen, deren Produkt-
merkmale in erster Linie der Erzielung einer ange-
strebten Rendite bzw. der Absicherung dieser die-
nen. Nutzung bedeutet, sie werden gekauft oder
verkauft, vorgekauft, abgetreten usw. Die Basis-
klasse Finanzprodukt stellt alle Funktionen zur
Verfügung, um Finanzprodukte zu bearbeiten, soweit
dies durch Geschäfte notwendig wird. Versiche-
```

rungsprodukte, d.h. Produkte, deren Leistung darin besteht, Wagnisse eines Kunden abzusichern, werden in diesem Sinne nicht als Finanzprodukte verstanden.

Ein Finanzprodukt wird beschrieben durch seinen Typ (Aktie, Rente, etc.), seine Bestimmungsfaktoren (Tilgung, Währung, etc.) sowie die Geschäfte, die mit ihm getätigt werden dürfen.

Zuweisung des Entity-Relationship-Modell-Auschnittes

Der Basisklasse (dargestellt durch einen Prozeß in der ADW) wird derjenige Teil des Datenmodells zugewiesen, der die Datensicht bildet. Im Rahmen der ADW können Beziehungen zwischen einem Entity-Typen innerhalb der Datensicht und einem solchen außerhalb der Datensicht nicht direkt zugewiesen werden. In diesem Fall wird diese Beziehung kurz im Kommentar zur der Klasse festgehalten.

Beispiel: Datensicht eines Finanzproduktes und einer Rente der Basisklasse Finanzprodukt.

Abbildung 2.10 Datensicht BK-Finanzprodukt

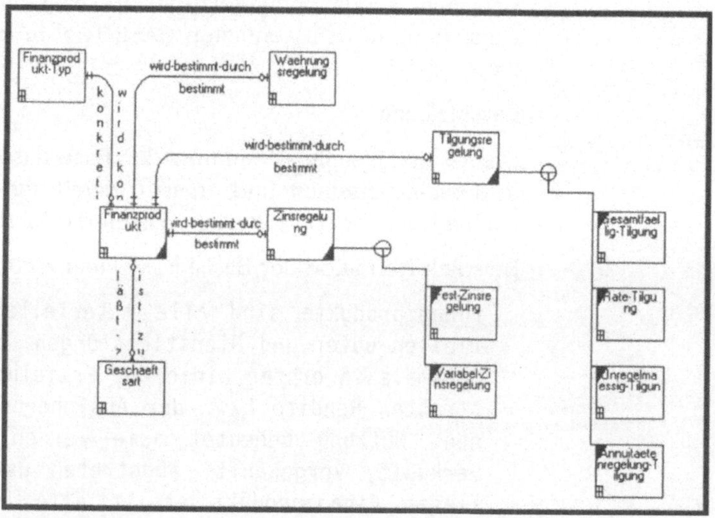

In Abbildung 2.10 sind die Entity-Typen und Relationen zu sehen. Zu jedem Entity-Typ sind definitionsgemäß alle Attribute Teil der Klassendatensicht.

Zur Basisklasse Finanzprodukt existiert die Subklasse „Rente", die zusätzlich die Eigenschaften eines Produktes beschreibt, das im Sinne des Endanwenders als Rente zu verstehen ist. Die Rente ist eine Spezialisierung des Finanzprodukts. Die Datensicht enthält aus der Datensicht des Finanzproduktes diejenigen Entity-Typen, die als Anknüpfungspunkt auf Entity-Relationship-Modellebene dienen. In diesem Fall ist es der Entity-Typ Finanzprodukt. Die Rente ist im übrigen ein Beispiel für Teilbäume einer Entity-Typ-Hierarchie, die komplett einer Subklasse zugewiesen werden.

Abbildung 2.11
Datensicht
BK-Rente

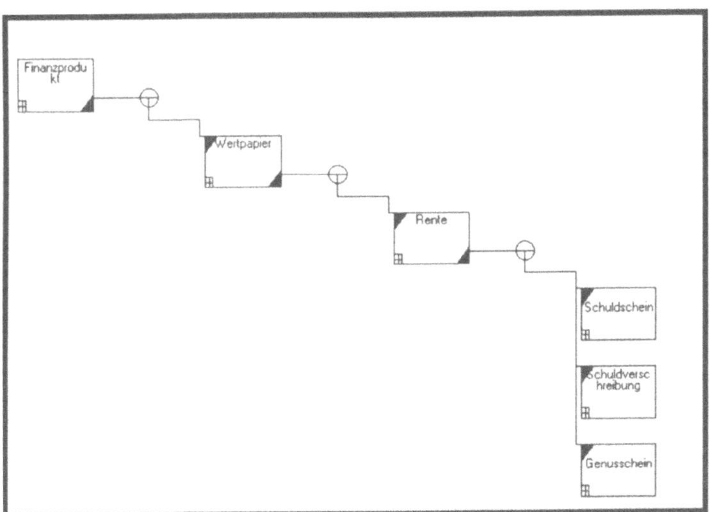

Die Problem Domain, d.h. der Fachbereich, stellt die Anforderung, Berechtigungen von solchen Mitarbeitern bezüglich der Bearbeitung bestimmter Finanzprodukttypen wie Renten oder Aktien zu erfassen, die als Wertpapierhändler tätig sind. Im Rahmen der Analyse wird hier die Assoziationsklasse Mitarbeiter definiert. Die Assoziationsklasse faßt Mitarbeiter sowie Händler und deren Berechtigung in einer Datensicht zusammen und liefert alle Funktionen, um Mitarbeiter, die als Händler tätig sind, sowie deren Berechtigungen zu bearbeiten.

Abbildung 2.12
Datensicht
BK-Mitarbeiter

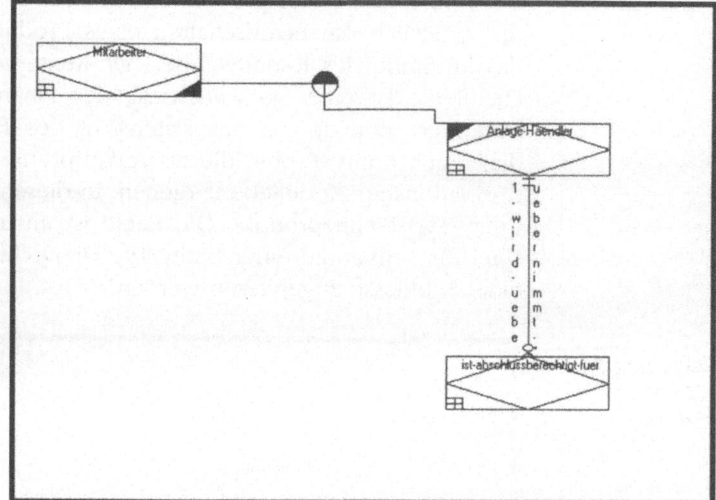

Die Beziehungen zu Finanzprodukt-Typ, Geschäftsart, Privatperson und Partner aus dem Entity-Relationship-Modell können nicht mittels des gewählten CASE-Tools ADW dargestellt werden, sind jedoch gemäß PROKLAM-Standard Bestandteil der Basisklassendatensicht. Deshalb werden diese Verbindungen in der Definition der Klasse Mitarbeiter dokumentiert:

Abbildung 2.13
Klasse
Mitarbeiter

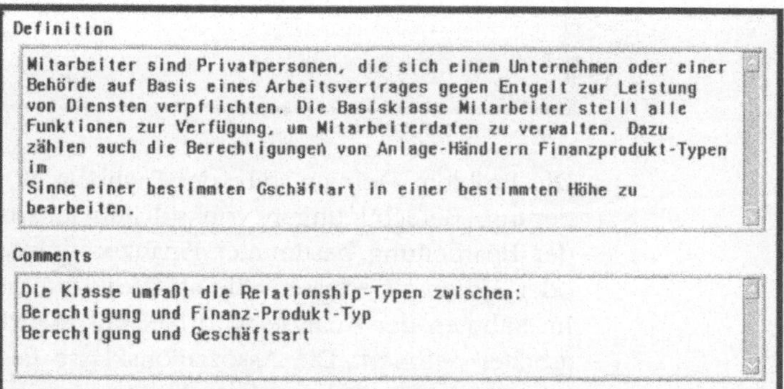

Definition

Mitarbeiter sind Privatpersonen, die sich einem Unternehmen oder einer
Behörde auf Basis eines Arbeitsvertrages gegen Entgelt zur Leistung
von Diensten verpflichten. Die Basisklasse Mitarbeiter stellt alle
Funktionen zur Verfügung, um Mitarbeiterdaten zu verwalten. Dazu
zählen auch die Berechtigungen von Anlage-Händlern Finanzprodukt-Typen
im
Sinne einer bestimmten Gschäftart in einer bestimmten Höhe zu
bearbeiten.

Comments

Die Klasse umfaßt die Relationship-Typen zwischen:
Berechtigung und Finanz-Produkt-Typ
Berechtigung und Geschäftsart

2.3 Funktionsspezifikation für Basisklassen

2.3.1 Definition des Begriffes Funktion[2]

Eine Funktion führt eine abgeschlossene fachliche Teilaufgabe nach ihrem Anstoß ohne weitere Einflüsse von außen durch. Ausgehend von den über die Funktionsschnittstelle gelieferten Daten bearbeitet sie den fachlichen Auftrag und hinterläßt die Basisklasse immer in einem fachlich konsistenten Zustand (bezogen auf die Klassendatensicht).

Aufgabe der Funktionsspezifikation einer Basisklasse ist die vollständige Beschreibung des fachlichen Gehaltes sowie aller fachlichen Regeln, welche die zu bewältigende Teilaufgabe spezifizieren. Nach Abschluß der fachlichen Spezifikation ist der betreffende Teil der Problem Domain vollständig beschrieben und kann als Ausgangspunkt für das Design genutzt werden. Eine Funktion einer Basisklasse kann sich zur Ausführung ihres Auftrages anderer Funktionen, auch den Funktionen anderer Basisklassen, bedienen, soweit dieser Zugriff von den betreffenden Basisklassen dieser Funktionen gewährt wird. Sie ist jedoch nicht in der Lage, ohne Vergabe eines Auftrages, d.h. ohne die Durchführung eines Aufrufes einer anderen Funktion in einer anderen Basisklasse, Daten anderer Klassen zu manipulieren. Die meisten objektorientierten Methoden sprechen in diesem Zusammenhang vom Versenden einer Nachricht (message) an eine andere Klasse. Diese Terminologie werden wir in PROKLAM beibehalten.

Jede Funktion einer Basisklasse setzt voraus, daß sich die Basisklasse vor Ausführungsbeginn der zu bewältigenden Teilaufgabe in einem konsistenten Zustand befindet. Die in der Basisklasse und ihren Daten definierten Regeln müssen eingehalten werden. Alle Funktionen hinterlassen die Klasse nach Abarbeitung ihres Auftrages in einem konsistenten Zustand. Während der Ausführung einer Funktion kann sich die Basisklasse in inkonsistenten Zuständen befinden; die auf einer Basisklasse definierten Regeln sind solange nicht erfüllt,

---

[2] Wir verwenden synonym den Begriff „Methode".

wie die Ausführung noch beendet ist. Dieser inkonsistente Zustand ist kein Teil des Lifecycle-Modells, er ist für das Zustandsmodell nicht existent. Es wird jedoch von der Basisklasse die Zusicherung eingehalten, daß ihre Konsistenzbedingungen nach Verlassen der Funktion erfüllt sind. Dies gilt nur unter der Voraussetzung, daß die Funktionsschnittstelle korrekt gefüllt ist und die Vorbedingungen von der aufrufenden Funktion garantiert werden, siehe dazu nachfolgende Ausführungen.

Zu den von einer Funktion einzuhaltenden fachlichen Regeln als Teil ihrer Spezifikation zählen:

1. alle Vorbedingungen, die erfüllt sein müssen, damit die Funktion ihren Auftrag korrekt ausführen kann,
2. nach Abschluß der fachlichen Teilaufgabe eintretende Nachbedingungen,
3. alle Daten, die zur Bearbeitung der Teilaufgabe zur Verfügung stehen müssen.

Erst nach der Ausführung gerät die Instanz in einen Zustand des Lifecycle-Modells.

2.3.2 Unterscheidung in Instanz- und Klassenfunktion

Funktionen einer Basisklasse können danach unterschieden werden, ob sie eine zuvor eindeutig identifizierte Instanz dieser Klasse bearbeiten oder aber, nach gewissen Kriterien, eine Anzahl vorher nicht eindeutig identifizierte Objekte bearbeiten. Funktionen, die eindeutig identifizierte Objekte bearbeiten, werden als Instanzfunktionen bezeichnet, alle anderen als Klassenfunktionen. Die Funktion Händler-Kompetenz-prüfen ist danach als Instanzfunktion zu bezeichnen, während Händler-lesen eine Klassenfunktion darstellt.

Einer Instanzfunktion muß das Objekt vor und nach dem Funktionsaufruf eindeutig bekannt sein. In diesem Sinne sind die Konstruktoren und Destruktoren Klassenfunktionen, obwohl sie sich stets auf eine konkrete Instanz beziehen. Wir werden jedoch die Destruktoren und Konstruktoren stets als Instanzfunktionen behandeln.

2.3.3 Einzelschritte zur Beschreibung von Basisklassen

Beschreibung

Die Definition einer Funktion beschreibt ihren Leistungsumfang in der Sprache des Endanwenders, d.h. der Problem Domain. Hierzu stellt sie den Kontext, in dem sich die Funktion bewegt, umfassend dar. Durch das Lesen der Definition ist der Endanwender in der Lage, den fachlichen Gehalt nachzuvollziehen und auf seine Richtigkeit hin zu prüfen. Die Definition enthält keine Hinweise darauf, wie der Auftrag erledigt wird, sondern lediglich, was im Rahmen des Auftrages fachlich abläuft. Es wird das Was, nicht das Wie beschrieben.

Grad der Öffentlichkeit

In einem objektorientierten Ansatz gilt das Prinzip des Information-Hidings. Dieser Grundsatz besagt, daß die Menge aller Funktionen und Daten, die eine bestimmte Funktion außerhalb ihrer eigenen Klasse nutzen darf, minimal gehalten werden sollte. Dies bewirkt, daß an eine Klasse nur dann die Berechtigung zum Zugriff auf klassenfremde Daten und zur Nutzung klassenfremder Funktionen gewährt wird, wenn dies aus fachlichen Gründen sinnvoll ist. In der Methode PROKLAM sind keine Daten einer Basisklasse von außen sichtbar, sondern nur über die von der Klasse bereitgestellte Funktionen manipulier- oder lesbar. In Anlehnung an die Syntax von C++ werden deshalb folgende Einstufungen der Öffentlichkeit als Teil der Funktionsspezifkation vergeben. Auf die Definition und Verwendung von Friend-Funktionen im Sinne der C++-Notation verzichten wir bewußt.

public:

Alle Klassen und alle Geschäftsvorfälle eines Anwendungs-Systems dürfen diese Funktion nutzen, d.h. eine Nachricht an die betreffende Klasse versenden, diese Funktion auszuführen, z.B. Händler-Kompetenz-prüfen. Zu dieser Art von Funktionen zählen auch die „Export"-Schnittstellen des Anwendungs-Systems an Nachbarsysteme. Diese sollten jedoch getrennt modelliert werden, um die Integrität des eigenen Systems nicht zu gefährden. Schnittstellen sind in der Regel Mischungen aus technischen und fachlichen Elementen.

protected:

Lediglich Subklassen der zur Funktion gehörenden Klasse dürfen diese nutzen. Die Funktion wird also an die Subklassen vererbt. Die Vererbung dieser Funktionen ist nur in Spezialisierungshierarchien möglich.

private:

Die Funktion ist lediglich für klasseninterne Zwecke verwendbar. Keine andere Klassen, auch keine Subklasse, darf sie verwenden.

Vorbedingungen

Vorbedingungen beschreiben, welche Voraussetzungen erfüllt sein müssen, damit die Funktion ihren fachlichen Auftrag ausführen kann und zu einem erfolgreichen Ende kommt. Jede Funktion setzt voraus, daß die Daten der Basisklasse den darauf definierten Regeln genügen, ohne daß dies besonders beschrieben werden muß. Im allgemeinen ist der aufrufende Geschäftsprozeß oder die aufrufende Funktion dafür verantwortlich, daß die Vorbedingungen erfüllt sind. Dies bedeutet, daß in einem Geschäftsvorfall eine Funktion erst dann aufgerufen werden kann, wenn dieser einen Zustand erreicht hat, in dem die Vorbedingungen gelten. Bei erfüllten Vorbedingungen sichert die Funktion zu, daß sie ihren Auftrag korrekt durchführt. Im Fall eines Aufrufs, bei dem die Vorbedingungen verletzt sind, ist das Verhalten der Klasse nicht definiert. Dies kann in großen Systemen zu einer unkontrollierten Fehlerverbreitung führen. Obwohl der Aufrufer für die Einhaltung der Vorbedingungen verantwortlich zeichnet, kann im Rahmen des Design festgelegt werden, daß die aufgerufene Funktion selbständig nochmals die Vorbedingungen prüft, um die Systemstabilität zu erhöhen.

Nachbedingungen

Nachbedingungen beschreiben, in welchen möglichen Zuständen sich die Datensicht der Basisklasse nach der Aufgabenbearbeitung befinden muß. Nachbedingungen sind nicht zu verwechseln mit technischen Returncodes, die zum Beispiel die fehlende Verfügbarkeit einer Datenbank zurückmelden.

Interfacedefinition

Im Interface einer Funktion wird beschrieben, welche Daten der Benutzer einer Funktion als Eingabeparameter zur Verfügung stellen muß bzw. kann, um den gebotenen Leistungsumfang nutzen zu können. Zusätzlich wird beschrieben, welche Daten nach der Aufgabenausführung von der gerufenen Funktion zur Weiterverarbeitung bereitgestellt werden. Die Festlegung der Datentypen der Parameter ist Teil der Interfacedefinition.

Ablaufbeschreibung

Hier wird beschrieben, auf welche Art und Weise die Funktion ihren Auftrag erfüllt. Die Beschreibung umfaßt die Aufrufe der zu nutzenden Funktionen, eingebettet in die detaillierte Darstellung des fachlichen Ablaufes. Die Beschreibung kann, je nachdem welcher Typ im gegebenen Unternehmensumfeld bevorzugt wird, durch folgende Stilmittel beschrieben werden:

1. Pseudocode,
2. Prosa,
3. Entscheidungstabelle,
4. Mischformen.

Man sollte allerdings durchgehend nur eine der Formen wählen.

Mengengerüst

Für den Entwurf eines performanten Anwendungssystems ist es sehr wertvoll, detaillierte Informationen über Ausführungszeitpunkt und -häufigkeiten einer Funktion festzuhalten. Diese Information kann z.B. genutzt werden, um Tabellenstrukturen der zu entwerfenden Datenbank genauer auf die Anforderung des Systems abzustimmen oder den Kommunikationsaufwand zu planen. Dieser Punkt wird im Verteilungsmodell näher beleuchtet.

Implementierungshinweise

Liegen bereits während der Analyse Informationen vor, die als Zusatzinformation für die spätere Implementierung nützlich erscheinen, so werden diese hier festgehalten, um einen möglichen Informationsverlust zu verhindern.

2.3.4 Funktionen der Wertpapierverwaltung

Im Rahmen des Geschäftsprozesses „Wertpapiergeschäft vorbereiten" besteht die Notwendigkeit, Berechtigungen des beteiligten Händlers zu überprüfen. Dies geschieht mittels der Funktion „Händler-Kompetenz-prüfen", die als Funktion der Basisklasse Mitarbeiter definiert wird. Im Verlaufe der Aufgabenbearbeitung sendet die Funktion eine Nachricht an die Basisklasse Finanzprodukt zum Lesen bestimmter Produktinformationen.

Für diese Funktion werden nun exemplarisch die Schritte der Funktionsspezifikation durchgeführt. Die folgende Graphik gibt einen Überblick darüber, wie die Funktion innerhalb der Basisklasse Mitarbeiter einzuordnen ist.

Abbildung 2.14 Interface der Klasse Mitarbeiter

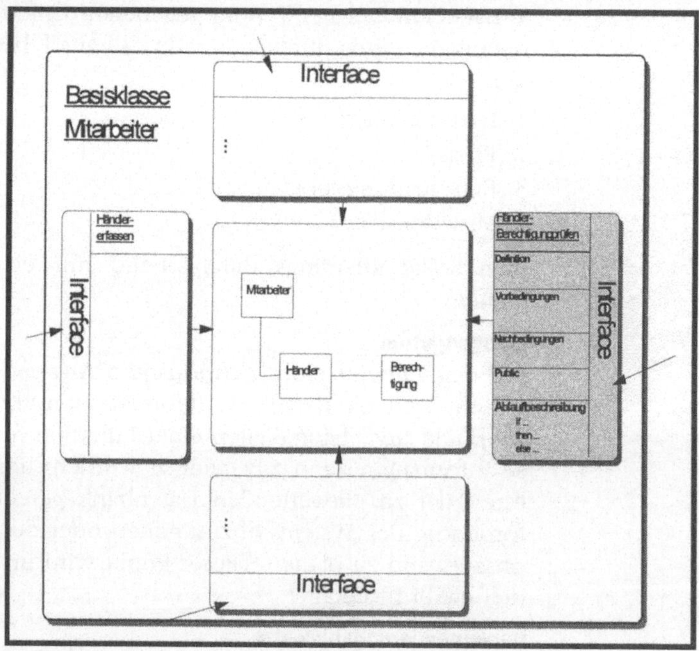

Die Basisklasse Mitarbeiter besitzt eine Reihe von Interfaces, die von anderen Klassen mittels versendeter Nachrichten angesprochen werden können.

Beschreibung

Diese Funktion bearbeitet mit Hilfe von Händler- sowie Produktdaten die Überprüfung der im gegebenen Geschäftskontext vorliegenden Berechtigung des Händlers für die Durchführung eines Wertpapiergeschäftes. Im einzelnen wird geprüft, ob der Händler die Berechtigung für die gewünschte Geschäftsart bzgl. des gegebenen Finanzproduktyps in der geforderten Höhe besitzt.

Die Berechtigung ist ausreichend, wenn:

1. eine Berechtigung für den Finanzprodukttyp des vorliegenden Finanzproduktes für die gewählte Geschäftsart existiert und
2. die Höhe des zu tätigenden Geschäftes den Berechtigungsbetrag nicht übersteigt.

Grad der Öffentlichkeit

Diese Funktion wird im Rahmen des Geschäftsprozesses „Wertpapiergeschäft-vorbereiten" aufgerufen und ist daher als „public" einzustufen.

Vorbedingungen

Folgende Voraussetzungen müssen erfüllt sein, damit die Funktion ihren Auftrag korrekt bearbeitet:

1. Der Händler existiert.
2. Das Finanzprodukt, bzgl. dessen die Berechtigung zu prüfen ist, existiert.
3. Die gewählte Geschäftsart existiert.

Wir setzen im Rahmen der Analyse voraus, daß die Vorbedingungen vor dem Aufruf immer erfüllt sind.

Nachbedingungen

Für die Funktion Händler-Berechtigung-prüfen sind keine Nachbedingungen festzuhalten, da sich durch die Ausführung der Funktion keine Änderung des Zustandes der Datensicht ergibt. Dies ist bei lesenden Funktionen generell der Fall. Folglich löst die Benutzung der Funktion auch keinen Zustandsübergang im Lifecycle-Modell aus.

Als Beispiel für sinnvolle Nachbedingungen betrachten wir die Funktion Händler-erfassen. Nach deren Ausführung können folgende Nachbedingungen wirksam sein:

```
1. Der Händler existiert, er wurde angelegt.
2. Der Händler existiert, er war bereits vorhan-
   den.
```

Interfacebeschreibung

Im Funktionsinterface werden der Basisklasse diejenigen Daten zur Verfügung gestellt, die benötigt werden, um die Händlerberechtigung prüfen zu können:

```
1.  Die Identifikation des Händlers,
2.  Die Bezeichnung des Produktes,
3.  Die Bezeichnung der gewählten Geschäftsart,
4.  Der Betrag des gewünschten Geschäftes.
```

Nach Prüfung der Berechtigung liefert die Funktion Information zurück:

```
1. Berechtigung vorliegend ja/nein
2. ggf. Höhe ausreichend ja/nein
3. ggf. Fehlbetrag
```

Ablaufbeschreibung

Die gewählte Ablaufbeschreibungsform ist hier eine Mischung aus Prosa und Pseudocode.

```
    /* Lesen der Bezeichnung des
           Finanzprodukt-Typs zum gegebenen
           Finanzprodukt mittels
           Lesefunktion der
           Basisklasse Finanzprodukt
           */
CALL Finanzprodukt.Typ
           (Finanzprodukt.Bezeichnung, Typ)

           /* Lesen der Höhe der Berechtigung
           zum gegebenen Händler,
           Finanzprodukttyp, Geschäftart
           */
```

```
IF Berechtigung gefunden
        /* Berechtigung vorliegend = ja
        Vergleich mit der Höhe des
        gewünschten Geschäftes
        */
        IF Höhe ausreichend
        /* Höhe ausreichend  = ja
        */
        ELSE
        /* Höhe ausreichend  = nein
        Fehlbetrag setzen                 */
        END
ELSE
        /* Berechtigung vorliegend = nein
        */
END
```

Im Rahmen der Ablaufbeschreibung wird die Typermittlung zum Finanzprodukt durch Senden der Nachricht "Typ" an die Basisklasse BK-Finanzprodukt durchgeführt.

Mengengerüst

Der Wertpapierhandelsbereich tätigt z.B. 150 Wertpapiergeschäfte täglich. In 80% der Fälle muß eine Wertpapiergeschäftsvorbereitung inklusive Händlerberechtigungsprüfung durchgeführt werden. Die Berechtigungsprüfung wird derzeit nicht in anderen Geschäftsprozessen verwendet. Wertpapiergeschäfte werden vorwiegend zwischen 8:30 und 11:00 durchgeführt. Es wird erwartet, daß die Zahl der Wertpapiergeschäfte jährlich um ca. 10% zunimmt. Daraus ergibt sich folgendes Mengengerüst:

```
Aufrufhäufigkeit: 120 Aufrufe pro Tag
Verteilung:
   95% der Aufrufe der Funktion erfolgen zwischen
   8:30 und 11:00, in diesem Zeitraum annähernd
   Gleichverteilung.
Wachstum: 10% pro Jahr
```

Zur Notation

Im Rahmen der Einführung in die Bedeutung von Basisklassen wurde bereits die Grundstruktur der Dokumentation einschließlich der Einordnung in das Gesamtmodell mit Hilfe des CASE-Tools ADW dargestellt. In diese Modellstruktur sind die Funktionen (Methoden) der Basisklassen zu integrieren. Zudem wird eine Notation für die Funktionsspezifikation benötigt.

Basisklassen werden in der ADW durch das Prozeßsymbol dargestellt. Es besteht nun in der ADW die Möglichkeit, Prozesse durch sogenannte Elementarprozesse zu verfeinern. Diese werden in PROKLAM genutzt, um die Klassenfunktionen darzustellen. Es ergibt sich folgende Struktur:

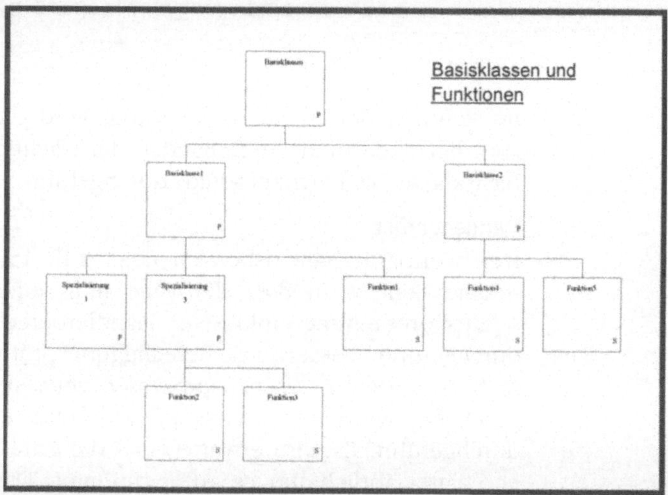

Abbildung 2.15 Klassenfunktionen

Zur Ablage der Funktionsspezifikation werden Definition und Kommentar des entsprechenden sequentiellen Prozesses genutzt. Im Rahmen der ADW sind sequentielle Prozesse die Elementarprozesse, d.h. solche, die sich nicht in weitere Prozesse zerlegen lassen. Die einzelnen Teile der Funktionsspezifikation lassen sich danach unterscheiden, ob sie das WAS oder das WIE der Funktion beschreiben. Es empfiehlt sich, erstere im Kapitel „Definition", letztere im Kapitel „Kommentar" zum Prozeß abzulegen. So ist es möglich, die Information für Endanwender in einem Kapitel abzulegen und davon Beschreibungsteile, die nur für Analytiker und Entwickler relevant sind, abzugrenzen.

In der Analysephase werden im Kapitel Definition eines Prozesses folgende Teile abgelegt:

1. Beschreibung,
2. Grad der Öffentlichkeit,
3. Vorbedingungen,
4. Nachbedingungen,
5. Interface.

Im Kapitel Kommentar des Prozesses hingegen:

1. Ablaufbeschreibung,
2. Implementierungshinweise.

Die einzelnen Teile können, soweit erwünscht, durch selbstdefinierte Zwischenkapitel strukturiert werden. Die Zwischenkapitel können genutzt werden, um z.B. durch unternehmensspezifische Auswertungen eine Abbildung in ein Data Dictionary zu ermöglichen. Das jeweilige Unternehmensumfeld bestimmt hier die Grundstruktur. Im Rahmen dieses Buches wird die folgende Strukturierung gewählt (Exemplarische Strukturierung in ADW):

Abbildung 2.16
Funktions-
beschreibung

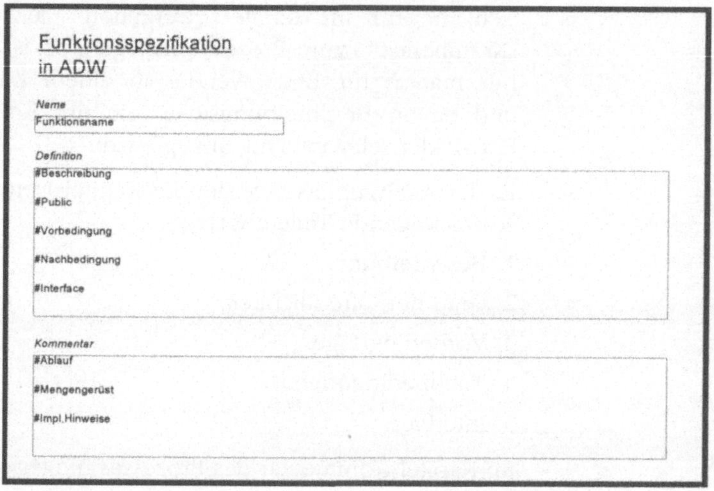

Funktionsspezifikation
in ADW

Name
Funktionsname

Definition
#Beschreibung
#Public
#Vorbedingung
#Nachbedingung
#Interface

Kommentar
#Ablauf
#Mengengerüst
#Impl.Hinweise

2.3.5 Zur Notation der Interfacebeschreibung

Die Methode PROKLAM orientiert sich an der Interface Definition Language (IDL) der Object Management Group (OMG). Im Rahmen der Common Object Request Broker Architecture (CORBA) der OMG wird diese definiert und zur Beschreibung eines Gesamtinterfaces einer Klasse herangezogen. Dieses Gesamtinterface bildet die Vereinigung aller Funktionsinterfaces und liefert so eine Gesamtaußensicht auf die Instanzen einer Klasse. Zur Gewinnung des Klasseninterfaces müssen natürlich die Ein- und Ausgabeparameter aller Funktionen einer Klasse analysiert werden und im Detail bekannt sein. Letztlich kann nicht auf die Zuordnung einzelner Parameter zu bestimmten Funktionen verzichtet werden. Dies gilt insbesondere, wenn es darum geht, einzelne Funktionen bei der Implementierung eines Objektes aus dem Gesamtinterface mit Daten zu versorgen. Deshalb stellt PROKLAM die Möglichkeit zur Verfügung, während der fachlichen Analyse gewonnene Informationen direkt beim Analysegegenstand, sprich der einzelnen Funktion, zu dokumentieren.

Hintergrund für die Festlegung der OMG auf ein Gesamtinterface ist die zugrundeliegende Architektur. Eine gemäß COR-

BA erstellte verteilte Anwendung läßt sich nur mit bestimmten Aufrufformen vereinbaren. Im Rahmen der Verteilung von Objekten innerhalb einer CORBA-gemäß implementierten Anwendung sind allen Clients (im Sinne eines Objektes, das von einem anderen Dienste anfordert) stets nur die Interfaces der Server-Objekte (im Sinne eines Objektes, das geforderte Dienste zur Verfügung stellt) bekannt. Die entsprechenden Daten sowie die Identifizierung des Objektes und der gewünschten Methode werden dem Object Request Broker (ORB) zur Verfügung gestellt. Dieser Broker sorgt dafür, daß die Lokation des Server-Objektes dem Client nicht bekannt sein muß, um die gewünschte Methode nutzen zu können. Er gibt den Aufruf an ein konkretes Server-Objekt weiter. Erst das Server-Objekt entscheidet wie es die Nachricht interpretiert.

Ist ein solches Verhalten erwünscht, kann ein Gesamtinterface ohne weiteres als Vereinigung der Funktionsinterfaces der einer PROKLAM-Klasse erstellt werden. Notation und Darstellung werden dann analog zur Funktionsinterface-Beschreibung für die betreffende Klasse dokumentiert.

Die Semantik einer vollständigen Interfacebeschreibung in PROKLAM fassen wir wie folgt zusammen:

```
#INTERFACE
messagename (
in:
typ-in1 in-parametername1,
        /* Kommentar zum Parameter */
typ-in2  in-parametername2,
        /* Kommentar zum Parameter */
...
out:
typ-out1   out-parametername1,
        /* Kommentar zum Parameter */
typ-out2   out-parametername2,
       /* Kommentar zum Parameter */
...
)
```

Diese Semantik werden wir jetzt detailliert erläutern und anhand der Basisklasse Mitarbeiter, Teil unseres durchgängigen Beispiels, aufzeigen.

Der ***Messagename*** gibt den Namen der Nachricht an, die an die Klasse versendet werden muß, um die spezifizierte Funktion anzufordern. Im allgemeinen sind Bezeichnung der Funktion und Messagename identisch, können jedoch in einigen Fällen aus Gründen der Modellübersichtlichkeit voneinander abweichen. Insbesondere wenn der Funktionsname für die Implementierung zu lang wird, empfiehlt sich eine Trennung.

Nach dem Schlüsselwort ***in*** werden die Eingabeparameter, nach dem Schlüsselwort ***out*** die Ausgabeparameter angegeben. Die Beschreibung eines Parameters erfolgt immer nach dem Schema

```
typ      k1(parametername)k2
         /* Kommentar
         */
```

wobei zu beachten ist, daß dies die vollständige, für die Implementierung notwendige Parameterbeschreibung darstellt. In der Analysephase besteht keine Notwendigkeit, die Typen detailliert zu beschreiben. Hier genügt es, zunächst den Parametername anzugeben und im Kommentar dessen Herkunft, Verwendung oder ähnliches zu beschreiben.

Die Variablen k1 und k2 sind optionale Kardinalitäten, die angeben, ob der Parameter

- angegeben werden muß: k1 = k2 = 1, der Default,
- gefüllt sein kann: k1 = 0, k2 = 1,
- aus einer Liste von n Elementen besteht und mindestens eines enthalten muß k1 = 1, k2 = n,
- aus einer Liste von n Elementen besteht und keines davon gefüllt sein muß k1=0, k2=n.

Der Kommentar sollte Auskunft darüber geben, auf welches Attribute des Datenmodells er sich bezieht, ob es sich um eine Liste handelt, usw.. Im Abschnitt "Detaillierung der Parameterstrukturen" wird dann genau darauf eingegangen, wie eine vollständige PROKLAM-konforme Interfacebeschreibung aussieht. Für den Analyseteil schließt das Beispiel der Funktion Händlerberechtigung-prüfen dieses Thema ab. Die Eingabeparameter der Funktion sind:

1. die Identifikation des Händlers,
2. die Bezeichnung des Produktes,
3. die Bezeichnung der gewählten Geschäftsart,
4. der Betrag des gewünschten Geschäftes.

Nach Prüfung der Berechtigung liefert die Funktion Information zurück, die Ausgabeparameter:

1. Berechtigung vorliegend ja/nein,
2. ggf. Höhe ausreichend ja/nein,
3. ggf. Fehlbetrag.

Das Interface für unser Beispiel lautet:

```
#INTERFACE
Berechtigung-prüfen (
in:
Haendler,
        /* ID des Händlers */
Produkt,
        /* Bezeichnung des Produktes */
Geschaeftsart,
        /* Bezeichnung der Geschäftsart */
Betrag
        /* Höhe des zu tätigenden Geschäftes */
out:
Berechtigung-existiert,
        /* Kennzeichnung, ob eine Berechtigung für
           das Produkt, für die Geschäftsart, für
           den Händler existiert. */
O(Hoehe-ausreichend)1,
        /* Kennzeichnung, ob die Höhe ausreicht */
O(Fehlbetrag)1
        /* Fehlender Betrag für Berechtigung */
)
```

Einschließlich Typinformation[3] gestaltet sich die vollständige Funktionsspezifikation mittels des CASE-Tools ADW dann wie folgt:

```
Name
Berechtigung-pruefen

Definition
#Beschreibung
Diese Funktion bearbeitet mit Hilfe von Händler-
sowie Produktdaten die Überprüfung der im gegebe-
nen Geschäftskontext vorliegenden Berechtigung des
Händlers für die Durchführung eines Wertpapierge-
schäftes. Im einzelnen wird geprüft, ob der Händ-
```

3 Das PROKLAM zugrundeliegende Typkonzept wird im Abschnitt zur funktionalen Klassenmodellverfeinerung dargestellt.

ler die Berechtigung für die gewünschte Geschäftsart bzgl. des gegebenen Finanzproduktyps in der geforderten Höhe besitzt.
Die Berechtigung ist ausreichend, wenn:
- eine Berechtigung des Händlers für den Finanzprodukttyp des vorliegenden Finanzproduktes für die gewählte Geschäftsart existiert und
- die Höhe des zu tätigenden Geschäftes den Berechtigungsbetrag des Händlers nicht übersteigt.

#PUBLIC

#Vorbedingungen
- Der Händler existiert.
- Das Finanzprodukt dessen Berechtigung zu prüfen ist, existiert.
- Die gewählte Geschäftsart existiert

#Nachbedingungen

```
#INTERFACE
Berechtigung-prüfen (
in:
t-unique-id  Haendler,       /* ID des Händlers */
t-string-30  Produkt,        /* Bezeichnung des
                                Produktes      */
t-string-30  Geschaeftsart,  /* Bezeichnung der
                                Geschäftsart   */
t-dec-9-2    Betrag          /* Höhe des zu täti-
                                gend. Geschäfts */
out:
t-boolean Berechtigung-existiert,
                            /* Kennzeichnung, ob
                               eine Berechtigung
                               für das Produkt,
                               die Geschäftsart,
                               den Händler ex. */
```

```
t-boolean     O(Hoehe-ausreichend)1,
        /* Kennzeichnung, ob die Höhe
        ausreicht */
t-dec-9-2            O(Fehlbetrag)1
        /* Fehlender Betrag für die
        Berechtigung */
)
Comment
#Ablauf
        /* Lesen der Bezeichnung des
        Finanzprodukt-Typs zum gegebenen
        Finanzprodukt mittels Lesefunktion
        der Basisklasse Finanzprodukt
        */

CALL Finanzprodukt.Typ
        (Finanzprodukt.Bezeichnung, Typ)

        /* Lesen der Höhe der Berechtigung
        zum gegebenen Händler,
        Finanzprodukttyp, Geschäftart
        */

IF Berechtigung gefunden
        /* Berechtigung vorliegend = ja
        Vergleich mit der Höhe des ge-
        wünschten Geschäftes
        */
        IF Höhe ausreichend
        /* Höhe ausreichend  = ja          */
        ELSE
        /* Höhe ausreichend  = nein
        Fehlbetrag setzen
        */
        END
ELSE
        /* Berechtigung vorliegend = nein
        */
END
```

```
#Mengengerüst
Aufrufhäufigkeit:   120 Aufrufe pro Tag
Verteilung:         95% der Aufrufe der Funktion
                    erfolgen zwischen 8:30 und
                    11:00, in diesem Zeitraum
                    annähernd Gleichverteilung
Wachstum:           10% pro Jahr

#Impl.Hinweise
```

2.3.6 Leitlinien zur Basisklassenspezifikation

Wie können wir Basisklassen (oder allgemeiner Klassen) identifizieren?

Gehen wir davon aus, daß ein Datenmodell mit einem hinreichenden Detaillierungsgrad erstellt wurde. Wir benutzen zur Bearbeitung und Verwaltung der Daten das Sachbearbeiterkonzept. Jedem Sachbearbeiter wird ein Ausschnitt des Datenmodells zugeordnet. Auf diesem Ausschnitt operiert der Sachbearbeiter. Oft ist es hilfreich, sich diesen Sachbearbeiter als einen menschlichen Sachbearbeiter vorzustellen. Im ersten Schritt erstellen wir ein mehr oder minder korrektes Abbild des organisatorischen Ablaufs in der Analyse.

Der Sachbearbeiter erledigt alle Verwaltungsaktivitäten in der ihm zugeordneten Datensicht. Hierfür hat der Sachbearbeiter alle notwendigen Werkzeuge zu seiner Verfügung. Umgekehrt gibt der Sachbearbeiter eine Reihe von möglichen Aufträgen bekannt, die er bereit ist, auszuführen. Ein anderer Sachbearbeiter kann dann unserem Sachbearbeiter einen Auftrag erteilen.

Wenn wir das Gesamtsystem später genauer detaillieren, werden die Werkzeuge des Sachbearbeiters die Vorlagen für die Klassenfunktionen bzw. für die Klassen bilden. Die Aufträge sind die Vorlagen für Aktivitäten im Geschäftsprozeßmodell.

In diesem andropomorphen Bild existieren auch Manager. Sie sind den Sachbearbeitern übergeordnet und koordinieren diese. Die Manager haben ihre eigenen Werkzeuge und Aufträge. Aus diesen Managern können wir später die Aggregationsklassen bzw. Anwendungskerne ableiten.

Dieses Vorgehen basiert auf unserer Erfahrung, daß andropomorphe Analogien für Entwickler einfacher zu visualisieren sind als andere abstraktere Darstellungen. Trotz unserer Empfehlung sollte jedoch jedes Projekt die Analogien benutzen, mit denen es die besten Erfahrung gemacht hat.

Welche Funktionen sollten für die Klassen beschrieben werden?

Die Grundfunktionen folgender Art werden zu dem Datenmodellausschnitt einer Klasse definiert und detailliert, inklusive aller zu beachtender Regeln beschrieben:

1. Konstruktoren,
2. Destruktoren,
3. Projektoren,
4. Modifikatoren,
5. Lebenszyklusbetrachtung.

Die ersten vier sollten bei jeder Klasse beschrieben werden, der Lebenszyklus nur, wenn die Klasse ein komplexes Zustandsmodell besitzt.

2.4 Aggregationsklassen

2.4.1 Einleitung

Die Basisklassen beschreiben die Grundstruktur des PROKLAM-Modells und bilden so das Fundament eines zukünftigen Anwendungssystems. Basisklassen kapseln Daten und die darauf operierenden Funktionen zu Einheiten. Diese Einheiten sollten aus fachlicher Sicht möglichst abgeschlossen und vollständig sein. Diese Forderung sollte allerdings nicht dazu führen, Basisklassen zu entwerfen, die sehr große Teile der Problem Domain abdecken.
Hierbei entstehen zwei Gefahren. Eine zu große Datensicht führt zu einem geringen Grad an Wiederverwertbarkeit. Ursache hierfür ist ein hoher Grad an Kopplung bei großen Basisklassen. Der anzustrebende Kompromiß zwischen den Forderungen der fachlichen Abgeschlossenheit und der geringen Kopplung andererseits führt zur Beschränkung der Basisklassen auf ein leicht handhabbares Ausmaß. Existierende Integritätsbedingungen und Regeln, welche große Teile des Gesamtdatenmodells betreffen, können daher nicht auf der Datensicht einer Basisklasse allein verifiziert werden.

Wie gehen wir mit solchen Funktionen, Regeln und Integritätsbedingungen, die nur auf großen Ausschnitten des gesamten Datenmodells überprüft werden können. Für diese Problematik bieten sich zwei Lösungswege an:

1. Die Regeln und Bedingungen werden unter der Kontrolle einer ausgewählten Basisklasse durchgeführt. Diese vergibt solange Folgeaufträge an andere Basisklassen, bis die Gesamtkonsistenz gewährleistet werden kann.
2. Es wird eine neue Klasse definiert. Die Instanzen dieser Klasse umfassen Objekte derjenigen Basisklassen, deren Datensichten von den übergreifenden Konsistenzbedingungen betroffen sind. An diese neue Klasse werden die Regeln und Integritätsbedingungen geknüpft, die nur auf der gesamten Datensicht überprüfbar sind. Diese zusätzlich geschaffene Klasse wird als gesonderte Klassenart behan-

delt: die Aggregationsklassen. Sie stellt Funktionen zur Verfügung, welche die geforderten übergreifenden Regeln bearbeiten. Die Funktionen der aggregierten Klassen können Folgeaufträge an andere Klassen vergeben (send message), Basis- und Aggregationsklassen, um ihren Auftrag durchzuführen.

Im Rahmen von PROKLAM entscheiden wir uns für die zweite Variante, da die erste unsere Forderung nach Minimalität in den Basisklassen verletzt.

2.4.2 Warum Aggregationsklassen ?

A priori könnte man meinen, daß allein Basisklassen ausreichen, um alle Integritätsbedingungen und Regeln zu verifizieren. Was wäre hierdurch gewonnen? Die gesamte Problem Domain würde in eine große Zahl kleiner Basisklassen zerfallen, um die Forderung der geringen Kopplung zu erfüllen. Insbesondere der Systemanalytiker wie auch der Anwender wäre gezwungen, große Teile der Problem Domain detailliert zu kennen. Oder aber es müßte mehr oder weniger willkürlich eine Basisklasse definiert werden, die fachlich übergreifende Regeln kontrolliert abarbeitet.

Ein Beispiel aus dem Bereich der Bilanzbuchhaltung soll dies verdeutlichen. Hier wäre es sinnvoll, zunächst eigene Basisklassen für die Aktiv- und die Passivseite zu definieren, um zu große, umfassende Basisklassen zu vermeiden. Es entstehen die Klassen Aktiva und Passiva. Eine Funktion zum Ermitteln der Bilanzsumme, müßte im Falle des Verzichtes auf Aggregationsklassen einer dieser beiden Klassen willkürlich zugeordnet werden. Aus fachlicher Sicht wäre dies schwer vermittelbar, da der Anwender diese Funktion gerade von einer Klasse Bilanz erwartet. Eine Klasse Bilanz umfaßt Instanzen der Klassen Passiva und Aktiva und bietet eine Funktion an, die übergreifend die Bilanzsumme ermittelt. Diese geforderte Klasse Bilanz entspricht genau einer Aggregationsklasse folgender Gestalt:

Abbildung 2.17 Aggregationsklasse

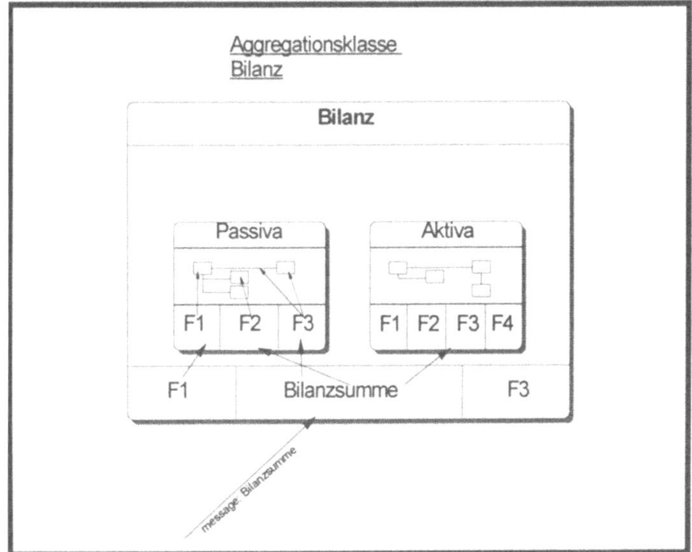

Die Bilanzsummenberechnung erfolgt durch Versenden einer Nachricht „Bilanzsumme" an die Aggregationsklasse Bilanz. Diese wiederum versendet hierfür Folgeaufträge an die Basisklassen Aktiva und Passiva, um die benötigten Daten zu beschaffen. Damit wird mittels dieser Daten und der nur der Aggregationsklasse bekannten fachlichen Regeln die Bilanzsumme ermittelt, und die beiden Basisklassen bleiben disjunkt.

Dieses Beispiel zeigt, daß in einer Problem Domain Abstraktionsmechanismen notwendig sind. Diese Abstraktionsmechanismen verhindern, daß der Systemanalytiker die gesamte Problem Domain durchdringen muß. Eine andere Stelle, an der sich ein solcher Mechanismus anbietet, ist die Schnittstelle zwischen zwei Systemen bzw. Partitionen der Problem Domain.

Neben dieser offensichtlich notwendigen Abstraktionsfähigkeit existieren weitere Gründe zur Einführung von aggregierten Klassen. Dazu betrachten wir eine Anforderung aus dem zugrundeliegenden Geschäftsvorfall „Wertpapiergeschäft vorbereiten".

Zunächst ist die Aktivität „Geschäftsvorbereitung erfassen" durchzuführen. Sie besitzt folgende Definition:

```
Diese Funktion führt die Erfassung der Daten
durch, die im Rahmen eines geplanten Geschäftes
des Bereiches Finanz- und Kapitalanlagen benötigt
werden. Dies sind die speziellen Geschäftsvorbe-
reitungsdaten sowie das gewünschte Finanzprodukt
und die beabsichtigte Geschäftsart.
Folgende Regeln sind bei Ausführung der Funktion
zu gewährleisten:
1. Die Zuordnung eines Finanzproduktes darf nur
   dann erfolgen, wenn es existiert und für den
   Handel des Unternehmens freigegeben ist.
2. Es darf nur eine solche Geschäftart zugeordnet
   werden, die für das gewünschte Finanzprodukt
   zulässig ist.
Die im Rahmen dieser Aktivität zu erfassenden Da-
ten und zu prüfenden Regeln betreffen die Daten-
sichten der Basisklassen
1. Finanzprodukt zur Prüfung der Existenz des Pro-
   duktes, dessen Zulässigkeit für den Handel
2. Geschäft zum Erfassen der Geschäftsinformation
   sowie der Zuordnung zur einer Geschäftart und
   deren Zulässigkeit
3. Finanzproduktnutzung zur Erfassung der detail-
   lierten Geschäftsvorbereitungsdaten abhängig
   von der Art des vorliegenden Finanzproduktes.
```

Es besteht nun die Möglichkeit, die Aktivität „Geschäftsvorbereitung erfassen" einer der drei beteiligten Klassen zuzuweisen oder aber eine Aggregationsklasse AK-Geschäft zu definieren. Diese neue Aggregationsklasse umfaßt als essentielle Bestandteile die Instanzen der drei beteiligten Basisklassen. Im ersteren Fall erhält man insbesondere folgende Nachteile:

1. Es kann nicht mit einer Abstraktion, die auf eine Geschäftsvorbereitung zugeschnitten ist, gearbeitet werden. Es werden zusätzliche detaillierte Informationen berücksich-

tigt, die für das fachliche Verständnis nicht erforderlich sind. Die Minimalität wird verletzt.

2. Bei jeder Änderung der Logik der Geschäftsvorbereitung muß eine Basisklasse geändert werden, die unter Umständen von vielen anderen Klassen aus genutzt wird. Dies hat insbesondere in der Implementierung unangenehme Folgen. Bei Erstellung einer Aggregationsklasse muß nur diese eine Klasse geändert werden, die eine geringere Kopplung im System besitzt.

Die aggregierte Klassen werden nach fachlichen Kriterien gebildet. Sie besitzen im Verständnis von PROKLAM keine über die Datensichten der beteiligten Klassen hinausgehenden eigenen Daten des zugrundeliegenden Entity-Relationship-Modells. Sie werden geschaffen, um Funktionen bereitzustellen, welche basisklassenübergreifende Aspekte realisieren. Daher wird für aggregierte Klassen die Datensicht nicht explizit angegeben. Sie ergibt sich als Vereinigung der Datensichten aller Basisklassen, deren Funktionen zur Bewältigung der Aufgaben der eigenen Funktionen herangezogen werden.

Eine Aggregationsklasse kann auch Instanzen anderer Aggregationsklassen umfassen. In einem solchen Fall setzt sich die Datensicht aus den einzelnen Sichten der enthaltenen Aggregationsklassen zusammen.

2.4.3 Daten einer Aggregationsklasse

Wir betrachten die nötigen Schritte zur Festlegung der Daten einer Aggregationsklasse detailliert.

Definition

Die Definition einer Aggregationsklasse unterscheidet sich nur geringfügig von einer Basisklasse. Die Aggregationsklasse beschreibt zusätzlich, welche Objekte welcher Klassen sie in welchen Kardinalitäten enthält.

Persistente Daten von Aggregationsklassen

Die Datensicht einer Aggregationsklasse ergibt sich aus der Vereinigungsmenge aller Basisklassen, von der sie Instanzen einbindet. Diese Datensicht wird in PROKLAM als eine logische Datensicht bezeichnet. Die Persistenz von Daten, die sich auf das zugrundeliegende Entity-Relationship-Modell beziehen, wird für Aggregationsklassen daher stets über die entsprechenden Funktionen der eingebundenen Basisklassen sichergestellt. Daraus ergibt sich die Modellierungsregel, daß eigene Daten einer Aggregationsklasse in der Analysephase nicht zu modellieren sind. Zeigt sich im Rahmen der Modellierung, daß Daten existieren, die nicht auf Entity-Relationship-Modell-Ebene abgebildet sind, so ist das Entity-Relationship-Modell entsprechend zu erweitern. Auf diese Art und Weise kommt es zu einer iterativen Überarbeitung des Klassenmodells.

Trotzdem kann die Forderung der Persistenz im technischen Design auch Daten betreffen, die nicht direkt mittels der beteiligten Basisklassen realisiert werden können. Dies zeigt das Beispiel der Bilanzsumme. Obwohl man hier in der Lage wäre, die Bilanzsumme stets funktional, d.h. zur Laufzeit zu ermitteln, wird man bei sehr großen oder komplexen Systemen allein aus Performance-Gesichtspunkten auf die funktionale Ermittelung verzichten. Man wird von einem solchen Konstrukt Abstand nehmen und die Bilanzsumme abspeichern, um sie nicht jedesmal neu zu ermitteln. Die Aggregationsklasse Bilanz besitzt also das Datenelement „Bilanzsumme". Dieses Attribut ist nicht auf Entity-Relationship-Modellebene abbildbar, sondern wird als eigenständiges Attribut definiert.[4]

2.4.4 Funktionsspezifikation für Aggregationsklassen

Da eine Aggregationsklasse keine eigenständige Datensicht besitzt, können alle ihre Funktionen nur indirekt Teile des Datenmodells modifizieren. In diesem strengen Sinn darf die Aggregationsklasse nur die Klassenfunktionen der in ihr enthaltenen Klassen benutzen. Datenzugriffe werden durch die enthaltenen Klassen versteckt.

---

[4] Detailliert wird dieses Thema im Teil Design behandelt. Die dort auftauchenden Objekt-Ids zeigen ein ähnliches Verhalten.

Wir werden diese strenge Regel, Zugriffe nur über die Klassenfunktionen der enthaltenen Klassen zu benutzen, an einer Stelle durchbrechen.

Stellen wir uns den Fall vor, daß die dauernde Datenhaltung in Form einer relationalen Datenbank realisiert wird. Wird eine Lesefunktion der Aggregationsklasse definiert, so darf diese direkt auf der logischen Datensicht lesen. Dieses Lesen kann also ohne Zuhilfenahme der enthaltenen Klassen geschehen. Diese Ausnahme gilt nur für lesende Funktionen. Diese Ausnahme wird bewußt gemacht, da eine relationale Datenbank große oder komplexe Joins optimieren kann und dieser Mechanismus durch die Verschachtelung von lesenden Funktionen der involvierten Basisklassen nicht genutzt würde[5]. In diesem Falle würde also die verschachtelte Nutzung von Lesefunktionen der enthaltenen Klassen zu nicht optimierten Lesezugriffen auf die relationale Datenbank führen.

Bis auf die erwähnte Ausnahme und den obigen Restriktionen unterscheidet sich die Funktionsspezifikation für eine Aggregationsklasse ansonsten nicht von der einer Basisklasse.

2.4.5 Einbindung in die Modellstruktur

Aggregationsklassen werden als eigener Zweig in die Struktur des Klassenmodells eingebunden. Diejenigen Klassen, deren Instanzen in eine Aggregationsklasse eingebunden sind, werden in der Klassendekomposition unter die betreffende Aggregationsklasse gehängt.

---

[5] Genaueres hierzu findet sich im Abschnitt zur funktionalen Klassenmodellverfeinerung (3.7).

Abbildung 2.18
Aggregationsklassen im Klassenmodell

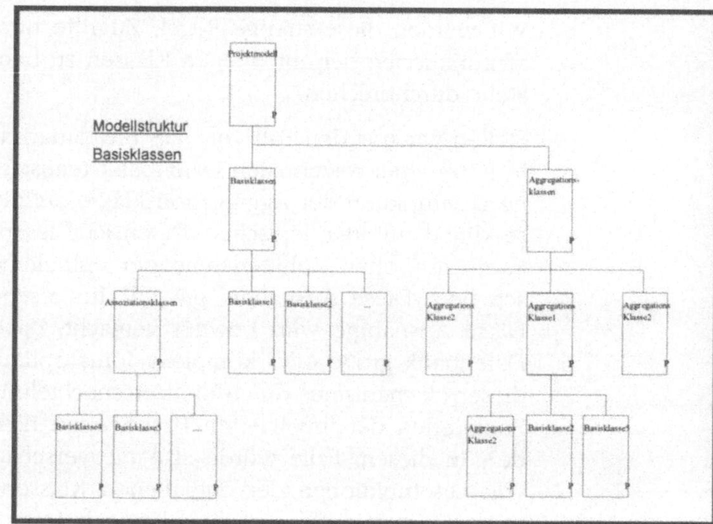

Im Anwendungsbeispiel, dem Projekt Wertpapierhandel, führt dies zu folgender Modellstruktur:

Abbildung 2.19
Modellstruktur Wertpapierhandel

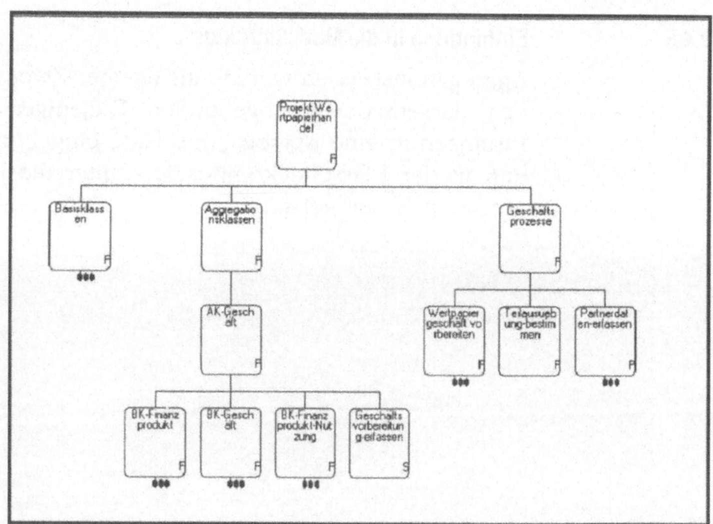

2.5 Lifecycle-Modell

2.5.1 Einleitung

Das Lifecycle-Modell bildet neben dem Klassenmodell, dem Geschäftsprozeßmodell und dem Verteilungsmodell einen weiteren Modellteil im Rahmen von PROKLAM.

Das Lifecycle-Modell stellt die möglichen Phasen oder Zustände im Leben einer Klasseninstanz, d.h. eines Objektes dar.

Ein Zustand eines Objektes umfaßt alle seine Eigenschaften. Dies sind alle Attribute und Beziehungen zu anderen Objekten. Der Zustand ist also mehr als die Ausprägung der Attribute des Objektes.

Nun gibt es aber eine Reihe von Attributen, die für den Zustand ausschlaggebend sind. In der Lifecycle-Betrachtung können wir uns auf die ausschlaggebenden Attribute beschränken. So ist z.B. die konkrete Ausprägung eines Straßennamens für den Zustand eines Objektes der Klasse Adresse irrelevant.

Prinzipiell gesehen existiert für jede Instanz ein eigenes Lifecycle-Modell. Ein solches Modell zeigt die möglichen konsistenten Zustände an, welche eine Instanz annehmen kann. Jede Instanz durchläuft während ihrer Existenz eine Reihe von wohldefinierten Zuständen. Wird nun eine Funktion ausgeführt, so ist diese Funktion vom aktuellen Zustand der Instanz abhängig. Die Abhängigkeit vom Zustand ist mehrfach vorhanden. Die hier angesprochene Funktion kann sowohl eine Instanz als auch eine Klassenfunktion sein. Zum einen ist bei vielen Funktionen der Zustand eine Vorbedingung, d.h. die Funktion wird nur für bestimmte Eingangszustände ausgeführt. Zum andern ist die semantische Interpretation der Dateninhalte vom aktuellen Zustand des Objektes abhängig. Nachdem die Funktion ausgeführt wurde, befindet sich die Instanz wiederum in einem definierten Zustand, da eine Funktion die beteiligten Instanzen immer in einem definierten

Zustand zurücklassen muß. Eine Ausnahme von dieser Regel ist der Objektdestruktor. Nach der Ausführung des Objektdestruktors ist das Objekt nicht mehr existent, folglich kann es auch keinen Zustand besitzen.

Betrachten wir die Menge aller möglichen Instanzen, ergibt sich der Lifecycle der Klasse. Die einzelne Instanz besitzt eine Teilmenge der im Klassenmodell möglichen Zustände. Dieser Klassen-Lifecycle wird im folgenden stets betrachtet.

2.5.2 Übergänge

Der neue Zustand nach Beendigung einer Funktion kann identisch mit dem Ausgangszustand sein. Speziell Lesefunktionen werden in der Regel keinen Zustandsübergang auslösen. Meist lösen Änderungsfunktionen einen Übergang zwischen Zuständen einer Instanz aus. Der neue Zustand des Objekts ergibt sich eindeutig aus der Funktion, dem initialen Zustand und den Dateninhalten. Der Begriff Dateninhalt ist nicht auf die dauerhaften Daten der Klasse beschränkt, sondern umfaßt auch Rückgabewerte von Funktionsaufrufen. Insofern handelt es um einen abstrakten Datentyp.

Abbildung 2.20
Übergänge im Zustandsmodell

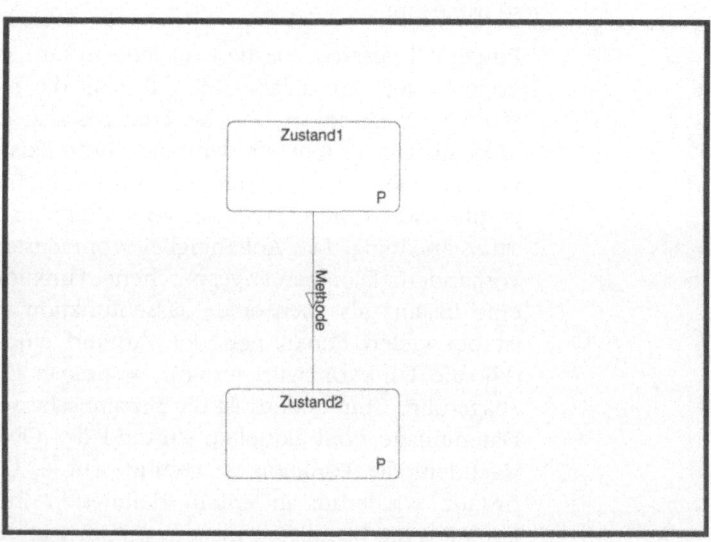

Es existieren zwei Funktionen, die gewissermaßen außerhalb des Zustandsmodells stehen. Dies sind der Destruktor und der Konstruktor, bzw. Funktionen, die solche speziellen Aufrufe benutzen. Da bei der Anwendung dieser Funktionen entweder vor oder nach ihrem Aufruf keine Instanz vorhanden ist, können beide Funktionen auch keinen Übergang auslösen. Wir benutzen für diese Fälle ein Hilfskonstrukt im Zustandsmodell. Das Zustandsmodell für eine Klasse enthält stets einen Initial- und einen Finalzustand. Der Initialzustand ist als Vakuumzustand vor der Objektkreierung vorhanden. Der Finalzustand ist ebenfalls als Vakuumzustand nach der Zerstörung des Objektes vorhanden. Die Vakuumzustände dienen zur Abrundung des Lifecycle-Modells einer Instanz. Der Begriff „Vakuum" wurde gewählt, um anzuzeigen, daß es sich um keinen Zustand einer Instanz handelt. Das Vakuum setzt sich aus allen möglichen Initial- und Finalzuständen aller Instanzen zusammen, beide sind jedoch Zustände im Rahmen der Klasse.

Jede Instanz basiert auf dem Lifecycle-Modell. Es stellt eine wichtige Integritätsbedingung für die Instanzen dar. Um das Lifecycle-Modell einer Klasse zu bestimmen, betrachten wir alle Funktionen und ihre Integritäts-, Vor- und Nachbedingungen. Für jede Klassenfunktion werden die möglichen Zustandsübergänge mit ihren Vorbedingungen festgehalten. Für jede einzelne Funktion sind die Vor- und Nachbedingungen aufzulisten. Die Betrachtung beider Mengen, Vor- und Nachbedingungen, ermöglicht die Konstruktion der Zustände. In das Zustandsmodell können allerdings nur die klasseninterne Anteile der Bedingungen einfließen.

Die Zustände lassen sich auch direkt, ohne Hilfe der Funktionen, konstruieren. Dieses Vorgehen wird jedoch nur in Ausnahmefällen benutzt. Die Übergänge lassen sich einfacher visualisieren als abstrakte Zustände.

Nicht jeder Zustandsübergang muß durch eine Funktion ausgelöst werden. Es gibt auch Übergänge durch äußere Ereignisse.

Betrachten wir eine Instanz der Klasse Privatperson. Der Übergang vom Zustand Jugendlicher in den Zustand Erwachsener wird durch ein äußeres Ereignis, z.B. achtzehnter Geburtstag, ausgelöst. Welcher Funktion wird dieser Übergang zugeordnet? Es gibt keine solche Funktion! In einem solchen Fall wird der Zustand im Design nicht dauerhaft als Datenelement abgelegt. Er wird funktional, ganz im Sinne eines abstrakten Datentyps, ermittelt. Das Resultat ist der Datentyp Mündigkeit, welcher aus dem aktuellen Datum und dem Attribut Geburtsdatum einer Instanz der Klasse Privatperson den Zustand Erwachsener oder Jugendlicher ermittelt.

Warum sind beide Vorgehensweisen möglich?

Der Grund liegt darin, daß ein Zustandsdiagramm und ein Zustandsübergangsdiagramm unterschiedliche Darstellungen des gleichen Sachverhaltes sind. In der Regel kann man die eine Darstellung aus der anderen ableiten.

Werden diese Betrachtungen für alle Klassen durchgeführt, so erhalten wir das PROKLAM-Lifecycle-Modell.

In der Praxis werden triviale Zustandsmodelle nicht modelliert. Dies würde das Lifecycle-Modell überfrachten. Ein triviales Zustandsmodell ist dann vorhanden, wenn die Instanz außer den Vakuumzuständen nur einen einzigen Zustand annehmen kann. Das Lifecycle-Modell enthält damit eine Untermenge der Klassen, genau solche, die ein nicht-triviales Zustandsmodell besitzen.

Eine Instanz einer Klasse besitzt genau einen Gesamtzustand, dieser kann jedoch in getrennte Untermengen zerfallen. Genauer gesagt zerfällt der Gesamtzustand in das Produkt der Untermengenzustände. Diese Untermengen sind stets abgeschlossen, d.h. es existieren Funktionen, welche die Instanz von dem Untermengenzustand in einer Untermenge in keinen anderen Untermengenzustand einer beliebigen anderen Untermenge überführen kann. Auch ist jede Operation auf einer fremden Untermenge für die Untermenge, welche gerade betrachtet wird, irrelevant.

Es ist daher günstig, jede abgeschlossene Untermenge als einen eigenen Zustand zu betrachten, da dieser sich getrennt modellieren läßt. Der Gesamtzustand setzt sich dann aus jeweils einem Repräsentanten der Untermengen zusammen. In allen Beispielen werden wir stets nur eine der Untermengen betrachten und daher nicht alle Untermengen aufzeigen.

Ein kurzes Beispiel hierzu:

Betrachten wir die Klasse Privatperson. Jede Instanz der Klasse kann ein Element der Zustandsmenge {männlich,weiblich} annehmen. Neben dieser Zustandsmenge existiert auch die Zustandsmenge {mündig, unmündig}. Eine Instanz der Klasse Privatperson kann nun jeweils genau ein Element aus jeder Zustandsmenge wählen. Beide zusammen bilden - stark vereinfacht - den Gesamtzustand der Klasse Mensch. Beide Zustandsmengen sind unabhängig voneinander. Für eine konkrete Funktion reicht es nun aus, nur eine der beiden Mengen zu betrachten und den anderen Zustand als unveränderlich anzusehen. Mathematisch gesprochen handelt es sich hierbei um orthogonale Zustände.

Letztendlich sind die Zustände Hilfsmittel zur Wahrung der Modellkonsistenz der beteiligten Instanzen. Die Darstellung ist so zu wählen, daß die Konsistenz einfach zu beschreiben ist.

Für die Basisklassen ist das angesprochene Konstruktionsverfahren einfach durchführbar, doch Aggregationsklassen sollten auch Zustände besitzen. Die Notwendigkeit für die Zustände von Aggregationsklassen liegt in der Konsistenzunterstützung durch das Zustandsmodell. Eine Funktion der Aggregationsklasse darf die Aggregationsklasse nur von einem definierten Zustand in einen weiteren definierten Zustand überführen, zusätzlich zur Konsistenz der einzelnen enthaltenen Klassen.

Wie können wir Zustände in Aggregationsklassen entwickeln?

Zunächst wird das Produkt der enthaltenen Klassenzustände gebildet. Diese Produktzustände werden durch die Integritätsbedingungen der Aggregationsklasse ausgedünnt, d.h. es werden nur solche Zustände beibehalten, welche die Konsistenz gewährleisten. In dieser Menge kann es Zustände geben, die gegenüber der aggregierten Klasse, ununterscheidbar sind. Solche entarteten Zustände werden auf genau einen Zustand abgebildet.

Ein kurzes Beispiel zu den entarteten Zuständen:
Die Klasse Privatperson besitzt die beiden Zustände männlich und weiblich, Z={m,w}[6]. Eine Instanz der aggregierten Klasse Ehepaar umfaßt zwei Instanzen der Klasse Mensch zusammen. Die möglichen Produktzustände sind Z_{ehe}= {mm,mw,wm,ww}. Die Integritätsbedingung „deutsche Gesetzgebung" erlaubt nur die Zustände Z_{ehe}= {mw,wm}. Diese Menge ist entartet, da es gleichgültig ist, ob der weibliche oder der männliche Eheteil zuerst genannt wird. Es resultiert ein einziger Zustand, wir benutzen den Repräsentanten {wm}. Da die entstehende Zustandsmenge nur einen Zustand hat, existiert keine Funktion, die einen Übergang ermöglicht. Der Konstruktor und der Destruktor bilden die bekannte Ausnahme, da sie Übergänge zwischen dem Vakuum und der Instanz vermitteln. In einem solchen Fall wird das Zustandsmodell nicht erstellt, da es für die Klasse trivial ist. Die Integritätsbedingung hingegen wird sehr wohl vermerkt.

Bei den Aggregationsklassen können wir uns die Zustände durch einen Schachtelungsprozeß vor Augen führen. Stellen wir uns eine Aggregationsklasse mit zwei enthaltenen Objekten vor. Die enthaltenen Objekte geben nur ihren Zustand der aggregierten Instanz bekannt. Wenn wir das enthaltene Objekt näher betrachten, können wir auf sein eigenes Zustandsmodell „zoomen".

Bei den Spezialisierungsklassen findet der umgekehrte Vorgang statt. Die abstraktere Klasse hat weniger Zustände als die stärker spezialisierte. Die spezialisiertere Klasse besitzt in der Regel zusätzliche Attribute.

---

6 Die einzige Funktion, die einen Übergang auslösen kann, ist die Geschlechtsumwandlung.

An dieser Stelle taucht die Frage nach dem Unterschied zwischen einem Attribut und einem Zustand auf. Zunächst hat der Zustand eine andere Bedeutung: Er formuliert Konsistenzbedingungen auf der Klasse. Wie schon beschrieben, ist der Zustand das mächtigere Konstrukt. In einfachen Fällen reicht jedoch die Wertemenge eines Attributes zur Repräsentation der Zustände aus. Dann wäre die Attributwertemenge eine mögliche Repräsentation der Wertemenge der Zustände, aber nicht identisch mit den Zuständen selbst.

Das Lifecycle-Modell kann auch auf der Basis schon bestehender Modelle erstellt werden. Besitzt ein Unternehmen schon ein Entity-Relationship-Modell, so bietet sich neben der Analyse der Funktionen ein anderes Verfahren an.

Die Lifecycle-Modellierung kann schon im Rahmen des Entity-Relationship-Modells beginnen. Jeder Entity-Typ besitzt ein Zustandsmodell. Dieses wurde bisher häufig nicht modelliert, obwohl die Idee von Entitätszuständen in einigen Entity-Relationship-Modellierungsmethoden vorhanden ist. Hier erweitern wir das Entity-Relationship-Modell durch eine Zustandsmodellbetrachtung der Entity-Typen. Ein solches Vorgehen ist unabhängig von PROKLAM interessant, da die Einhaltung des Zustandsmodells eine wichtige Integritätsbedingung für das so erweiterte Entity-Relationship-Modell darstellt.

Aus dem Zustandsmodell der Entity-Typen können wir ein Zustandsmodell für eine auf diesen Entity-Typen aufbauende Datensicht erzeugen. Die auf dieser Datensicht definierte Klasse besitzt ihrerseits ein Zustandsmodell.

Wie wird das Zustandsmodell der Klassen konstruiert?

Wir gehen ähnlich vor wie bei der Bildung der Aggregationsklassen. Zunächst sind die möglichen Zustände des Klassenzustandsmodells das Gesamtprodukt aus den Zuständen der einzelnen Entity-Typen. Wenn wir den Zustand einer Entität als einen eindimensionalen Vektor über einer diskreten Menge ansehen, so ist der Gesamtzustand von n Entity-Typen ein n-dimensionaler Vektor (Produktzustand) über einer Produktmenge.

Ein großer Teil dieser Produktzustände wird in der Regel jedoch aus Integritätsbedingungen verboten sein. Dies verringert die Zahl der möglichen Klassenzustände. Da eine Klasse nur über die in ihr definierten Funktionen angesprochen werden kann, erhalten wir an dieser Stelle weitere Einschränkungen für das Zustandsmodell. In der resultierenden Menge gibt es noch eine Reihe von entarteten Zuständen, also Zustände, die sich zwar auf Entitätsebene voneinander unterscheiden, auf Instanzebene jedoch nicht mehr unterscheidbar sind. Jede Untermenge von entarteten Zuständen (sie zerfallen in diskrete und disjunkte Teilmengen) wird zu genau einem Zustand der Instanz zusammengefaßt, d.h. wir wählen einen Repräsentanten für den Zustand. Damit ist die Bildung eines Zustandsmodells für eine Instanz einer Klasse, ausgehend vom Entity-Relationship-Modell, abgeschlossen.

Der Weg, das Zustandsmodell direkt, d.h. ohne Konstruktion eines Entitätenzustandsmodells vorzunehmen, birgt eine Gefahr. Bei komplexen Datensichten können nicht alle Konsistenzbedingungen des Entity-Relationship-Modells reproduziert werden. Außerdem verliert man die Möglichkeit, die funktionale Konsistenz der Klasse anhand der Zustände zu überprüfen. Daher empfiehlt sich stets eine unabhängige Betrachtung des Entitätszustandsmodells.

2.5.3 Notation

Die Darstellung des Zustandsmodells einer Klasseninstanz geschieht im Rahmen des CASE-Tools ADW mit Hilfe des Datenflußdiagramms. Für die Zustände benutzen wir das ADW-Element Process. Um die Zustände von echten Prozessen zu unterscheiden, wird das Kürzel ST (für „state") dem Zustand vorangestellt. Die Datenflüsse bilden die Zustandsübergänge, meist sind es Funktionen[7], in manchen Fällen jedoch auch Ereignisse.

---

[7] Da diese Funktionen im Klassenmodell existieren müssen, ist das Zustandsmodell ein Weg, dessen Vollständigkeit zu verifizieren.

Betrachten wir als Beispiel das Zustandsmodell der Klasse Kapitalanlagevertragden. Dies ist ein Beispiel für ein nichttriviales Zustandsmodell. Aus technischen Gründen werden zwei zusätzliche Vakuumzustände eingeführt. Dies sind der Initial-State und der Final-State. Beides sind keine Zustände, da der Initial-State vor der Erzeugung der Instanz existiert und der Final-State nach der Zerstörung des Objekts. Trotzdem vereinfachen diese Vakuumzustände die Darstellung und Diskussion eines Zustandsmodells.

Abbildung 2.21 Lifecycle-Modell Kapitalanlagevertrag

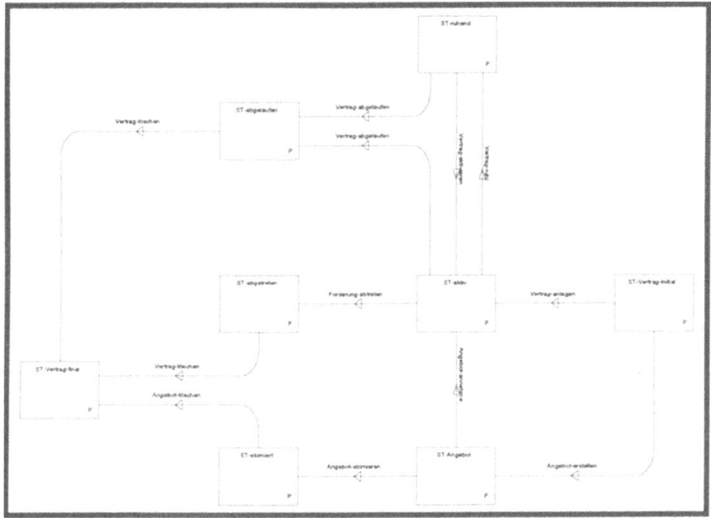

In diesem Beispiel liefert das Zustandmodell aufgrund der fachlich notwendigen Zustandsübergänge eine Reihe weiterer Funktionen - z.B. Forderung-abtreten - der Klasse Kapitalanlagevertrag, die ohne Untersuchung des Lifecycles nicht ohne weiteres sichtbar geworden wären. Das Lifecycle-Modell dient hier also neben der Beschreibung von Konsistenzbedingungen der Vervollständigung des Klassenmodells.

2.6 Geschäftsprozeßmodell

2.6.1 Einleitung

Das Geschäftsprozeßmodell bildet einen essentiellen Bestandteil der Methode PROKLAM. Wie auch der Begriff der Klasse nimmt der Begriff „Geschäftsprozeß" in PROKLAM eine zentrale Stellung ein.

Geschäftsprozesse sind objektübergreifende Abläufe in der gegebenen Ablauf- und Aufbauorganisation eines Unternehmens und dienen mittelbar oder unmittelbar der Erreichung der Unternehmensziele. Geschäftsprozesse besitzen keine Kenntnisse über die Inhalte von Objekten, nutzen jedoch deren öffentliche Methoden zur Erreichung des fachlichen Auftrages.

Im folgenden Kapitel werden wir die allgemeinen Konzepte der Geschäftsprozeßmodellierung in PROKLAM diskutieren, um diese anschließend auf den Geschäftsprozeß „Wertpapiergeschäft vorbereiten" eines Wertpapierhandelsbereiches anzuwenden.

Wie definiert PROKLAM den Begriff Geschäftsprozeß?

Unter einem Geschäftsprozeß verstehen wir einen zeitlich abgeschlossenen Vorgang in der Problem Domain, welcher durch einen Auslöser (Trigger) angestoßen wird. In einem Geschäftsprozeß werden eine Reihe von fachlich zusammenhängenden Aktivitäten durchgeführt. Eine Aktivität ist bezüglich des sie nutzenden Geschäftsprozesses die elementare Einheit. Die Summe aller dieser Aktivitäten besitzt das Ziel, die Unternehmensumwelt so zu bearbeiten, daß ein aus Unternehmensicht gewünschter Beitrag zur Zielerreichung gewährleistet werden kann. Ein Geschäftsprozeß kann andere Geschäftsprozesse als Teilabläufe enthalten. Die Steuerung innerhalb eines Geschäftsprozesses erfolgt durch die Auswertung von Bedingungen aus vorhergehenden Aktivitäten und führt zum Anstoß neuer Aktivitäten.

Die möglichen Typen der Aktivitäten sind:

1. Geschäftsprozesse,
2. manuelle Tätigkeiten,
3. Klassenfunktionen.

Aufgrund dieser Definition ergibt sich die enge Verzahnung von Geschäftsprozeß- und Klassenmodell. Die Methoden der Klassen führen die eigentlichen fachlichen, DV-unterstützten Aufgaben durch, während der Geschäftsprozeß die übergreifenden fachlichen Regeln sicherstellt.

Abbildung 2.22 Zusammenhang Geschäftsprozeß- und Klassenmodell

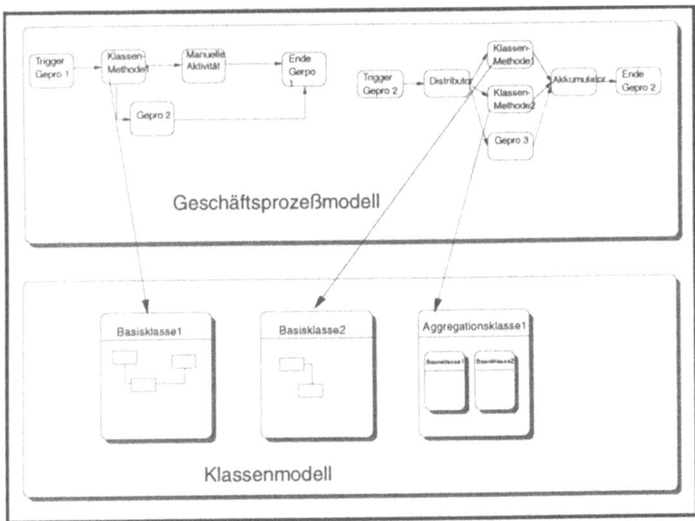

2.6.2 Modellierung von Geschäftsprozessen

Die Geschäftsprozeßanalyse liefert die standardisierte, schablonenartige Beschreibung der real ablaufenden Gschäftsprozeßausprägungen. Der PROKLAM-Prozeß beschreibt also, wie die Grundstruktur eines fachlichen Prozesses definiert ist und vernachlässigt Details der Unternehmensrealität, die jedoch die Aussagekraft und Umsetzbarkeit des Geschäftsprozeßmodells reduzieren würden.

Eine Aktivität ist bezüglich des sie nutzenden Geschäftsprozesses die elementare Einheit. Für den Geschäftsprozeß hat die einzelne Aktivität keine sichtbare Substruktur. Die einzelne Aktivität kann jedoch auch ein Geschäftsprozeß sein. Ein Geschäftsprozeß stellt idealerweise eine fachliche Transaktion dar, d.h. der Geschäftsprozeß überführt das Gesamtsystem von einem konsistenten Zustand in einen anderen konsistenten Zustand. Dieses Transaktions-Konzept läßt sich in der Praxis jedoch nicht konsequent technisch umsetzen.

Die Geschäftsprozesse sollen daher einer schwächeren Bedingung genügen. Nur für die von dem Geschäftsprozeß betroffenen Systembereiche soll die Idee einer fachlichen Transaktion gültig sein. In allen praktischen Fällen ist diese schwächere Bedingung identisch mit einer echten systemweiten fachlichen Transaktion, da die verschiedenen Systembereiche meist nur lose gekoppelt sind. Die Schwierigkeit der starken Bedingung besteht in den direkten oder indirekten Folgen des Geschäftsprozesses im gesamten Unternehmen gibt. Das Ausmaß dieser Fernwirkung läßt sich a priori nicht exakt bestimmen. Die schwächere Bedingung, die Konsistenz der zu untersuchenden Partition der Problem Domain, ist überprüfbar.

Betrachten wir dazu den Geschäftsprozeß „Wertpapiergeschäft-vorbereiten". Je nach betroffenem Finanzprodukt-Typ sind weitere Systemteile des Finanzdienstleisters zu involvieren. Die Wahrung der fachlichen Konsistenz ist hier eine Anforderung, die das Wissen und die Kooperation zahlreicher Organisationseinheiten erfordert. Die Realisierung der stärkeren Bedingung wäre daher nur mit sehr hohem Aufwand möglich.

In der Regel handelt es sich bei den zu modellierenden Geschäftsprozessen um betriebswirtschaftliche Abläufe. Der einzelne Geschäftsprozeß kann der vollständige betriebswirtschaftliche Ablauf oder auch ein Teil desselben sein. Die Unterteilung eines Geschäftsprozesses in mehrere Aktivitäten ermöglicht die Wiederverwendung dieser Aktivitäten in anderen Abläufen. Diese Aktivitäten müssen nicht die Bedingung der fachlichen Transaktion, weder die starke noch die schwache, erfüllen.

Geschäftsprozesse können mit unterschiedlichen Verfahren, top-down, bottom-up oder hybrid modelliert werden. Die wichtigsten Geschäftsprozesse eines Unternehmens sind die sogenannten Kernprozesse, häufig 5-10 Stück (dieser Wert stammt aus der Erfahrung im Reengineering-Bereich). Diese Kernprozesse bilden die Grundlage der gesamten Unternehmenstätigkeit. Alle anderen Prozesse dienen zur Unterstützung oder Konkretisierung der Kernprozesse.

Betrachten wir als Beispiel die Deutsche Bahn. Wir wollen in unserem Beispiel rechtliche Restriktionen außer acht lassen.

Einer der Kernprozesse der Bahn ist der Transport von natürlichen Personen zwischen zwei definierten Orten, in der Regel Bahnhöfe. Andere Prozesse, Bau von Schienen oder Verkauf von Fahrkarten, dienen zur Unterstützung des Kernprozesses Transport von natürlichen Personen und sind somit kein Selbstzweck.

Häufig lassen sich die Kernprozesse nicht eindeutig erkennen. Sie gehen in der großen Zahl der gesamten Prozesse unter. Das Nichtwissen über die eigentlichen Kernprozesse eines Unternehmens führt häufig zu Fehlentscheidungen. Nehmen wir als Beispiel noch einmal die Deutsche Bahn. Hätte sich die Bahn zu Beginn der fünfziger Jahren auf den Kernprozeß Transport von natürlichen Personen besonnen, so wäre sie folgerichtig heute an einer Fluglinie beteiligt. Denn ihre eigentliche Aufgabe ist der Transport von Menschen nicht die Pflege von Eisenbahnanlagen. Dieses Beispiel offenbart auch die enge Verbindung zwischen Unternehmenszweck und Kernprozessen. Kernprozesse konkretisieren den Unternehmenszweck.

Die Besinnung auf die Kernprozesse ist ein wichtiger und notwendiger Schritt in jedem Unternehmen. Nachdem die Kernprozesse identifiziert wurden, können die Geschäftsprozesse abgeleitet werden.

In der Praxis wird meist ein anderer Weg beschritten. Einem Projekt wird ein Ausschnitt der Problem Domain (Partition) zugeordnet, um ihn zu modellieren. Der Systemanalytiker wird zunächst mit Hilfe von Interviews versuchen, einen großen Teil der fachlichen Abläufe zu erfassen. Aus diesen Daten wird ein erstes Geschäftsprozeßmodell der Partition erstellt.

Dieses Modell wird mit den Geschäftsprozessen der Nachbarpartitionen, den Kernprozessen und dem Klassenmodell verknüpft. Dieses so konsolidierte Geschäftsprozeßmodell wird erneut den Endbenutzern vorgestellt, und der Zyklus beginnt von vorne. Während dieses Vorgehens stellt der Systemanalytiker häufig fest, daß sich bestimmte Abläufe anders und besser organisieren lassen. An dieser Stelle vollzieht der Systemanalytiker einen Rollenwechsel zum Systemdesigner. Es ist nicht nur seine Aufgabe, einen bestehenden Ablauf zu modellieren, sondern er muß auch neue Prozesse entwerfen.

Wie sieht nun ein Aktivität bzw. ein Geschäftsprozeß oder eine manuelle Tätigkeit aus?

Ein Prozeß ist stets aus den möglichen fünf Basiselementen in verschiedenen Kombinationen zusammengesetzt. Diese Basiselemente sind:

1. Aktivitäten,
2. Trigger,
3. Bedingungen und Steuerflüsse,
4. Akkumulatoren und Distributoren,
5. Exitaktivität.

Aktivitäten

Ein Prozeß wird in der Regel aus mehreren Aktivitäten bestehen. Diese Aktivitäten können als manuell, computergestützt oder geschäftsprozeßartig klassifiziert werden. Die Aktivitäten sind oftmals gleichzeitig die Funktionen von Klassen, welche im Klassenmodell beschrieben wurden bzw. in solche Funktionen zerlegt werden können. Hier wird der enge Bezug von Klassen- und Geschäftsprozeßmodell deutlich. Betrachten wird den Geschäftsprozeß „Wertpapiergeschäft vorbereiten“, so entspricht die Aktivität „Händler-Kompetenz-prüfen“ der gleichnamigen Methode der Klasse Mitarbeiter.

Die Aktivitäten bilden die Grundlage eines top-down Vorgehens zur Gewinnung von Funktionen der modellierten Klassen. PROKLAM definiert als Bedingung für die Konsistenz des Gesamtmodells, daß alle Aktivitäten, die weder als manuell noch als Geschäftsprozeß klassifiziert werden können, als öffentliche Funktion einer Klasse modelliert sein müssen.

Manuelle Aktivitäten werden von einem menschlichen Bearbeiter oder einem externen System, z.B. Post oder Bank, ausgeführt. Die Grenzen und die internen Vorgänge einer manuellen Aktivivität liegen außerhalb des Einflußbereichs des zu modellierenden Systems.

Die computergestützten Aktivitäten werden in einem EDV-System abgewickelt. Sie werden traditionell als Ergebnis einer Systemanalyse erwartet.

Exitaktivität

Jeder Prozeß wird durch eine definierte Exitaktivität abgeschlossen. In ihr ist festgelegt, welche Abschlußtätigkeiten bei Geschäftsprozeßende durchzuführen sind. Alle möglichen Pfade innerhalb des Geschäftsprozesses müssen in diese eine Exitaktivität münden. Wird diese Aktivität erreicht, so wurde der Vorgang fachlich konsistent abgearbeitet, aus fachlichen Gründen abgebrochen oder aber, auf Grund von Fehlern, vorzeitig beendet. In einem Fall der vorzeitigen Beendung, d.h. die fachliche Transaktion konnte nicht erfolgreich abgeschlossen werden, müssen wir die notwendigen Maßnahmen zur Zurücksetzung spezifizieren. Geschieht dies nicht, kann die Konsistenz des Gesamtsystems nicht gewährleistet werden.

Diese zusätzlichen Maßnahmen sind Teile der Exitaktivität bzw. in ihr zu definieren. Ein Beispiel: Das Unternehmen möchte einen Mitarbeiter einstellen und hat dessen persönliche Angaben schon registriert. Nun sagt der zukünftige Mitarbeiter ab. Jetzt ist es Aufgabe der Exitaktivität, die schon angelegte Personalakte zu entfernen.

Auslöser

Einige Aktivitäten sind direkt mit dem Auslöser (Trigger) des Prozesses verbunden. Sie werden ausgeführt, wenn der Trigger aktiv wird und initialisieren den Prozeß auf diese Weise.

Wie werden Geschäftsprozesse ausgelöst?

Äußere Ereignisse oder Termine können Auslöser von Geschäftsprozessen sein. Innerhalb eines Prozesses können Trigger für andere Prozesse erzeugt werden. Diese Prozeßinstanzen werden vom rufenden Prozeß angestoßen und laufen dann synchron oder asynchron ab. Jeder Trigger kann auf eine andere Aktivität eines Geschäftsprozesses verweisen. Wurde jedoch eine Geschäftsprozeß einmal ausgelöst, so haben alle weiteren Trigger keinen Einfluß auf den ablaufenden Geschäftsprozeß.

Teilprozesse

Eine Aktivität in einem Geschäftsprozeß kann selbst wieder ein Geschäftsprozeß sein. Die Ausführung der Aktivität im rufenden Geschäftsprozeß hat zur Folge, daß der Trigger des gerufenen Geschäftsprozesses initiiert wird. Der gerufene Prozeß übernimmt nun vollständig die Steuerung. Wurde die Aktivität aus einem parallelen Zweig gerufen, wird nur die Steuerung für diesen Zweig übernommen. Am Ende des Prozesses erreicht der Geschäftsprozeß die Exitaktivität. Nachdem die Exitaktivität abgeschlossen wurde, wird die Steuerung dem rufenden Prozeß übergeben.

Abbildung 2.23
Verschachtelung von Geschäftsprozessen

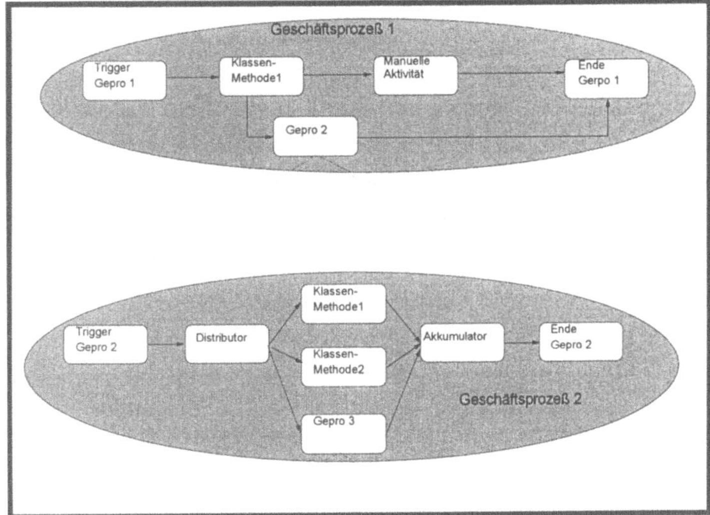

Die Übergabe an den rufenden Prozeß ist eine Kernfunktion der Exitaktivität. Der rufende Geschäftsprozeß wertet nun den zurückkehrenden Steuerfluß aus und steuert, abhängig von den Bedingungen, die nächsten Aktivitäten an. Hieraus folgt, daß Geschäftsprozesse, genau wie die Funktionen der Klassen, Ein- und Ausgabeparameter besitzen. Die Eingabeparameter müssen zu Beginn des Geschäftsprozesses bekannt sein. Allerdings können sie je nach Trigger unterschiedlich aussehen. Die Ausgabeparameter geben an, was der Geschäftsprozeß direkt an seine Umwelt zurückmeldet. Wir werden diese Parameter erst im Design via IDL näher spezifizieren. In der PROKLAM-Analyse bedienen sich die Geschäftsprozesse stets aus einem globalen Datenpool.

Steuerflüsse

Der Ablauf eines Geschäftsprozesses benötigt steuernde Informationen, da der konkrete Ablauf von verschiedenen Informationen, welche während des Ablaufs ermittelt werden, abhängig sein kann. Dieser dynamische Vorgang wird durch Steuerflüsse gestaltet. Einzelne Aktivitäten liefern Bedingungen zurück. Diese werden interpretiert, um die nächsten Aktivitäten auszulösen.

Parallele Aktivitäten

Im Rahmen von Geschäftsprozessen kann der Fall auftreten, daß verschiedene Aktivitäten voneinander unabhängig parallel verlaufen können. Für diese Parallelität benötigt man Mechanismen zur Synchronisierung der beteiligten Aktivitäten. Die Akkumulatoren und Distributoren dienen als Synchronisierungsmechanismen. Die Distributoren sind die Startpunkte der Parallelisierung, und die Akkumulatoren ermöglichen eine Zusammenführung der parallelen Kontrollflüsse. Über einen Distributor wird der Steuerfluß im Geschäftsprozeß aufgeteilt.

Diese parallelen Steuerflüsse müssen nach Abschluß aller parallelen Aktivitäten wieder zusammengefaßt werden. Hierzu wird ein Sammler gebraucht: der Akkumulator. Ein Akkumulator kann wieder ein Distributor sein, wenn dieser Punkt im Ablauf als Synchronisierungspunkt dient. Der Distributor wartet bis alle Aktivitäten abgeschlossen sind, um den nachfolgenden Steuerfluß auszuwerten. Damit der Gesamtablauf konsistent bleibt, darf aus einem der parallelen Zweige nicht herausgesprungen werden. Der Akkumulator muß stets angesteuert werden. Er dient als Synchronisationspunkt. Umgekehrt darf von außen nicht ohne Verwendung des Distributors in eine parallele Aktivität gesprungen werden. Nicht alle möglichen parallelen Pfade müssen durchlaufen werden. Wird ein Pfad durch die Auswertung der Bedingungen ausgeschlossen, so wird die Kontrolle direkt von dem Distributor an den Akkumulator weitergeleitet.

Abbildung 2.24
Parallele Aktivitäten

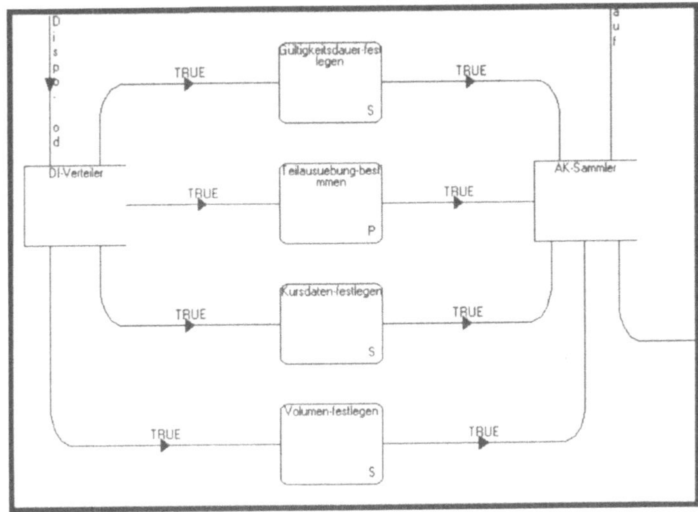

Aus den hier aufgeführten Elementen lassen sich Geschäftsprozesse synthetisieren. Der Geschäftsprozeß stellt einen Ablaufplan dar, gemäß dem die tatsächliche Ausführung in den Organisationseinheiten des Unternehmens geschieht. Die eigentliche Arbeit erfolgt in den Aktivitäten. Mit Hilfe der Steuerflüsse zwischen den Aktivitäten kann entschieden werden, welche Aktivität als nächste ausgeführt wird.

Eine Aktivität kann mehrere verschiedene Kontrollflüsse empfangen und auch mehrere Kontrollflüsse zu anderen Aktivitäten senden. Folglich kann eine Aktivität durch verschiedene andere vorhergehende Aktivitäten ausgelöst werden. Es kann jedoch nur genau eine Folgeaktivität angestoßen werden, d.h. der Geschäftsprozeß folgt genau einem Pfad der Kontrollflüsse. Ausnahme sind die parallelen Aktivitäten.

Um entscheiden zu können, welche Aktivität als nächste ausgeführt wird, werden die Steuerflüsse mit Bedingungen versehen. Diese Bedingungen werden am Ende einer Aktivität überprüft. Trifft eine Bedingung zu, so wird die über den zugeordneten Steuerfluß verbundene Aktivität als nächste ausgeführt.

In einem Geschäftsprozeß müssen für die Bedingungen, mit Ausnahme der parallelen Prozesse, mehrere Regeln erfüllt sein:

1. Wird die nächste Aktivität bedingungslos ausgeführt, so ist die Bedingung stets wahr. Man kennzeichnet dann die Bedingung mit TRUE.
2. Es muß stets genau eine Bedingung erfüllt sein.

Die Geschäftsprozesse benötigen für ihre Verarbeitung Daten oder aber sie verändern bestimmte Daten. Woher kommen diese Daten? Aus der Datensicht des Geschäftsprozesses. Die Datensicht eines Geschäftsprozesses ergibt sich implizit aus der Vereinigung der Datensichten aller am Geschäftsprozeß beteiligten Klassen.

2.6.3 Notation

Die Geschäftsprozeßmodellierung erfolgt in ADW unter Verwendung des Datenflußdiagramms[8]. Die folgende Gegenüberstellung erläutert die Begriffe.

1. Trigger: Der Trigger des Geschäftsprozesses wird innerhalb der ADW durch einen External Agent beschrieben.
2. Steuerfluß: Der Steuerfluß wird durch das ADW-Element Data Flow beschrieben. Der Steuerfluß wird durch einen fachlich aussagekräftigen Namen dokumentiert.
3. Aktivität: Eine Aktivität, entweder ein Geschäftsprozeß, eine Funktion oder eine manuelle Aktivität, wird durch einen Prozeß oder einen sequentiellen Prozeß beschrieben. Ein sequentieller Prozeß ist immer eine Funktion einer Klasse.
4. Akkumulator: Der Sammel- und Synchronisationspunkt von Steuerflüssen wird durch einen Data Store symbolisiert.
5. Distributor: Der Verteilungspunkt von Steuerflüssen wird ebenfalls durch einen Data Store dargestellt.

---

[8] Eine detaillierte Erläuterung der ADW-Iconographie befindet sich im Anhang.

6. Exitaktivität: Die Exitaktivität wird stets durch einen sequentiellen Prozeß beschrieben. Diese Aktivität wird durch das E-Präfix verdeutlicht.
7. Aus ADW-technischen Gründen wird, wenn der Geschäftsprozeß mit parallelen Aktivitäten beginnt, ein Dummyprozeß (DUMMY-) eingeführt.

2.6.4 Geschäftsprozeß „Wertpapiergeschäft vorbereiten"

Im folgenden wird der Geschäftsprozeß „Wertpapiergeschäft-vorbereiten" beschrieben, um die Anwendung der Modellierungskonstrukte des Geschäftsprozeßmodells am Beispiel des Wertpapierhandelssystems zu beschreiben. Das Beispiel verdeutlicht insbesondere die enge Verzahnung von Geschäftsprozeß- und Klassenmodell. Beide gehen ohne Bruch ineinander über. Der Geschäftsprozeß ist in eine Gesamtmodellstruktur eingebettet. Diese gestaltet sich wie folgt:

Abbildung 2.25 Geschäftsprozeßmodell

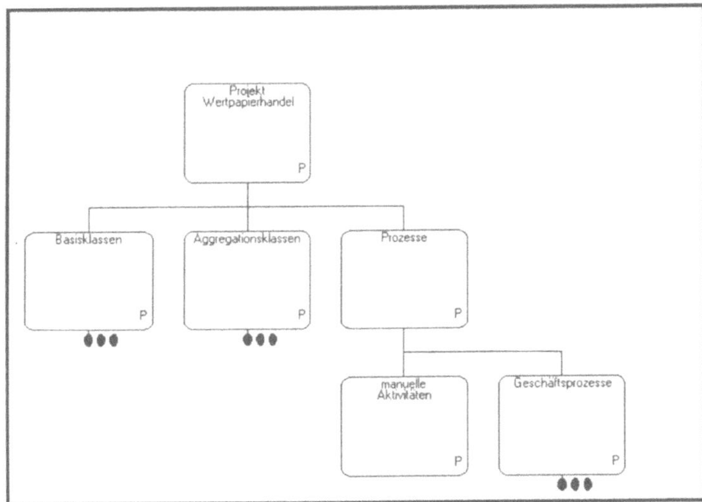

Der einzelne Geschäftsprozeß wird durch ein Data Flow-Diagramm dargestellt. Im folgenden Diagramm sehen wir den Geschäftsprozeß Wertpapiergeschäft-vorbereiten. Er besteht aus einer Reihe von Aktivitäten, Steuerelementen und Steuerkonstrukten.

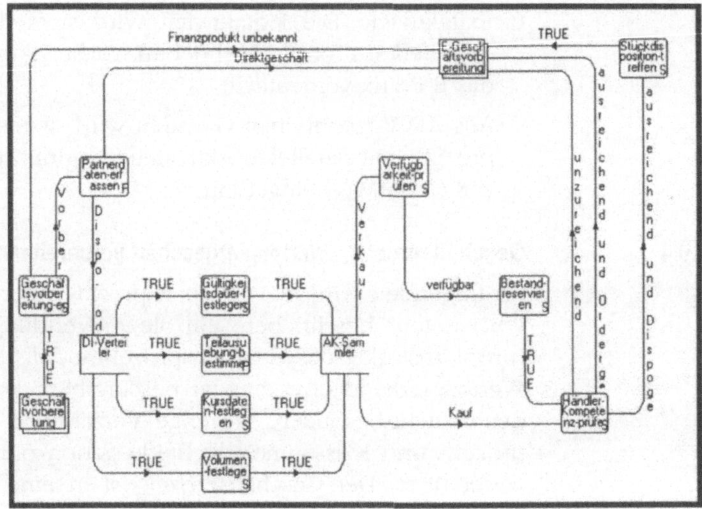

Abbildung 2.26
Wertpapiergeschäft vorbereiten

Betrachten wir als Beispiel eine der im Geschäftsprozeß beteiligten Aktivitäten:

```
Geschäftsvorbereitung-erfassen

Diese Funktion führt die Erfassung der Daten
durch, die im Rahmen eines geplanten Geschäftes
des Bereiches Finanz- und Kapitalanlagen benötigt
werden. Dies sind die speziellen Geschäftsvorbe-
reitungsdaten sowie das gewünschte Finanzprodukt
und die beabsichtigte Geschäftsart.
Es gelten die folgenden Regeln:
Die Zuordnung eines Finanzproduktes darf nur dann
erfolgen, wenn es für den Handel des Unternehmens
freigegeben ist.
Es darf nur eine Geschäftart zugeordnet werden,
die für das gewünschte Finanzprodukt zulässig ist.
```

Die Erläuterung des Ablaufes verweist zur Verdeutlichung des Zusammenhangs zwischen Geschäftsprozeß- und Klassenmodell auf die involvierten Klassen.

Die Aktivierung des Prozesses führt immer zur Ausführung der Aktivität Geschäftsvorbereitung-erfassen der Aggregationsklasse Geschäftsvorbereitung. Wurde die Erfassung erfolgreich durchgeführt, wird der Gechäftsprozeß „Partnerdaten-erfassen“ durch die Aktivierung seines Triggers ausgelöst. Der Steuerfluß „Vorbereitung abgeschlossen“ korrespondiert mit der entsprechenden Nachbedingung der Funktion „Geschäfts-vorbereitung-erfassen“. Bezieht sich die Vorbereitung des Wertpapiergeschäftes auf ein unbekanntes Finanzprodukt – hier besteht der Bezug zur Nachbedingung von „Geschäfts-vorbereitung-erfassen“ – wird der Geschäftprozeß durch die Ausführung der Exitaktivität beendet.

Aufgrund der Art des gewünschten Geschäftes, Direktgeschäft oder Dispo-/Ordergeschäft, wird die weitere Bearbeitung der Geschäftsvorbereitung durchgeführt. Für den Fall eines Dispo-/Ordergeschäftes können nun mehrere Aktivitäten gleichzeitig, d.h. parallel durchgeführt werden. Dazu verteilt ein Distributor den Steuerfluß auf die Aktivitäten

1. Gültigkeitsdauer-festlegen,
2. Teilausübung-bestimmen,
3. Kursdaten-festlegen,
4. Volumen-festlegen.

Bei diesen Aktivitäten handelt es sich um Methoden der Basisklasse Geschäft. Sie werden nach ihrer Ausführung im Akkumulator AK-Sammler zusammengeführt. Wird der Kauf von Wertpapieren vorbereitet, erfolgt der Aufruf der Aktivität Händlerberechtigung-prüfen (Basisklasse Mitarbeiter). Im Falle des Verkaufs wird die Verfügbarkeit im Bestand geprüft (Basisklasse Finanzprodukt-Nutzung). Ist diese nicht gewährleistet, wird die Exitaktivität angesteuert, die z.B. dafür sorgt, daß unnötige Partnerdaten wieder entfernt werden. Bei Verfügbarkeit wird im Bestand reserviert (Basisklasse Finanzprodukt-Nutzung) und anschließend die Prüfung der Händlerberechtigung angestoßen. Ist diese ausreichend und liegt die Geschäftsart Dispogeschäft vor, wird die Stückedisposition aufgerufen (Basisklasse Geschäft), die dann zur Exitaktivität führt. Anderfalls ist der Geschäftsprozeß abgeschlossen, und die Exitaktivität wird ausgeführt.

2.7 Verteilungsmodell

2.7.1 Einleitung

Das Verteilungsmodell ist besonders dann von Bedeutung, wenn das Ziel der Analyse die Erstellung eines verteilten EDV-Systems ist. Die benötigte Verteilungsinformation wird allein aus der Problem Domain gewonnen, d.h. zunächst ohne Berücksichtigung der technischen Verteilung. Die technischen Aspekte einer Verteilung werden später analysiert und berücksichtigen weitergehende Anforderungen wie etwa graphische Oberflächen. Falls das PROKLAM-Modell wiederverwendet wird, bleibt diese technische Information natürlich erhalten. Jede verteilte Systemimplementierung muß zukünftig die Verteilung innerhalb der Problem Domain widerspiegeln, ansonsten wird das Ergebnis der Systemanalyse falsch wiedergegeben. Diese Anforderung führt zu einer iterativen Anpassung des Analysemodells, da Design und Analyse der Verteilungsanforderungen eng verknüpft sind. Es existiert ein Wechselspiel zwischen der Analyse und dem Design, was von einer evolutionären Methode zu erwarten ist.

Eine Verteilung in der Analyse zeigt meist den herrschenden Ist-Zustand an. Während des Designs kann es zu neuen Verteilungen kommen, wenn Prozesse und Klassen neu entworfen werden. Das Verteilungsmodell ist folglich nicht statisch, sondern ändert sich dynamisch mit den Ergebnissen des Designs bzw. auf Grund von Ereignissen außerhalb des Unternehmens. Diese Dynamik wird durch den iterativen und evolutionären Charakter von PROKLAM optimal unterstützt.

Ein zentraler Begriff unseres Verteilungsmodells ist die Lokation. Eine Lokation im Sinne unseres Verteilungsmodells ist ein logischer Ort, z.B. eine Organisationseinheit, an dem die Instanzen von Klassen oder auch Geschäftsprozesse residieren. Die Lokation muß nicht mit einem geographischen Ort identisch sein.

Die Definition der Lokation zeigt, daß in PROKLAM Klassen mit ihren Instanzen sowie Geschäftsprozesse die Verteilungseinheiten bilden. Einzelne Funktionen werden nicht verteilt, da dies dem Gedanken der Kapselung widerspräche.

Natürlich ist es möglich, für Oberflächenklassen, d.h. solche Klassen, die nur der Präsentation dienen, die Instanzen zu verteilen. Dies ist jedoch nicht Teil der Analyse. In der Analysephase werden Lokationen im allgemeinen nicht tiefer als bis zur Ebene der Organisationseinheiten untersucht. Sie bleiben noch relativ abstrakt. Im Design kann diese Darstellung jedoch durchaus bis zur Ebene einzelner Arbeitsplätze oder Stellen verfeinert werden.

2.7.2 Lokationszerlegung des Kapitalanlagebereiches

In unserem Anwendungsbeispiel ergibt die Lokationszerlegung des Bereiches Kapitalanlagen eines Finanzdienstleisters folgende Darstellung. Die Dekompositionsdarstellung zeigt den hierarchischen Aufbau der Lokationen.

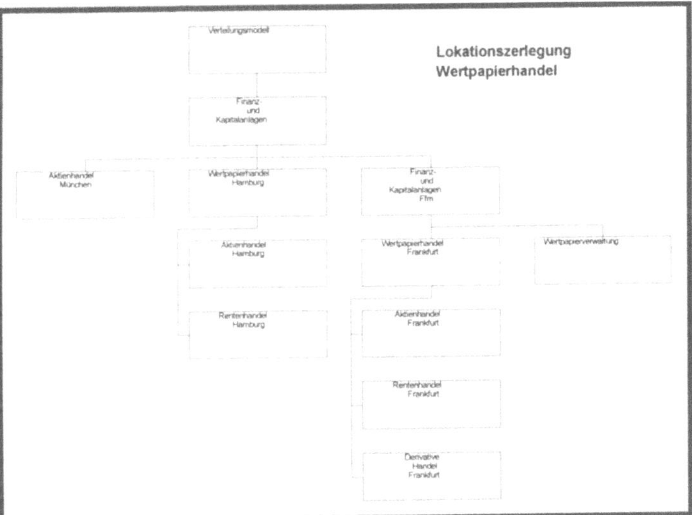

Abbildung 2.27 Lokationszerlegung Kapitalanlagen

2.7.3 Ermittlung der Klassenlokationen

Bei der Zuordnung der Klassen zu Lokationen müssen wir zwischen der Lokation der Klasse und der Lokation ihrer Instanzen unterscheiden. Die Lokation der Klasse beschreibt die organisatorische Einbettung einer Klasse. Die Instanzlokation andererseits beschreibt, wie die Objekte einer Klasse innerhalb dieses Organisationsbereiches verteilt sind.

Auf der Ebene der Instanzen muß eine weitere Unterscheidung getroffen werden. Zum einen existieren die physisch vorhandenen Instanzen, z.B. die konkrete Aktie, zum anderen die Repräsentation dieser Instanzen im System. Die Repräsentation residiert meist in einer Datenbank, die Instanz selbst an einem physischen Ort. Beide Lokationsinformationen haben ihre Berechtigung. Die Verteilung der physisch existierenden Instanzen ist insbesondere für die Beschreibung des Geschäftes notwendig. Die Repräsentationslokation rückt während des Designs in den Mittelpunkt des Interesses. Insofern können wir das Verteilungsmodell zwischen den Phasen Analyse und Design trennen.

Zunehmender computergestützter Handel hat im Falle des Wertpaierhandels zur Folge, daß die Instanzrepräsentation im System immer wichtiger wird. Die Bundesschatzbriefe z.B. existieren heute nicht mehr in physischer Form. Sie sind nur noch als Repräsentationsinstanz in Computern vorhanden.

Im allgemeinen genügt es, diese Unterscheidung auf der Ebene der Instanzen nicht explizit zu dokumentieren, sondern im Rahmen des Designs, eventuell schon während der Analyse, die Verteilung der Repräsentationen zu beschreiben. Über die Zuordnung von Klassen zu Lokationen wird hinreichend genau beschrieben, an welcher Lokation mit den physischen Instanzen gearbeitet wird. Im folgenden werden wir, wenn nicht explizit erwähnt, mit Instanz die Repräsentation im System bezeichnen.

Ein Weg zur Ermittlung der Klassenlokation besteht darin, die Lokation der einzelnen Funktionen zu analysieren. Die Klassenlokation muß dann entweder eine Superlokation oder aus einer bzw. mehreren ausgewählten Funktionslokationen bestehen. Diese Funktionslokationen werden zu einer Klassenlokation zusammengefaßt. Eine explizite Abbildung im Modell ist für die Funktionslokationen nicht notwendig, da in PROKLAM Klassen und ihre Instanzen die Verteilungseinheiten bilden.

Betrachten wir die Basisklasse Mitarbeiter. Es ist sofort ersichtlich, daß diese Klasse an allen Lokationen des Unternehmens von Relevanz ist. Sie ist daher der obersten Lokation zuzuordnen, der Lokation Finanz- und Kapitalanlagen. Es läßt sich die Modellierungregel ableiten, daß eine Klasse einer Lokation zugeordnet wird, wenn an allen Sublokationen physische Repräsentationen im Rahmen des Geschäftes benötigt werden.

Andererseits sei das Geschäft des betrachteten Finanzdienstleisters so organisiert, daß nur an der Lokation „Derivate Handel Frankfurt" mit diesen Finanzprodukten gehandelt wird. Die Basisklasse BK-Fondsanteil wird daher nur der Lokation „Derivate Handel Frankfurt" zugeordnet. Mit einem solchen Vorgehen läßt sich die Lokation der meisten Klassen bestimmen.

2.7.4 Verteilung und Spezialisierungshierarchien

Im Falle von Spezialisierungshierarchien wird so vorgegangen, daß die Lokationen entlang der Spezialisierungshierarchie immer konkreter werden. Eine Subklasse darf keiner Lokation über ihrer Superklasse zugeordnet werden. Wird eine Superklasse einer Lokation zugewiesen, bedeutet dies, daß alle physischen Instanzen all ihrer Subtypen an dieser oder einer ihrer Unterlokationen verwaltet werden. Hier gilt die Regel: Instanzen einer Basisklasse werden immer einschließlich der zugehörigen Superklasseninstanz an einer Lokation abgelegt. Eine Verteilung dieser zusammengehörigen Instanzen auf mehrere Lokationen ist grundsätzlich aus Performancegründen nicht anzuraten, da für jeden Zugriff auf eine Basisklasseninstanz mindestens ein zusätzlicher Zugriff über eine irgendwie geartete Verbindung auf die zugehörige Superklasseninstanz notwendig wird.

Die Basisklasse Finanzprodukt-Nutzung wird in unserem Fall aufgrund der Geschäftsregeln der Lokation Wertpapierverwaltung in Frankfurt zugewiesen, da die Verwaltung aller gekauften Produkte hier erfolgt.

Das Beispiel der Lokationszuordnung für die Klassen des Wertpapierhandelssystems ergibt folgendes Klassenlokationsmodell[9].

Abbildung 2.28 Lokationsmatrix

	Wertpapierhandel Hamburg	Wertpapierhandel Frankfurt	Aktienhandel Frankfurt	Aktienhandel Hamburg	Aktienhandel München	Derivative Handel Frankfurt	Finanz- und Kapitalanlagen	Finanz- und Kapitalanlagen Ffm	Rentenhandel Frankfurt	Rentenhandel Hamburg	Wertpapierverwaltung
BK-Finanzprodukt											✓
BK-Adresse							✓				
BK-Aktie			✓	✓	✓						
BK-Derivat						✓					
BK-Finanzprodukt-Nutzung							✓				✓
BK-Fondsanteil						✓					
BK-Geschäft	✓	✓			✓						
BK-Kapitalanlagevertrag								✓			
BK-Mitarbeiter							✓				
BK-Nebenkostenvereinbarung								✓			
BK-Partner							✓				
BK-Rente									✓	✓	
BK-Termingeld									✓		
AK-Geschäftsvorbereitung							✓				

2.7.5 Verteilung der Instanzen

Instanzlokationen müssen Unterlokationen ihrer jeweiligen Klassenlokation sein. Hier ist insbesondere die Regel festzuhalten, nach der die Instanzen einer Klasse auf Unterlokationen der Klasse verteilt werden. Diese Information ist von zentraler Bedeutung für das Design einer verteilten Anwendung. Sie kann beispielsweise im technischen Entwurf herangezogen werden, um über die Verteilung einer Datenbanktabelle auf mehrere Lokationen zu entscheiden.

---

9 Die Modellierung der Lokationszuordnung erfolgt mit Hilfe des ADW-Assoziation-Matrix-Diagrammers.

Die Basisklasse Mitarbeiter wurde der Lokation Finanz- und Kapitalanlagen zugeordnet. Dies bedeutet nicht, daß alle Instanzen der Klasse auch an der obersten Lokation residieren. Im technischen Design stehen zahlreiche Möglichkeiten offen:

1. Alle Instanzen der Klasse sind an der obersten Lokation angesiedelt.
2. Alle Instanzen der Klasse residieren an einer Sublokation.
3. Die Instanzen der Klasse werden auf mehrere zentrale Lokationen verteilt.
4. Jede Instanz residiert an der Lokation, an der der Mitarbeiter eingesetzt wird.

2.7.6 Verteilung und Aggregationsklassen

Aggregationsklassen liegen immer dann vor, wenn eine Klasse Instanzen anderer Klassen umfaßt. Es besteht jedoch der Unterschied, daß Aggregationsklassen, abgesehen von technischen oder performancebedingten Attributen, keine Daten besitzen. Im Verständnis von PROKLAM existieren daher im allgemeinen keine Instanzen zu einer solchen Klasse.

Welche Lokation kann für eine Aggregationsklasse als sinnvoll gelten? Zunächst könnte angenommen werden, daß eine Aggregationsklasse an der Superlokation der an ihr beteiligten Klassenlokationen residiert. Grundsätzlich müssen die Lokation einer Aggregationsklasse und die der involvierten Klassen nicht zusammenfallen. Vielmehr entscheidet im allgemeinen das Regelwerk der Problem Domain darüber, wo eine Aggregationsklasse zu lokalisieren ist. Dabei geben die Lokationen der Basisklassen Anhaltspunkte für die Lokation der Aggregationsklasse.

Im Rahmen des Designs ist zusätzlich der Kommunikationsaufwand zu berücksichtigen, der aufgrund der Aufrufstruktur zwischen Aggregationsklasse und Basisklasse entsteht und durch eine optimale Verteilung reduziert werden sollte. Mit Hilfe dieser Information kann dann festgelegt werden, an welcher Lokation bzw. an welchen Lokationen die Aggregationsklasse implementiert wird.

2.7.7 Verteilung von Geschäftsprozessen

Parallel zur Schaffung eines Klassen-Verteilungsmodells wird ein Verteilungsmodell der Geschäftsprozesse aufgebaut. Dieses Verteilungsmodell ist einfacher zu gewinnen, da die Geschäftsprozesse in der Regel organisatorische Abläufe darstellen. Diese sind, aus praktischen Gründen, auf bestimmte, meist relativ leicht lokalisierbare Organisationseinheiten beschränkt.

Die Lokation eines Geschäftsprozesses wird mit Hilfe der Lokationsanalyse seiner Aktivitäten gewonnen. Das sind:

- Funktionen von Klassen,
- manuelle Tätigkeiten,
- Geschäftsprozesse.

Jede Aktivität besitzt eine oder mehrere Lokationen, an denen sie ausgeführt wird. Somit ist ein Geschäftsprozeß auf einer Superlokation der Aktivitätenlokationen definiert, oder eine Menge ausgewählter Lokationen der Aktivitätenlokationen wird als Geschäftsprozeßlokation festgehalten. Die einzelne Aktivitätslokation hat eine Verbindung zu den enthaltenen Klassenlokationen, analog den Aggregationsklassen.

2.7.8 Wiederverwendung bestehender Modelle

Häufig entsteht das PROKLAM-Modell nicht völlig neu, sondern vorhandene Modelle müssen integriert werden. In der Unternehmenspraxis ist meist schon ein Entity-Relationship-Modell vorhanden. Dieses Entity-Relationship-Modell kann durch ein Verteilungsmodell der Entity-Typen ergänzt werden. Die Regeln zur Lokalisierung von Entity-Typen sind den Regeln zur Bestimmung der Klassenlokationen ähnlich. Allerdings wird hierbei auf den funktionalen Verteilungsaspekt verzichtet. Aus der so gewonnen Entity-Typ-Verteilung läßt sich nun eine Verteilungsmodell der Klassen ableiten. Das Vorgehen ist hier analog der Bildung des Lifecycle-Modells. Zunächst wird versucht, der Datensicht der Klasse eine Lokation zuzuordnen. Ist dies nicht eindeutig möglich, so muß eine neue generalisierte Lokation, die Superlokation, für diese

Datensicht geschaffen werden, oder aber die Datensicht der Basisklasse muß überarbeitet werden. Dies ist dann die Lokation der Klasse. Für Spezialisierungsklassen gibt es die zusätzliche Konsistenzbedingung, daß die Generalisierung der unterliegenden Entity-Typen von einer Generalisierung der Entity-Typ-Lokationen begleitet werden muß.

2.7.9 Mengengerüste

Im Rahmen der Klassen- und Geschäftsprozeßmodellierung wird das Mengengerüst der Funktionen, Klassen und Geschäftsprozesse erstellt. Dieses Mengengerüst zusammen mit der Menge der zwischen Klassen und Geschäftsprozessen ausgetauschten Information ermöglicht es, das Kommunikationsaufkommen zu berechnen, daß bei einer bestimmten Verteilung zwischen Klassen und Geschäftsprozessen entsteht. Dieses Aufkommen ist im Rahmen des Designs zu erstellen und minimieren, um so zu einer leistungsfähigen verteilten Anwendung zu kommen. Die Aktivitätsfrequenz liefert somit die Basis für Performanceberechnungen.

Beide Informationen dienen später zur Dimensionierung von Datenbanken, bzw. von Kommunikationseinrichtungen. So können Prognosen über zukünftige Systeme und Entwicklungen aus dem Modell ableitet werden. Detailliert wird dieser Schritt im Design dargestellt.

Neben der Planung zukünftiger Systeme, gibt es noch einen zweiten Vorteil eines detaillierten Verteilungsmodells mit Mengengerüst. Ein solches Modell sollte auch in betriebswirtschaftliche Planungen einbezogen werden. Diese Modelle, Verteilung und Mengengerüst, bilden eine Grundlage für Wirtschaftlichkeitsbetrachtungen. Die Gesamtmenge der Aktivitäten läßt sich, je nach Frequenz, in verschiedene Gruppen einteilen. Handelt es sich um niederfrequente, einfache Aktivitäten, so ist es sinnvoller, diese manuell zu behandeln; umgekehrt sind hochfrequente, standardisierbare Aktiviäten Kandidaten für eine Systemunterstützung.

2.7.10 Verteilungsszenario Wertpapiergeschäft

Betrachten wir unser Anwendungsbeispiel, den Wertpapierhandel, und darin den Geschäftsprozeß „Wertpapiergeschäftvorbereiten". Die Aggregationsklasse AK-Geschäftsvorbereitung umfaßt Instanzen der Basisklassen BK-Finanzprodukt, BK-Geschäft und BK-Finanzproduktnutzung. Aufgrund der Notwendigkeit, Geschäftsvorbereitungen in Hamburg, Frankfurt und München zu tätigen, wird die Klasse der Lokation Finanz- und Kapitalanlagen zugewiesen. Im Design ist anschließend zu entscheiden, ob die Implementierung dieser Klasse einer bestimmten Lokation zugeordnet wird. Die Geschäftsprozesse an anderen Lokationen greifen dann remote auf die Klasse zu. Alternativ kann zur Senkung des Kommunikationsaufwandes die Klasse auf die Lokationen verteilt werden, an denen die Geschäftsprozesse ablaufen, welche häufig Nachrichten an die Aggregationsklasse AK-Geschäftsvorbereitung versenden.

Das Geschäftsprozeßmodell zeigt, daß dieser Prozeß immer die Nachricht "Geschäftsvorbereitung.Erfassen" an die Klasse AK-Geschäftsvorbereitung sendet. Das Lokationsmodell der Geschäftsprozesse legt fest, daß der Prozeß folgenden Lokationen zugeordnet ist:

- Aktienhandel Hamburg,
- Wertpapierhandel Frankfurt,
- Wertpapierhandel München.

Eine Alternative für die Verteilung der Aggregationsklasse besteht darin, sie dort zu implementieren, wo das größte Geschäftsvorkommen vorliegt, abgeleitet aus dem Mengengerüst der Geschäftsprozesse. An den beiden anderen beteiligten Lokationen wird keine Implementierung vorgenommen. Die benötigten Dienste der Klasse AK-Geschäftsvorbereitung werden dann über einen fernen Zugriff in den Geschäftsprozeß „Wertpapiergeschäft-vorbereiten" eingebunden.

Die folgende Graphik gibt einen Überblick über ein mögliches Verteilungsdesign für den Geschäftsprozeß Wertpapiergeschäft-vorbereiten.

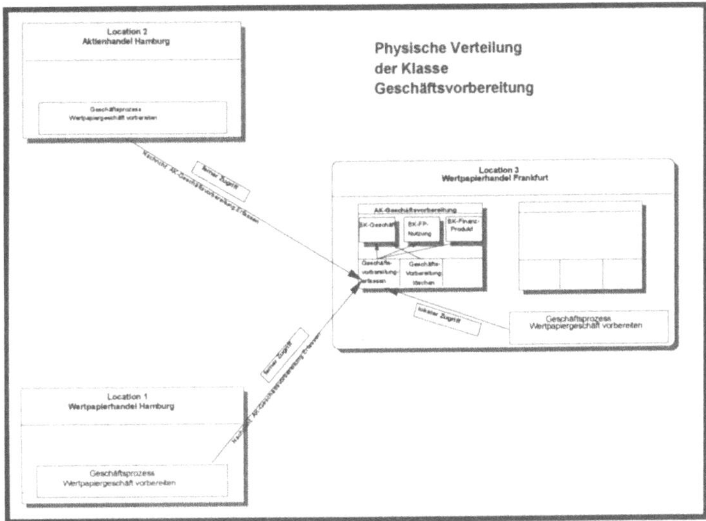

Abbildung 2.29 Verteilung einer Aggregationsklasse

Die Details einer solchen Lösung, die Einschätzung und Optimierung aus technischer Sicht (Performance, Netzbelastung etc.) sind Teil der Designphase.

2.7.11 Notation

Als Basis der Darstellung dient je eine Assoziationsmatrix, deren Zeilen aus den Klassen bzw. Geschäftsprozessen und deren Spalten aus den Lokationen aufgebaut ist. Das CASE-Werkzeug ADW bietet die Möglichkeit, die Lokationen direkt zu verwalten. Wie schon oben angedeutet, wählen wir als Notation eine Matrixdarstellung zusammen mit einer Dekompositionsdarstellung. Die Matrizen enthalten eine Darstellung von Klassen, Klassenfunktionen, Aktivitäten und Geschäftsprozessen gegen Lokationen, in beliebigem Generalisierungsgrad.

In der Dekompositionsgraphik werden die Lokationen dargestellt, wie sie in immer konkretere Lokationen zerfallen. Beide Darstellungen zusammen, das Verteilungsmodell und die Lokationendekomposition, ergeben ein recht gutes Bild über die Verteilungseigenschaften der Problem Domain.

Für Klassen wird die Zahl der neuen Instanzen pro Zeitraum abgelegt. In einem Unternehmen wird stets ein fester Referenzzeitraum gewählt, z.B. ein Jahr. Die Frequenz der Aktivitäten wird ähnlich angegeben: Anzahl der Aktivitäten pro Referenzzeitraum. Handelt es sich um eine Instanzen kreierende Aktivität, so müssen die Frequenz der Aktivität und der Zuwachs der Instanzen zueinander korrespondieren.

2.8 Reengineering und Reuse

Die beiden Begriffe „Reengineering“ und „Reuse“ werden heute leider oft verwechselt. Sie sind etwas völlig Verschiedenes. Reuse ist die Wiederverwendung von bestehender Substanz, Reengineering bedeutet die Suche nach dem grundlegenden Prozeß und eine anschließende Re-Implementation. Wiederverwendung ist bei den Softwareentwicklern schon lange bekannt, Reengineering dagegen nicht. Reuse hat also den engeren Horizont, ist aber, in der täglichen Arbeit, häufiger anzutreffen als das mehr strategisch ausgerichtete Reengineering.

Bei der Wiederverwendung sollte klar getrennt werden zwischen der geplanten Wiederverwendung und einer Art Softwaresalvageing (Bergung). Bei dem Softwaresalvageing wird nach wiederverwendbaren Elementen in bestehenden Applikationen gesucht. Alle diese Methoden haben ihre eigenen Techniken und Philosophien. Wir wollen uns auf die Teile Reengineering und Reuse beschränken, da daß Softwaresalvageing meist zur Fortschreibung alter Fehler führt.

2.8.1 Reengineering

Die meisten Unternehmen glauben, die Aufgabe des Reengineerings sei es, einen bestehenden Prozeß schneller zu machen. Diese Annahme ist falsch. Sie stammt aus der Frühzeit der EDV. Damals war es das Ziel der EDV-Einführung, einen möglichst hohen Automatisierungsgrad von bisher zeitaufwendigen manuellen Prozessen zu erreichen. Diese manuellen Prozesse wurden direkt in computergestützte Aktivitäten abgebildet. Obwohl ein solches Vorgehen seine Vorzüge hat, macht es bestehende Prozesse nur schneller, nicht aber besser.

Das Reengineering will jedoch mehr erreichen: eine echte Neuentwicklung. Die Existenz des zu untersuchenden Prozesses selbst muß in Frage gestellt werden.

Die Grundlage jedes Reengineeringprozesses ist ein induktives Vorgehen:

„Wie können wir eine neue Technologie benutzen, um ein neues Produkt (oder ein altes auf neue Art) zu erzeugen?"

Diese Frage scheint auf den ersten Blick etwas ungewöhnlich, aber man sollte die ökonomische Weisheit beachten: „Angebot erzeugt Nachfrage", z.B. Photokopierer, Walkman etc. So etwas wird auch als latentes Bedürfnis bezeichnet.

Stellen wir uns dieser Grundfrage des Reengineerings auf dem Gebiet der Softwareentwicklung. Wie sieht eine klassische Softwareentwicklung aus?

Ziel der klassischen Softwareentwicklung ist es, Geschäftsprozesse zu unterstützen. Die Geschäftsprozesse werden dem Systemanalytiker vorgegeben, und dann wird nach einer gründlichen Analyse eine Spezifikation erzeugt. Diese Spezifikation wird vom Systemdesigner als Grundlage für einen Entwurf eines EDV-Systems benutzt. Das Systemdesign wird anschließend implementiert.

Betrachten wir dagegen die neueren Technologien: verteilte Systeme, Client-Server Systeme, Objektorientierung und CASE-Tools. Wir sehen sofort, daß diese Technologien Einfluß auf die Geschäftsprozesse und die Softwareentwicklung eines Unternehmens haben. Es sind heute Prozesse möglich, die der Endanwender sich momentan nicht vorstellen kann, weil sie außerhalb seines Erfahrungshorizontes liegen. Hätten wir in den sechziger Jahren einen Musikliebhaber gefragt: „Was wünschen Sie sich an neuer Technik?" So hätte er geantwortet: „Einen besseren Tonabnehmer für meinen Schallplattenspieler". Nicht jedoch: „Einen CD-Player oder ein DAT-Laufwerk". Diese limitierte Vorstellungsgabe ist eine der Hauptbeschränkungen für erfolgreiches Reengineering. Zugegeben, es gibt auch eine Menge weitsichtiger Anwender. Trotzdem bedürfen sie meist einer Ermunterung, bevor sie über den Einsatz neuerer Technologien nachdenken. Die Aufgabe des Systemanalytikers ist größer geworden. Er analysiert nicht nur bestehende Abläufe, er muß auch völlig neue entwerfen können. Der Weg führt weg von dem Versuch, Bestehendes zu automatisieren, und hin zum Entwurf völlig neuer Prozesse. Die Entwicklung neuer Prozesse ist im Rahmen des klassischen Vorgehens nur sehr schwer möglich. Im klassischen Vorgehen werden die Geschäftsprozesse „eingefroren". Für den Entwurf eines neuen Systems darf aber eine solche Restriktion nicht akzeptiert werden. Der Geschäftsprozeß muß kritisch hinterfragt werden. Erst ein Zyklus von Analyse, Prozeßdesign und Analyse ermöglicht das Reengineering.

Betrachten wir noch einmal das Beispiel Deutsche Bahn. Eine neue Technologie ist z.B. Glasfaserkabel, ATM-Verbindungen und Informationsautobahnen. Wie kann die Bahn diese neuen Technologien nutzen?

Ein möglicher neuer Kernprozeß wäre der Informationstransport (neben den beiden alten Kernprozessen Personen- und Gütertransport). In diesem Szenario nutzt die Bahn ihr großes Schienennetz samt Wegerecht, um die Infrastruktur für ein Informationsnetz zu schaffen und transportiert dann, gegen Gebühren, Informationen auf diesem Netz.

Neues zu entdecken ist nur dann möglich, wenn das bestehende kritisch und vorurteilslos beobachtet und neue Technologie angenommen wird. Dies erfordert ein radikales Umdenken bei allen Beteiligten: Systemanalytiker, Anwender und Manager. Neben dem Paradigmawechsel ist eine hohes Maß an Innovativität, Kompetenz und Bereitschaft notwendig, um eine solches Unterfangen zu beginnen. Für jede anstehende Reengineeringmaßnahme ist neben den psychologischen und sozialen Maßnahmen die rückhaltlose Unterstützung von Seiten der Unternehmensleitung besonders wichtig.

Der eigentliche Reengineering-Prozeß beginnt durch die Analyse der Kernprozesse eines Unternehmens. Dies sind in der Regel nicht mehr als etwa 5-10 Prozesse.

Grundlage für die Identifizierung dieser Prozesse ist das Geschäftsprozeßmodell. Wird das bestehende Geschäftsprozeßmodell hinreichend abstrahiert und mit Informationen über innerbetriebliche Abläufe vervollständigt, so kann man die Kernprozesse des Unternehmens schnell identifizieren. Auf Grund dieser Kernprozesse lassen sich nun neue Prozesse entwerfen. Die neuen Prozesse, aus dem Wissen über die Kernprozesse entstanden, ersetzen die alten Geschäftsprozesse vollständig. Diese neue Prozesse benutzen nun die bestehenden PROKLAM-Klassen, denn diese sind gekapselt und meist wiederverwendbar. In der Praxis wird man einen Teil der Klassen ändern müssen. Dies ist aber ein geringer Aufwand, wenn vorher ein ausgefeiltes, wiederverwendbares Klassenmodell erstellt wurde.

Auch die Softwareentwicklung darf nicht von einem Reengineering ausgenommen werden. Der klassische Wasserfallansatz vom Systemanalytiker über den Designer zum Programmierer ist zu umständlich und zu langwierig. Idealerweise wird alles von den gleichen Personen durchgeführt, bzw. durch den Einsatz von Codegeneratoren und CASE-Tools werden bestimmte Verfahren rechnergestützt automatisiert. Hier bietet Objektorientierung eine ideale Voraussetzung für Reengineering.

In das geplante Prozeßdesign muß auch die EDV-Abteilung eingeschlossen werden. Die Softwareentwicklung im Unternehmen muß zum Einsatz von PROKLAM dessen innere Vorgänge anpassen. Eine neue Technologie, wie z.B. PROKLAM, bedarf des bewußten Reengineerings.

Betrachten wir aus Reengineerings-Gesichtspunkten einige „klassische" EDV-Probleme, wie sie in jedem Unternehmen zu beobachten sind. Leider werden diese Probleme oft als unüberwindlich hingenommen.

1. Komplexes unüberschaubares System mit einer großen Zahl von Schaltern. Ursache ist möglicherweise eine Vermischung zwischen wirklich benötigten Daten und einer großen Zahl von zusätzlichen, meist redundanten Daten. Eine andere Ursache kann falsch verstandene Standardisierung sein, d.h. es wurde versucht, möglichst viele Prozesse in einige große Prozesse zu packen.
2. Häufig vorkommende Prüfungen auf Datenkonsistenz. Für dieses Problem gibt es meist zwei Wurzeln: Einerseits eine Unternehmenskultur des permanenten Mißtrauens zwischen den Verantwortungsebenen bzw. -bereichen. Zum

anderen wurden in früheren, manuellen oder computergestützten Implementierungen Fehler nicht beseitigt. Man könnte es als „Das machen wir in der Wartung und vergessen es"-Phänomen bezeichnen.

3. Hoher Grad an Datenredundanz, starker Datenaustausch zwischen Applikationen. Die Ursache ist eine Fragmentation in den Geschäftsprozessen.
4. Kein Reuse von Systemen, große Zahl von Wiederholungen im Entwicklungsprozeß. Ursache ist die zu späte Entdeckung von Fehlern bzw. die fehlende Rückmeldung von erkannten Fehlern.

Im Rahmen von PROKLAM lassen sich alle diese Probleme angehen und lösen. Denn PROKLAM ermöglicht es, einen Reengineeringprozeß in Gang zu setzen. Allerdings kann PROKLAM es nicht allein, sondern muß, zumindest seitens der EDV-Abteilung, von einer hohen Bereitschaft zum Umdenken und zum Redesign aller Prozesse begleitet werden. Die gesamte Entwicklungsphilosophie und Teile der Unternehmenskultur müssen sich ändern.

Objektorientierung ermöglicht durch seine Kapselung einen hohen Abstraktions- und Wiederverwendungsgrad. Zusammen mit einem Redesign der Geschäftsprozesse führt dies zu einem klar strukturierten System. Das System kann auf verschiedenen Abstraktionsebenen betrachtet werden. Ein hoher Abstraktionsgrad reduziert das Risiko, sich in Details zu verlieren. Der evolutionäre Charakter von PROKLAM erzielt eine einfache Anpassung von Analyseergebnisse bzw. eine Aufhebung des gerichteten Wasserfallmodells.

Allerdings kann die Software allein nicht die oben aufgezeigten Probleme lösen – jeder Ansatz in dieser Richtung ist eine symptomatische Behandlung sehr viel tiefer liegender Ursachen. Eine spürbare und langfristige Verbesserung wird nur durch ein neues Prozeßdesign gewonnen.

Wie löst nun PROKLAM die vier angesprochenen klassischen EDV-Probleme?

1. Die der Objektorientierung innewohnende Kapselung und das Konzept des abstrakten Datentyps verhindern eine hohe Redundanz auf Datenebene. Eine gute Funktionsbeschreibung verhindert außerdem den Versuch, alle Funktionalität in eine große Funktion einzubauen, das Schalterleistenphänomen. Ein gründliches Redesign der Aktivitäten macht diese klarer und strukturierter. Diese Maßnahmen erhöhen die Überschaubarkeit. PROKLAM bietet durch seine Objektorientiertheit und sein Geschäftsprozeßmodell eine ideale Voraussetzung, um das angesprochene Problem zu beheben.
2. Eine schon angesprochene Fehlerquelle ist die nicht vorhandene Kommunikation zwischen den Implementatoren und den Systemanalytikern. Im Rahmen der klassischen Entwicklung kann es zu gravierenden Unterschieden zwischen den Systembeschreibungen und den tatsächlichen Implementationen kommen. In PROKLAM wird dies durch den iterativen und evolutionären Charakter der Methode vermieden. Der hohe Grad an Wiederverwertbarkeit der Analyseergebnisse verringert die Chance von Fehlinterpretationen drastisch. Sehr viel weniger Prüfläufe werden notwendig. Gepaart mit einem Geschäftsprozeßreengineering sind am Ende viel weniger Instanzen und Systeme an diesem neuen Prozeß beteiligt. Das Resultat ist, daß weniger Prüfungen benötigt werden.
3. Der hohe Grad an Fragmentation der Geschäftsprozesse wird durch die Besinnung auf die eigentlichen Kernprozesse und in der Folge von einem echten Redesign, stark vermindert, zum Teil sogar vollständig aufgehoben. PROKLAM bietet auf Grund seiner Modelle ideale Voraussetzungen zu einem solchen Redesign. Ein vernünftiges Klassenmodell mit seinen Kapselungs- und Abstraktionsmechanismen verhindert das Auftreten von Redundanz.
4. Die bisherigen problemgetriebenen Wiederholungen in der Entwicklung sind bei PROKLAM methodisch abgestützt. Iterationen geschehen bei PROKLAM nicht auf Grund von Fehlern, sondern zur Wiederverwendung von bestehender Information. Die PROKLAM-Iterationen dürfen nicht mit

Wiederholungen im klassischen Entwicklungsprozeß verwechselt werden. Der iterative Charakter dient zur besseren Detaillierung und ist keine Wiederholung.

Wie wir sehen, bildet PROKLAM einen guten Startpunkt für ein konsequentes Reengineering des gesamten Unternehmens. Umgekehrt ist auch die Einführung eines Reengineerings eine ideale Voraussetzung zum Einsatz von PROKLAM. PROKLAM hat auf diesem Gebiet die Funktion einer methodischen Unterstützung solcher unternehmensweiter Aktivitäten.

2.8.2 Reuse

Software muß heute nach ingenieurartigen Kriterien gebaut werden. Das heißt, klares Design, vorgefertigte Elemente, Standardisierung, Reproduzierbarkeit, Meßbarkeit, geplante Wiederverwertbarkeit und Qualität. Erst die Erfüllung dieser Anforderungen ermöglichen eine erfolgreiche Wiederverwendung.

Diese Eigenschaften können nur dann erreicht werden, wenn schon die frühesten Phasen eines Projektes dies vorhersehen. Außerdem müssen, wie bei den Ingenieurwissenschaften, die entsprechenden Werkzeuge und Methodiken vorhanden sein. Wiederverwertung ist ein geplanter intellektueller Prozeß. Für diesen Prozeß müssen die Voraussetzungen geschaffen werden.

Leider steht diese Vision im krassen Gegensatz zur gängigen Praxis in den meisten Firmen. De facto werden in den meisten EDV-Abteilungen alte Programme kopiert und dann, häufig per trial-and-error, modifiziert um ein gewünschtes Ergebnis zu erzielen. Oder, das andere Extrem, bestehende Information wird völlig ignoriert, die Programme werden gelöscht, die Fach- und Designkonzepte vergessen.

Beide Vorgehensweisen sind extrem ineffizient und fehleranfällig.

Der Nachteil des ersten Verfahrens besteht darin, daß meistens alter Code auskommentiert und neuer hinzugefügt wird.

Geschieht dies mehrmals nacheinander, häufig noch durch verschiedene Personen, ist der Endcode völlig unverständlich. Außerdem besteht die Gefahr, die Dokumentation bzw. die Änderungsdokumentation zu „vergessen". Die fehlende aktuelle Dokumentation verführt den Programmierer dazu, neue, für ihn maßgeschneiderte, Variablen einzuführen. Diese neuen Variablen haben erhöhte Redundanz im Programm zur Folge, mit der Konsequenz der drastisch reduzierten Pflegbarkeit.

Das Softwareprodukt ist nach einiger Zeit nicht mehr pflegbar. Die Nichtpflegbarkeit des Gesamtsystems läßt sich daran erkennen, daß die Programmierer im Unternehmen mehr Zeit damit verbringen, Fehler zu beseitigen als neue Programme zu entwickeln. Das Management registriert in solchen Fällen einen Application-Back-Log, d.h. neue Projekte beginnen mit einer erheblichen Verzögerung oder überhaupt nicht bzw. werden an externe Firmen vergeben.

Das andere Verfahren führt zur „permanenten Wiedererfindung des Rads". Ein großer Teil der Entwicklungskapazität eines Projekts wird darauf verschwendet, etwas zu tun, was ein anderes Projekt schon getan hat. Häufig sind die Ergebnisse beider Projekte von unterschiedlicher Qualität und manchmal sogar inkompatibel.

Die einzige Methode, diese beiden Fehler zu vermeiden, besteht darin, Softwareentwicklung so zu betreiben, daß sie stets kontrollierbar ist.

Eines der Zentralprobleme ist die Wiederverwendbarkeit von Ergebnissen. Hier verspricht die Objektorientierung Abhilfe. Leider wird objektorientierte Wiederverwendung zu häufig auf die Existenz von Klassenbibliotheken (z.B. Microsoft Foundation Classes, tools++ oder Starview) reduziert. So angenehm diese Klassenbibliotheken auch sind, sie stellen keine Wiederverwendung im eigentlichen Sinne dar. Denn diese Bibliotheken sind einfach eine Sammlung von Standardkonstrukten, die ein Programmierer einsetzt. Dies gibt es auch in nicht objektorientierten Sprachen, wie z.B. der interne Cobolsort.

Echte Wiederverwendung beginnt schon sehr viel früher: bei der Analyse. An dieser Stelle muß die Wiederverwendung schon eingeplant werden.

Im Rahmen von PROKLAM wollen wir uns nicht nur der Aufgabe stellen, wie wir bestehende PROKLAM-Systeme wiederverwenden können, sondern auch, wie bestehende non-PROKLAM-Analysen zu migrieren sind. Der letzgenannte Punkt ist schon allein auf Grund des Investitionsschutzes notwendig.

2.8.3 Wiederverwendung bestehender Modelle

In den meisten Unternehmen herrscht heute die Ausgangssituation vor, daß unter großen Kosten und Mühen Datenmodelle erstellt wurden. Diese Information gilt es zu retten und damit zu erhalten. Betrachten wir noch einmal die Modellstruktur von PROKLAM mit dem Klassenmodell und dem Geschäftsprozeßmodell. Bestehende Modelle in Unternehmen sind meist Entity-Relationship-Modelle. Diese haben häufig einen hohen Grad an Vollständigkeit und Detaillierung und sind somit eine ideale Voraussetzung zur Erzeugung des Klassenmodells. Leider ist die Situation auf Seiten des Geschäftsprozeßmodells häufig sehr schlecht. Aus historischen Gründen hat die Datenmodellierung oft einen höheren Stellenwert als die Prozeßmodellierung.

Das Prozeßmodell muß jedoch hinreichend ergänzt werden, bevor eine Migration nach PROKLAM sinnvoll ist.

Die Verwendung bestehender Daten- und Funktionenmodelle fällt in die Kategorie Salvageing, da hierbei nicht für den Reuse geplant wurde und dieser damit Zufallscharakter hat.

Diese Wiederverwendung bestehender Modelle wurde in den Abschnitten über die Modelle schon ausführlich besprochen. Die Wiederverwendung bestehender Modelle geschieht durch die Nutzung der Modelle als PROKLAM-Grundlage. Wurde aus dem bestehenden Modell das PROKLAM-Modell erzeugt, so kann dieses Modell sofort wiederbenutzt werden.

2.8.4 Wiederverwendung von PROKLAM-Ergebnissen

Gute Wiederverwendung muß geplant sein, sonst bleibt sie zufällig. Diesen Zufallscharakter gilt es zu revidieren. Die Wiederverwendung muß institutionalisiert werden. Neben den reinen verfahrenstechnischen Gegebenheiten müssen die Projekte die Wiederverwendung in die Planung aller Phasen aufnehmen.

Von Seiten des Umfelds muß einem Projekt ein Anreiz zur Wiederverwendung geboten werden, z.B. jedes Projekt erhält zusätzliche Ressourcen, um Wiederverwendung zu planen oder einen Bonus, wenn es Objekte von anderen Projekten wiederverwendet.

Auf verfahrenstechnischem Gebiet gibt es zwei Arten von Wiederverwendung. Zum einen ist es die Wiederverwendung von Meta-Informationen, im folgenden Template-Nutzung genannt, zum anderen die Wiederverwendung von PROKLAM-Objekten (Objekt-Reuse).

Bei der Template-Nutzung handelt es sich um die Wiederverwendung von häufiger auftretenden Modellierungskonstrukten. Diese Modellierungskonstrukte, z.B. das Rollenkonstrukt im Entity-Relationship-Modell, werden abstrakt formuliert und bilden die Referenzgrundlage zum Einsatz in dem konkreten Modellierungsproblem. Technisch gesehen bilden die Klassentemplates im Klassenmodell eine Form von Metaklassen.

Die Templates müssen jedoch nicht auf Klassen beschränkt sein. Meist lohnt es sich die Geschäftsprozesse nach Basistypen zu klassifizieren und für diese Templates zu konstruieren.

Die Wiederverwendung solcher abstrakter Objekte wird durch den Bau eines PROKLAM-Template-Modells gefördert. Dieses Modell enthält alle Konstruktionsvorlagen.

Der Systemanalytiker benutzt diese Templates um sein aktuelles Problem zu lösen. Wichtig ist, daß diese Templates genügend verallgemeinert worden sind, so daß sie in jedem Projekt einsetzbar bleiben. Das Template-Modell muß, wie alle anderen Modelle auch, ständig dokumentiert und erweitert werden. Das echte PROKLAM-Modell muß stets mit dem Template-Modell verknüpfbar sein. Technisch geschieht dies durch ein Kopierkonstrukt. Das Template enthält in allen seinen Objekten einen Schlagwort #TEMPLATE, gefolgt von dem Namen des Templates. Bei dem aktuellen Einsatz des Templates wird dieses im CASE-Tool kopiert, und die Details der Template-Objekte werden an die Problem Domain angepaßt. Durch das Kopieren wird die Templatekennung übernommen. Später kann diese Templatekennung als Verwendungsnachweis dienen. Nachträgliche Template-Änderungen müssen manuell nachgezogen werden. Allerdings erleichtert der Verwendungsnachweis hierbei die Arbeit.

An dieser Stelle wird die Notwendigkeit der Ressourcenzuteilung für die Wiederverwendung offensichtlich. Jedes Projekt plant die Nutzung und Wartung des Template-Modells ein, bzw. wird in ihm geschult.

Neben der Template-Nutzung existiert auch die konkretere Form der Objekt-Wiederverwendung. Grundlage ist hier eine gute und möglichst vollständige Analyse der Problem Domain. Erst diese Analyse ermöglicht es, Klassen zu entwerfen, die Gültigkeit für eine breite Anzahl von Applikationen besitzen.

Genau an dieser Stellen greifen die beiden zentralen Konstrukte von PROKLAM, Aktivität bzw. Geschäftsprozeß und Klasse. Beide können auf verschiedenen Abstraktionsebenen betrachtet werden. Dies vereinfacht die Wiederverwendung in hohem Maß, da nun die Implementierungsdetails sekundär werden. Außerdem ermöglicht die Daten- und Funktionskapselung eine Klassenbenutzung, ohne die Instanzenintegrität zu gefährden.

Ohne die Mechanismen von Kapselung und Abstraktion in PROKLAM wäre eine Wiederverwendung von Objekten nur schwer möglich.

Diese Kapselungseigenschaft muß jedoch sinnvoll eingesetzt werden. Gehen wir zunächst von einem leeren PROKLAM-

Modell aus. In der Praxis wird ein Projekt zunächst seine eigenen Klassen definieren. Diese sind meist für den entsprechenden Ausschnitt der Problem Domain maßgeschneidert, d.h. für andere Projekte kaum nutzbar. Nach dem ein Teil der Klassen konstruiert wurde, setzt ein bewußter, auf Wiederverwendung ausgerichteter Abstraktionsvorgang ein. Im Laufe dieses Abstraktionsvorgangs werden neue Klassen entwickelt. Die bisher konstruierten Klassen stellen dann Spezialfälle der neuen abstrakteren Klassen dar. Diese neuen Klassen werden unter dem Gesichtspunkt der projektübergreifenden Wiederverwendung erstellt, d.h. sie enthalten keine Projektspezifika und sind somit allgemein verwendbar. Der Bau dieser Klassen stellt eine große Anforderung an die intellektuelle Leistungsfähigkeit der Beteiligten dar, denn hier muß induktiv vorgegangen werden. Für diesen Prozeß benötigt das einzelne Projekt Zeit. Diese Zeit muß ihm im Rahmen der Projektplanung zugestanden werden. Besonders günstig ist es, wenn das Projekt von einer Person mit Erfahrung im unternehmensweiten Datenmodellen unterstützt wird. Eine solche Person kann die entsprechenden Klassen recht schnell identifizieren.

Falls ein Projekt schon auf einer Grundlage von PROKLAM-Klassen aufsetzen kann, so muß obiger Vorgang nur für die neu geschaffenen Klassen erfolgen. Bekannte Klassen werden direkt genutzt bzw. stärker spezialisiert.

Trotz allem bleibt die Frage: „Wie finden wir eine Klasse, die unserem Problem entspricht?"

Dies ist recht einfach, vorausgesetzt, es wird ein unternehmensweites Datenmodell gepflegt. Mit Hilfe des unternehmensweiten Entity-Relationship-Modells können zu vorhandenen Entitäten die darauf zugreifenden Klassen gefunden werden. Allerdings lassen sich Entitäten nur dann als gleich identifizieren, wenn sie gleich benannt werden.

Weder das Entity-Relationship-Modell noch PROKLAM unterstützen Homonyme, auch der Gegensatz, Synonyme, sollte vermieden werden.

Der Weg, über das Entity-Relationship-Modell Klassen zu finden, kann für das Geschäftsprozeßmodell genauso gegangen werden. Auch hier verweisen die Aktivitäten auf einen Ausschnitt des Entity-Relationship-Modells. Ein direkterer Weg ist es, über die verwendeten Klassen nach wiederverwendbaren Aktivitäten zu suchen.

In sehr großen unternehmensweiten Modellen wird man jedoch nicht das PROKLAM-Modell direkt zum Auffinden von Informationen benutzen können. Hier werden Data-Dictionaries bzw. relationale Datenbanken zum Einsatz kommen. Diese sogenannten Repositories sind kommerziell verfügbar.

Im Rahmen des Data-Dictionaries werden zusätzliche Informationen abgelegt. Dazu zählen das Glossar und ein Schlagwortverzeichnis. Bei dem Glossar handelt es sich um eine Sammlung aller verwendeten Definitionen im Unternehmen. Dies erleichtert die Arbeit in großen Unternehmen ungemein, da die Kommunikation zwischen einzelnen Projekten durch eine gemeinsame Begriffsbasis vereinfacht wird. Das Schlagwortverzeichnis kann jedem PROKLAM-Objekt eine beliebige Zahl von Glossar-Einträgen zuordnen.

Am einfachsten geschieht dies durch das Schlagwort #GLOSSAR in einem PROKLAM-Objekt, gefolgt von einer Reihe von Schlagwörtern im Rahmen des CASE-Tools, jedoch sind auch spätere Zuordnungen im Data-Dictionary möglich.

Bei einer anstehenden Wiederverwendung von Seiten eines neuen Projektes benutzt dieses die Glossar-Einträge und das Schlagwortverzeichnis, um alle zugeordneten PROKLAM-Objekte zu finden. Diese Liste ist für ein neues Projekt sehr nützlich und stellt die Basis der Wiederverwendung dar.

Die Wiederverwendung von Templates wird hierdurch jedoch nur indirekt sichergestellt. Der Glossareintrag liefert das PROKLAM-Objekt, und dieses Objekt beinhaltet möglicherweise eine Templatekennung. Der einzige andere Weg ist eine intensive Dokumentation und Schulung bezüglich aller Templatekonstrukte.

3 Design

3.1 Einleitung

Das Design eines Anwendungssystems verfolgt das Ziel, das Fachkonzept, das noch weitgehend frei von technischen Aspekten ist, soweit zu verfeinern, bis das Modell als Grundlage der Implementierung genutzt werden kann. Systemstruktur, Datenbankstruktur, Programm- und Modulstruktur und das grundsätzliche Vorgehen werden im Zuge der Implementierung geklärt und beschrieben, so daß im folgenden technische Details, aber keine Kernfragen mehr behandelt werden müssen. Der Entwurf oder auch das Design eines Systems ist die konsequente Umsetzung der Analyse in ein zukünftiges System. An das Design schließt sich die Implementierung bzw. die Realisierung an.

In der Designphase dürfen nur die essentiell notwendigen technischen Zielplattformgegebenheiten eingeplant werden, so daß eine Umsetzung unter verschiedenen Plattformen möglich wird. Ein gutes Design definiert die System- und Anwendungsstruktur bis hin zur Festlegung der einzelnen Realisierungsarbeitspakete. Für PROKLAM bedeutet dies, daß die Schnittstellen der einzelnen Komponenten bzw. Objekte klar definiert werden müssen. Ohne eine solche Abgrenzung wäre kein vernünftiges Design möglich. Zu den Kern-Aktivitäten des Design gehören:

1. Klassenumsetzung inkl. Datenbank-, Funktions-, Modul- und Schnittstellenentwurf (funktionale Verfeinerung),
2. Oberflächenentwurf und Benutzerschnittstelle,
3. Anwendungsarchitektur,
4. Anwendungsentwurf inkl. Anwendungssteuerung und Geschäftsprozeßimplementierung,
5. Verteilungsdesign

Ein wichtige Forderung an das Design besteht darin, einen starken Bruch zwischen Analyse und Design, wie er z.B. in der Strukturierten Analyse auftritt, zu verhindern. Der Hauptgrund für die Konsistenz zwischen Analyse und Design ist der evolutionäre Charakter von PROKLAM. Klassen werden aus der Analyse übernommen und im Design lediglich ergänzt. Die Ergebnisse der Analyse werden in das Design übernommen und verfeinert, bis die Anforderungen des Designs abgebildet sind.

In der Analyse wurden Aktivitäten nach ihrem fachlichen Gehalt beschrieben, unabhängig davon, ob sie EDV-technisch oder organisatorisch implementiert werden. Einzelne Aktivitäten können durchaus manuelle Prozesse sein. Wir beschränken uns im Design bewußt auf die Funktionen und Daten, welche in einem EDV-technischen System realisiert werden sollen. Im Idealfall ist das Design ein methodisch kontrollierter Vorgang. Dieser Vorgang läuft in mehreren Schritten ab; meist in einer Art top-down Ansatz, der aus zahlreichen Iterationen aufgebaut ist. Nachdem die fachlichen Anforderungen klar definiert sind, wird eine im gegebenen EDV-technischen Rahmen adäquate Anwendungsarchitektur definiert. Diese definiert den EDV-technischen Spielraum, innerhalb dessen sich das zu implementierende System bewegen muß. Im Kapitel zum technischen Design wird folgenden Designschritten jeweils ein eigener Abschnitt gewidmet:

1. Anwendungsarchitektur
2. Verteilung
3. Dialogdesign
4. Datenbankentwurf
5. Anwendungsentwurf mit Anwendungssteuerung und Geschäftsprozeßimplementierung
6. Funktionsspezifikation und Interfacedefinition

Der Oberflächenentwurf wird aus Platzgründen nur gestreift. Die anderen Punkte werden jedoch detailliert erläutert. Auch im Design wird uns das Anwendungsbeispiel Wertpapierhandel stets begleiten.

Zunächst beginnen wir mit der Architektur von Systeme, wobei wir den Begriff Architektur auch auf Organisationen und das technische Umfeld übertragen. Der Abschnitt zur Verteilung untersucht die Aspekte der Anwendungsverteilung. Nach der Verteilung werden wir kurz die Benutzerschnittstelle streifen. Im Anschluß daran betrachten wir das Problem des Datenbankentwurfs, reduziert auf relationale Datenbanken als eine Basis der Klassenverfeinerung. Damit sind wir in der Lage, uns der Frage, wie alle Bestandteile zu einer Anwendung zusammengefaßt werden können, zu widmen. Hierbei wird das Geschäftsprozeßmodell neben der Architektur stets die treibende Kraft sein. Die Betrachtung der Klasseninterfaces und der eigentlichen Funktionen vervollständigt das Design.

3.2 Architektur

3.2.1 Einleitung

Das Design eines Systems läßt sich nur in bezug auf seine Umgebung beurteilen. Erst diese Kontextinformation erlaubt es, sinnvolle Aussagen zu treffen. Unter einem System verstehen wir eine hinreichend abgeschlossene, identifizierbare Einheit in dem jeweiligen betrachteten Unternehmen.

Die Menge aller Systeme hat eine Reihe von strukturellen Merkmalen. Wir werden diese Strukturen im Rahmen von PROKLAM als Architektur bezeichnen. Genauer gesagt lassen sich die Strukturen klassifizieren. Aus diesen Klassifikationen entstehen mehrere Architekturmöglichkeiten. Die Architektur ist also eine abstrakte Darstellung eines Systems in einem definierten Abstraktionsgrad. Wenn wir nur ein einziges System betrachten, so macht eine Architektur wenig Sinn, da hier eine Abstraktion willkürlich ist. Es werden stets mehrere, nicht notwendigerweise wechselwirkende Systeme betrachtet. Erst in diesem gemeinsamen Kontext sind wir in der Lage, abstrakte Strukturen (Architekturen) zu erkennen.

Die Beziehungen zwischen dem System und seiner Umgebung sind wechselseitig. Jedes System hat die Rolle einer Umgebungskomponente für alle anderen Systeme. Bei einer Selbstwechselwirkung nimmt das betrachtete System beide Rollen simultan wahr. Die Gemeinsamkeiten einer ganzen Gruppe von Systemen bilden die eigentliche Architektur. Dies hat zur Konsequenz, daß in einem Unternehmen mehrere Architekturen parallel existieren können. In der Praxis ist dies stets der Fall. Viele Unternehmen kämpfen zur Zeit mit dem Problem der Reduktion ihrer großen Zahl von Architekturen auf einige wenige.

Damit ein neues System sich optimal an bestehende Systeme anpassen kann, sollte es sich an der Architektur seiner zukünftigen Nachbarn orientieren. Das neue System muß aber nicht notwendigerweise den gleichen Aufbau besitzen. Insbesondere bedingen technische Weiterentwicklungen, wie Client-Server-Techniken, eine Veränderung der Architekturen. Diese Änderungen sind oftmals nur schwer mit den vorhandenen Altarchitekturen zu vereinbaren.

In PROKLAM klassifizieren wir eine Architektur in drei verschiedene Typen, je nach dem zu modellierenden Aufgabengebiet:

1. Organisationsarchitektur,
2. Systemarchitektur,
3. Anwendungsarchitektur.

Die Organisationsarchitektur ist eine Abbildung des Unternehmens bzw. von Teilen desselben aus betriebswirtschaftlicher Sicht. Es werden also organisatorische Einheiten in dieser Architektur modelliert. Typische Elemente sind hierbei Organisationseinheiten, Stellen etc.

Die Systemarchitektur ist den meisten Lesern etwas vertrauter. Sie stellt die unterliegende Hardware bzw. Systemsoftwarestruktur dar. Die typischen Elemente sind hierbei LAN, Datenbanksystem, Transaktionsmonitore etc.

In der Anwendungsarchitektur wird der strukturelle Rahmen für die EDV-technische Anwendung dargestellt. Dies ist das primäre Aufgabengebiet von PROKLAM.

Alle drei Architekturkomponenten beeinflussen sich gegenseitig und bilden gemeinsam den Gesamtkontext. Die Anwendungsarchitektur läßt sich nur auf dem Hintergrund der Systemarchitektur realisieren, d.h. eine Anwendung mit einer bestimmten Architektur läßt sich in ihr realisieren. Die Systemarchitektur liefert die technischen Limitierungen der Anwendung. Auf der anderen Seite ist es Aufgabe der Anwendung, sich in eine Organisationsarchitektur einzupassen bzw. eine Reorganisation zu implizieren.

In der klassischen Systementwicklung sind Organisations- und Systemarchitektur fest vorgegeben, wobei die Systemarchitektur sich schneller ändert als die Organisation. Dieses Phänomen, auch technischer Fortschritt genannt, ist für die Unternehmen nicht einfach zu handhaben. Die mittlerweile kurzen technischen Innovationszyklen führen zu einer raschen Änderung der Systemumgebung.

Theoretisch gesehen müßte sich die Organisationsarchitektur genauso schnell ändern wie die Systemarchitektur, da alle Architekturteile sich wechselseitig beeinflussen. Die Änderungszyklen der Organisationsstrukturen sind jedoch sehr viel länger als die technischen Innovationszyklen. Zurückbleiben in der Technik oder aber Verwerfungen im Unternehmen sowie Reibungsverluste sind dann häufig die Folge. Abhilfe schafft hier ein konsequentes und andauerndes Reengineering, wie im Abschnitt Reengineering und Reuse angesprochen.

Im Falle eines Reengineerings wird eine iterativer Zyklus in Gang gesetzt:

1. Neue Technologien implizieren eine neue Systemarchitektur.
2. Eine neue Systemarchitektur mit neuer Technologie impliziert eine neue Anwendungsarchitektur.
3. Eine neue Anwendungsarchitektur macht neue Organisationsstrukturen möglich, bzw. erforderlich.
4. Neue Organisationsstrukturen implizieren eine neue Organisationsarchitektur.

Dieser Zyklus muß permanent durchgeführt werden, um die möglichen Verwerfungen im Unternehmen zu minimieren.

Wir beschäftigen uns nur am Rande mit den Organisations- und Systemarchitekturen. Unser Hauptaugenmerk gilt den Anwendungsarchitekturen, das klassische Gebiet des Software-Entwicklers.

3.2.2 Organisationsarchitektur

Wie bereits im Analyseabschnitt erwähnt wurde, gibt es eine Korrespondenz zwischen Organisationsstrukturen und den benutzten EDV-technischen Systemen. Da Systemanalyse nicht auf EDV beschränkt ist, muß das Ergebnis von PROKLAM nicht a priori als Computersystem realisiert werden.

Die PROKLAM-Methode kann auch genutzt werden, um organisatorische Einheiten und Abläufe zu entwerfen.

Welche Organisationsarchitektur ist für eine PROKLAM-Realisierung von Organisations- oder Anwendungssystemen besonders geeignet?

Klassen kapseln ihre Implementierungsdetails. Auf Organisationen übertragen bedeutet dies, daß sich die einzelnen Organisationseinheiten kapseln. Die Kapselung ist besonders einfach, wenn die Einheiten quasi autark agieren können.

Eine solche Kapselung ist in einem stark hierarchischen Unternehmen schwer möglich. Nur flache Organisationsstrukturen sind zur Kapselung geeignet.

Natürlich kann PROKLAM, zumindest der EDV-technische Teil, in jeder Organisationsarchitektur realisiert werden. Wenn die Organisationsarchitektur der Anwendungsarchitektur widerspricht, entstehen zu viele Reibungsverluste. Eine solche Abweichung ist dann keineswegs optimal. Trotzdem ist das Gesamtsystem betreibbar.

Wird jedoch die Organisationsarchitektur aus PROKLAM abgeleitet, so entstehen von selbst autarke Einheiten. Diese sind besser in der Lage, auf Veränderungen der Umwelt schnell zu reagieren. Außerdem hat die Kapselung zur Folge, daß Reorganisationen im Sinne des Reengineerings sehr viel einfacher durchgeführt werden können.

Die neue Organisationsstruktur wird besonders durch das Verteilungsmodell und dessen Verbindung zum Geschäftsprozeßmodell unterstützt. Dieses Verteilungsmodell ermöglicht es, die Organisationseinheiten besonders gut aufzuteilen. Das Geschäftsprozeßmodell ist maßgeblich für die Organisationsarchitektur, da die Organisationsstrukturen aufgebaut werden, um die Geschäftsprozesse zu unterstützen. Hierdurch kann der Kommunikationsaufwand minimiert werden. Ein reduzierter Kommunikationsaufwand ermöglicht flexiblere und schnellere Reaktionen des Gesamtunternehmens. Genau diese Flexibilität ist es, die heute von den Unternehmen erwartet wird.

3.2.3 Anwendungsarchitektur

Eine Grundlage der Realisierung eines EDV-technischen Systems ist die Nutzung der Anwendungsarchitektur. Sie beeinflußt nicht nur die konkrete Realisierung, sondern auch schon den Entwurf in der Designphase. Das Anwendungsdesign sollte stets der Richtlinie der Architektur folgen, d.h. die Anwendungsarchitektur setzt die Rahmenbedingungen, welche der konkrete Entwurf ausfüllt.

In der Praxis können, je nach Problemstellung, mehrere konkurrierende Anwendungsarchitekturen vorliegen. Die Zahl steigt an, wenn Altarchitekturen mit zu berücksichtigen sind.

Wodurch unterscheiden sich die einzelnen Architekturen?

Jede gute Architektur verfolgt mehrere Ziele simultan:

1. Standardisierung der Anwendungsarchitektur,
2. Offenheit für unterschiedliche Realisierungen,
3. Performance der Anwendung,
4. Modularisierung der Anwendung,
5. Strukturierung der Anwendung,
6. Gute Einbettung in die Umgebung,
7. Wartungsfreundlichkeit,
8. Änderungsstabilität der Anwendung,
9. Verteilung der Anwendung.

Diese Ziele sind zum Teil miteinander konkurrierend, können also nicht alle zur gleichen Zeit befriedigt werden. Es ist nur ein mehr oder minder optimaler Kompromiß erreichbar. Die einzelnen Kompromisse bedingen, daß in der Praxis meist mehrere konkurrierende Anwendungsarchitekturen gleichzeitig vertreten sein werden. Jede dieser Anwendungsarchitekturen hat einen anderen Optimierungsschwerpunkt.

Das Ziel einer guten Anwendungsarchitektur ist die Unterstützung des Standardgeschäftes. Daher enthält eine gute Anwendungsarchitektur eine Menge Pragmatismus. Umgekehrt bedeutet dies, daß in Sonderfällen von den vorgezeichneten Anwendungsarchitekturen abgewichen werden kann.

In unserer Betrachtung haben wir die Systemumgebung als konstant vorausgesetzt. Dies ist jedoch nicht immer der Fall. Allein aus dem Vorhandensein verschiedener Systemumgebungen erklärt sich die Notwendigkeit mehrerer Anwendungsarchitekturen. Genauer betrachtet sind wir nur dann in der Lage, eine Anwendungsarchitektur zu beurteilen, wenn die dazugehörige Systemumgebung bekannt ist.

Wir schlagen aus einer großen Zahl von möglichen Anwendungsarchitekturen drei verschiedene vor:

1. CICS-Anwendungsarchitektur,
2. Batch-Anwendungsarchitektur,
3. Smalltalk-CICS-Anwendungsarchitektur.

Alle drei basieren auf dem in der Einleitung erwähnten Großrechnerumfeld bzw. auf Ausschnitten eines solchen Zielsystems.

Unter dem Begriff CICS-Anwendungsarchitektur verstehen wir die Konstellation eines MVS-Rechners mit CICS als Transaktionsmonitor und DB2 als Datenbank, sowie eines zweiten CICS-Rechners (PC oder MVS) als Präsentationsmedium. Die zweite Anwendungsarchitektur ist eine reine Batch-Architektur mit DB2 ohne einen Transaktionsmonitor. Die letzte Architektur sieht vor, daß der Präsentationsteil der Anwendung auf dem PC ohne Transaktionsmonitor abläuft. Der Rest der Anwendung ist dann unter der Anwendung eines Transaktionsmonitor auf einem MVS-Rechner lokalisiert. In allen drei Architekturen gehen wir davon aus, daß die Objekte auf dem MVS-Rechner in COBOL realisiert werden.

Warum interessieren die Transaktionsmonitore?

Die Anwendung muß in der Lage sein, fachliche Transaktionen zu gewährleisten. Dies wird durch die Unterstützung eines technischen Transaktionsmonitor sehr viel einfacher, da nun Mechanismen zur Serialisierung der Benutzer und zur Konsistenthaltung der Daten vorhanden sind. Trotzdem bleibt, selbst bei Einsatz eines Transaktionsmonitors, das Problem der Unterstützung von zeitlich langen fachlichen Transaktionen. Einzige Lösung ist eine explizite Modellierung der fachlichen Transaktionen. In den Exitaktivitäten des Geschäftsprozeßmodells müssen in der Analyse genau diese Punkte modelliert werden. In diesen Exitaktivitäten wird genau beschrieben, wie ein fachlicher „Rollback" oder „Commit" auszusehen hat.

Für die objektorientierten Systeme stellt sich als Wiederverwendungsfrage:
Wie müssen die Anwendungsarchitekturen festgelegt sein, damit die Objekte auf allen Systemumgebungen verwendbar sind?

Diese Frage wird einen Leitfaden beim Bau der Anwendungsarchitektur bilden. Kann die Anwendungsarchitektur diese Frage lösen, so haben wir ein flexibles System geschaffen. Diese Plattformneutralität sichert auch die Wiederverwendung der Objekte.

Um die Auswirkungen der verschiedenen Systemumgebungen auf die jeweilige Anwendungsarchitektur zu untersuchen, müssen die Hauptunterschiede der einzelnen Systeme betrachtet werden.

Der größte Unterschied in den beiden ersten Fällen liegt bei der Nutzung des Transaktionsmonitors CICS. Die zweite Architektur nutzt keinen Transaktionsmonitor. Folglich müssen die Details des Transaktionsmonitors CICS vor den Objekten verborgen werden, damit sie in beiden Architekturen wiederverwendbar bleiben.

Der dritte Fall ist schwieriger. Hier liegt ein Teil der Objekte in einem Smalltalksystem auf einem PC vor. Der Rest der Anwendnung ist auf einem MVS-Rechner unter CICS implemetiert. Für den MVS-Teil ist die gleiche Problematik gegeben, wie in der ersten Architektur. Nur der im PC implementierte Teil differiert.

Für MVS-Systeme kann das Wiederverwendungsproblem auf die Frage reduziert werden: Wie werden CICS-Details vor den Objekten gekapselt?

Zuätzlich zu den Transaktionsmonitor-Details müssen auch die Datenbankdetails gekapselt sein.

Als Grundstruktur wurde für alle Architekturen eine Schichtenarchitektur gewählt. Sie besteht aus mehreren voneinander getrennten Schichten:

1. Präsentations- oder Batchschicht, eventuell mit Datenprüfungen,
2. Anwendungsschicht mit Businesslogik,
3. Logische Datenzugriffschicht,
4. Physische Datenzugriffschicht,
5. Datenbanken, entweder DB2 oder IMS.

Die erwähnten Datenprüfungen sind mehr als reine Feldprüfungen. Wir zählen auch komplexe Logik- und Plausibilitätsprüfungen dazu.

Diese Schichten sind in Abbildung 3.1 dargestellt.

Abbildung 3.1
Schichtung

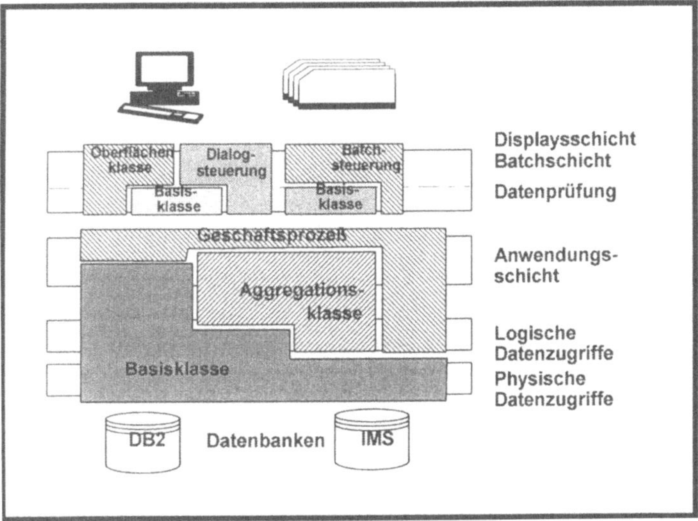

Neben dieser Schichtung existiert eine weitere Dimension: Die Verteilung der Designobjekte. Wir werden die Verteilung der Architekturkomponenten im Abschnitt über die Verteilung der Komponenten besprechen. Allerdings sollte beachtet werden, daß es für Verteilung geeignete und weniger geeignete Architekturen gibt. Alle von uns gezeigten Anwendungsarchitekturen unterstützen Verteilungen in optimaler Weise. Client-Server-Systeme lassen sich faktisch in jeder verteilten Architektur verwirklichen. Dies ist auch bei den vorgestellten drei Architekturen der Fall.In Abbildung 3.1 wird neben der Schichtung auch die ungefähre Plazierung der PROKLAM-Objekte gezeigt.

Die Zuordnung ist zum Teil schichtenübergreifend, z.B. werden bestimmte Basisklassen bei Datenprüfungen und Datenzugriffen verwandt.

Drei der dargestellten Elemente: Oberflächenklassen, Dialog- und Batchsteuerung werden wir aus Platzgründen nicht näher diskutieren können.

In der Abbildung ist zu sehen, daß sich die Basisklassen auf der untersten Ebene befinden. Dort ist es ihre Aufgabe, das Wissen über die Implementation der Datenzugriffe zu kapseln. In manchen Systemen existiert auf Objektebene eine Trennung zwischen einer logischen und physische Datenzugriffsschicht. Die Aufgabe der logischen Schicht ist die Kapselung der physischen Implementation, so daß diese Schicht das Entity-Relationship-Modell nach außen weitgehend simuliert.

Eine solche Trennung kann durchaus auch innerhalb eines Objektes verlaufen, d.h. die Basisklasse überstreicht beide Schichten. Eine andere Realisierungsmöglichkeit ist die Faustregel: Pro Schicht ein Objekt. Die konkrete Wahl hängt von vielen Faktoren ab und muß dem Einzelfall überlassen werden.

Entspricht die physische Datenbankimplementation in etwa dem Datenmodell (die logische Sicht), so ist die erste Objektwahl empfehlenswert. Hier ist der Unterschied zwischen der logischen und der physischen Datenzugriffsschicht nur gering. Folglich lohnt eine strikte Trennung nicht, d.h. die Basisklassen überstreichen beide Schichten.

Ist jedoch der Unterschied zwischen der logischen und physischen Schicht groß, so empfiehlt es sich, pro Schicht ein Objekt zu realisieren. Häufig ist dies der Fall, wenn Altanwendungen integriert werden.

Bis auf wenige Ausnahmen werden die Objekte beide Schichten überdecken. Dies dient der Performance und erhöht die Wartbarkeit und Stabilität.

Eine weitere Verwendung für Basisklassen ist ihre Nutzung für Datenprüfungen. Dies sind dieselben Basisklassen, welche auch schon in der Datenzugriffsschicht implementiert worden sind.

Aggregationsklassen sind in der logischen Daten- bzw. in der Anwendungsschicht angesiedelt. Wir werden auf diesen Punkt in den Abschnitten Funktionsdesign und Datenbankentwurf näher eingehen.

Oberhalb der Basis- und Aggregationsklassen residieren die Geschäftsprozesse. Sie stellen die fachliche Dynamik dar. Meist wird nicht ein kompletter Geschäftsprozeß in der Anwendungsschicht sein, sondern nur Teile von ihm, die sogenannten Anwendungskerne. Die Ursache hierfür besteht darin, daß die meisten Geschäftsprozesse der Benutzerinteraktion bedürfen und zum Teil manuelle Aktivitäten enthalten.

In der Präsentations- und Datenprüfschicht liegen die Benutzerschnittstellen: Dialogoberfläche mit Dialogsteuerung und die Batchschnittstelle mit der Batchsteuerung. Ihre Aufgabe ist es, die eigentliche Anwendung dem Benutzer zugänglich zu machen.

Neben der Schichtung besitzen unsere drei Anwendungsarchitekturen noch eine andere Gemeinsamkeit: Die an CORBA-angelehnte Objektimplementation. Ziel ist es, das Objekt gegen die Systemumgebung zu kapseln. Außerdem soll eine Lokationstransparenz erreicht werden. Wir werden die CORBA-Implementation in den Abschnitten Funktionsinterfaces und Verteilung näher betrachten.

Wir vollziehen diese Kapselung nur auf der Ebene des Transaktionsmonitors, nicht jedoch auf der Datenbankseite. Eine eventuelle datenbankseitige Kapselung wird durch die Datenzugriffsschichten erreicht.

Diese systemseitige Kapselung von CICS geschieht durch den Einsatz von Client- und Server-Stubs für alle Objekte, sowie dem Object Request Broker (ORB). Die Objekte mit ihren Stubs und dem Object Request Broker sind in der Abbildung 3.2 sowie in dem Kapitel über die Funktions-Interfaces dargestellt und detailliert erläutert. In diesem Abschnitt wird diese Thematik speziell aus der Sicht der von uns gewählten Architektur untersucht.

Die Stubs erfüllen zwei Aufgaben zur gleichen Zeit. Zum einen erzeugen sie die Kapselung und zum anderen die Lokationstransparenz der Objekte. Die Kapselung wird durch die Umgebungssensitivität der Stubs erreicht, d.h. in den Stubs stecken die CICS-Implementationsdetails. Das eigentliche Objekt schleust eventuelle CICS-Informationen nur durch, ohne sie zu kennen oder zu interpretieren.

Beim Aufruf eines Objekts wird nicht das Objekt direkt gerufen, sondern der dazugehörende Client-Stub. Dies geschieht gemäß den definierten Interfaces.

Abbildung 3.2
ORB-Aufruf

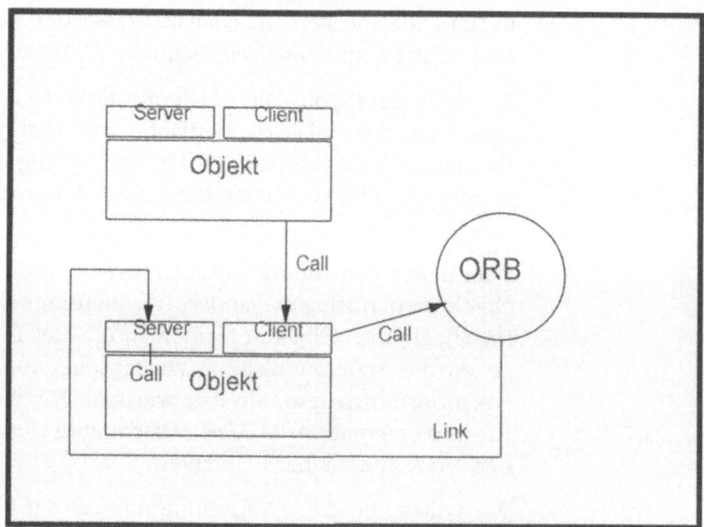

Dabei wird dem Client-Stub die CICS-Information des rufenden Objekts in Form eines Pointers auf einen Hauptspeicherbereich übergeben. Der Client-Stub seinerseits ruft, unter Ausnutzung eines COBOL-Calls und des Object Request Broker, den Server-Stub seines eigenen Objekts. Den dazwischen geschalteten ORB werden wir später diskutieren. Im Kapitel Implementation wird dieser Sachverhalt detaillierter erläutert.

Der Server-Stub erhält die notwendigen CICS-Informationen. Seine Aufgabe ist es, die eigentlichen Objekte zu rufen. Das Objekt wird mit CICS-neutraler Information aufgerufen und erhält einen für das Objekt nicht interpretierbaren Pointer auf die CICS-Information. Dieser Pointer ist notwendig, damit Folgeaufrufe an andere Objekte unter der Hoheit von CICS bleiben können.

Das eigentliche Objekt verrichtet nun seine Arbeit. Eventuell ruft es andere Objekte, oder aber es sendet seine Ergebnisse mit Hilfe der Stubs an andere rufende Objekte zurück. Die Stubs können im weiteren Sinne als Teile des Object Request Brokers verstanden werden.

Die Aufgabe des Object Request Brokers ist es, die Lokationstransparenz zu sichern. Angenommen zwei Objekte befinden sich an verschiedenen Lokationen. Technisch gesehen bedeutet dies, daß sie sich in zwei getrennten CICS-Regionen befinden. Bei CICS-Regionen ist der physische Abstand irrelevant, d.h. beide Regionen können sich auf demselben Rechner befinden oder tausende von Kilometern voneinander entfernt sein. In diesem Fall sind das Objekt 1 und der Client-Stub des Objekts 2 in einer CICS-Region beheimatet. Der Client-Stub des Objekts 2 ruft den Objekt Request Broker auf. Dieser hat die Lokationsinformation und ruft seinerseits via DPL (distributed program link) den Server-Stub des Objekts 2 in einer anderen CICS-Region auf. Die Lokationsinformation ist damit den Objekten unbekannt. Nur der Object Request Broker hat sie vorrätig. Auf diese Art kann sich ein Objekt auch selbst aufrufen, d.h. rekursive Aufrufe sind auch in einer COBOL-Implementierung möglich.

Für das Objekt 1 stellt der Client-Stub des Objekts 2 eine lokale Präsentation des Objekts 2 dar. Da die Stubs keine persistenten Daten besitzen, wird die Datenkonsistenz durch die Objekte lokal gewährleistet.

Dieses Verfahren ermöglicht es, auch „protected" Objekte zu implementieren. In diesem Fall werden die Client-Stubs nicht an andere CICS-Regionen exportiert und können auch nicht aufgerufen werden. Dies gilt insbesondere, weil Klassenhierarchien nicht horizontal verteilt werden.

Befinden wir uns in einer Nicht-CICS-Umgebung, z.B. in einem klassischen Batch, so wird dies in den Stubs registriert. Dann wird an Stelle eines CICS-Links ein direkter COBOL-Call ausgeführt. In CICS geschieht dies durch die Abfrage des EIB-Blocks. Notwendig ist für den Batch allerdings, daß sich alle Objekte an einer Lokation befinden, da wir den DPL hier nicht nutzen können.

Existieren größere Systemteile an einer einzigen Lokation, so können wir die Architektur vereinfachen. Bei dieser Vereinfachung reduzieren wir einige der CICS-Links auf normale COBOL-Calls. In diesem Fall führt der Object Request Broker keine CICS-Links aus, sondern er ruft per COBOL-Call die Objekte bzw. die anderen Stubs direkt auf. Eine solche architektonische Vereinfachung ist eine bewußte Entscheidung für eine Nichtverteilung. Sie führt zu einer Performanceverbesserung, wenn die Verteilung keine Priorität besitzt. Wird zu einem späteren Zeitpunkt das System trotzdem verteilt, so liegen nun Sollbruchstellen für die neue Verteilung vor. Bei der anstehenden Verteilung müssen nur die Stubs und die Program Process Table geändert werden, ein minimaler Aufwand. Da es eine ein-eindeutige Abbildung zwischen den Stubs und den Objekt-Interfaces gibt, kann eine solche Anpassung sogar automatisiert werden.

Unsere CICS-Anwendungsarchitektur (siehe Abbildung 3.3) besteht aus mehreren CICS-Regionen, welche sich an verschieden Lokationen befinden können.

Abbildung 3.3 CICS-Architekturen

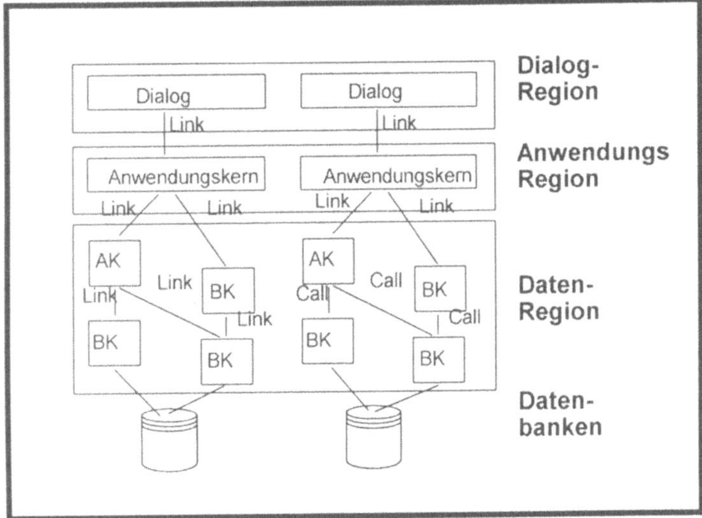

Im linken Abbildungsteil ist die vollständig verteilte Architektur zu sehen, im rechten Teil die auf lokale Aufrufe optimierte Version. In beiden Fällen liegen mindestens drei CICS-Regionen vor: Dialog-Region, Anwendungs-Region und Daten-Regionen.

Die einzelnen Regionen können durchaus mehrfach vorhanden sein. Es dürfen auch, hier nicht dargestellt, Aufrufe von Anwendungskern zu Anwendungskern vorkommen. Der tatsächliche Ort der einzelnen CICS-Region bzw. der Objekte ist willkürlich. In der Praxis wird man jedoch versuchen, die optimierte rechte Seite der Abbildung 3.3 zu erreichen, da sonst der Kommunikationsaufwand überhand nimmt.

Die Wurzel des CICS-Prozesses, d.h. das Programm, das die Transaktion bestimmt, liegt in der Dialog-Region.

Im Fall der Batch-Architektur werden alle Programme direkt via COBOL-Calls aufgerufen. Damit sind alle Objekte an eine Lokation gebunden.

Unsere dritte Architektur ist die Smalltalk-CICS-Architektur, Abbildung 3.4.

Hier beginnt die Wirkung des Transaktionsmonitors (CICS) erst im CICS-Wrapper. Dieses kommerzielle Programmsystem ermöglicht es, CICS-Transaktionen zu starten.

Abbildung 3.4 Smalltalk-Implementierung

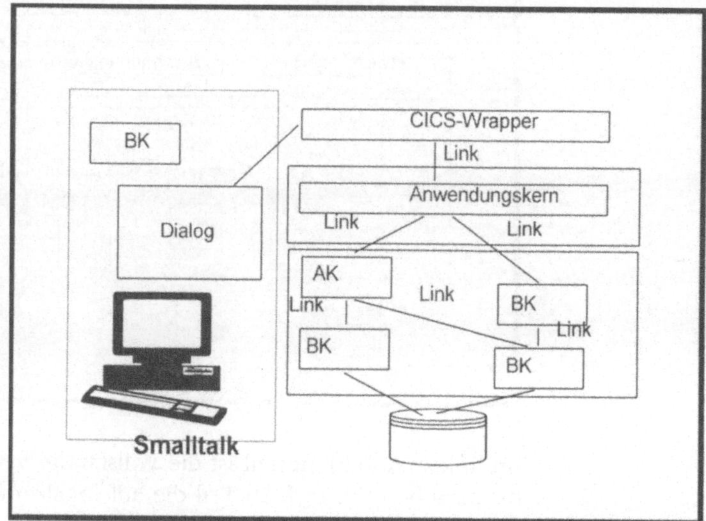

Der Dialog und die Smalltalk-Klassen liegen allerdings außerhalb der Transaktionsumgebung. Für diese Teile muß die entsprechende fachliche Transaktion nachgebildet werden, da sich dieser Teil außerhalb eines Transaktionsmonitors befindet. Die Nachbildung geschieht durch die explizite Programmierung von Rollback- und Commit-Mechanismen. Auf die genauen technische Möglichkeiten und Restriktionen der Smalltalk-Implementation wird im Abschnitt Realisierung näher eingegangen.

Ein gleiches Vorgehen, jedoch auf höheren Abstraktionsniveau, ist bei langen fachlichen Transaktionen notwendig. Hier gilt es, die in den Geschäftsprozessen spezifizierten fachlichen Transaktionen in eine EDV-technische Sprache zu übersetzen.

3.2.4 Systemarchitektur

Wie schon in der Einleitung erwähnt, stellt die Systemarchitektur die systemtechnische Umwelt der Anwendungsarchitekturen dar. Hier sind sehr viele verschiedene Komponenten denkbar. Je nach Unternehmen kann die Zusammensetzung aus den Komponenten völlig unterschiedlich sein.

Als Mindestkomponenten setzen wir voraus:

1. DB2 als Datenbanksystem,
2. CICS, mehrere CICS-Regionen,
3. Batchsystem (z.B. JES),
4. PC-Smalltalksystem mit einem CICS-Wrapper.

Sind diese Basiskomponenten vorhanden, so können alle vorher beschriebenen Anwendungsarchitekturen realisiert werden.

3.3 Verteilung von Komponenten

3.3.1 Einleitung

Im Rahmen der Architektur wurde der strukturelle Aufbau von Anwendungssystemen erläutert. Es wurde jedoch nicht geklärt, wie sich solche Systeme auf mehrere physische oder logische Lokationen oder Rechner verteilen lassen.

Die klassischen Mainframesysteme sind zentralistisch organisiert. Es existiert ein Zentralrechner mit einer großen Zahl angeschlossener Terminals. In einer solchen Umgebung taucht die Frage nach einer Verteilung nicht auf. Alle Anwendungen residieren auf dem Zentralrechner und werden dort verwaltet. Damit ein solches System optimal genutzt werden kann, ist eine verwandte Organisationsstruktur notwendig. Diese hat sich in den meisten Unternehmen ungeplant herauskristallisiert. Eine solche Organisationsstruktur ist nicht ausreichend flexibel, um sich auf rasche Änderungen der Umweltbedingungen einzustellen. Andere Organisationsformen sind hierfür notwendig. Im Kapitel über Architekturen wurden solche veränderten Organisationsarchitekturen angesprochen.

Diese aus dem Reengineering entstandenen Organisationsformen basieren meist auf verteilten Organisationen, deren einzelne Einheiten stark autark agieren. Die Aufgabe jedes EDV-technischen Systems ist es, das Unternehmen optimal zu unterstützen. Folglich liegt es nahe, auch die EDV-technischen Systeme verteilen. Dies gilt auch umgekehrt. Wenn die technischen Systeme verteilt werden, so sollte auch die Organisation dezentralisiert werden.

Alle beteiligten Komponenten des Anwendungssystems können verteilt werden:

1. die persistenten Daten bzw. die Datenbanken,
2. die Designobjekte, in der Regel die Klassen,
3. große Anwendungskerne, d.h. die Implementierung der Geschäftsprozesse.

Alle diese verteilbaren Komponenten sind jedoch nicht unabhängig voneinander und beeinflussen sich gegenseitig.

Welches sind die wichtigsten Ziele der Verteilung?

Zu berücksichtigen sind unbedingt:

1. Ausfallsicherheit und Robustheit des Gesamtsystems bzw. von Teilsystemen,
2. Aktualität und Verfügbarkeit der Informationen,
3. Kommunikationsaufwand zwischen den beteiligten Komponenten bzw. Kommunikationsaufwand des Gesamtsystems.

Eine Anwendung ist nicht in der Lage, alle Ziele gleichzeitig zu erreichen. Speziell die Robustheit des Systems und die Aktualität der Daten sind widersprüchlich, wie im folgenden gezeigt wird.

Robustheit ist die Fähigkeit des Systems, trotz widriger äußerer Einflüsse und Fehlern zu funktionieren. Ein robustes System überlebt auch den Ausfall von großen Teilen des Gesamtsystems und bleibt weiterhin funktionsfähig. Als ein Hilfsmittel gegen widrige Umwelteinflüsse und Fehler dienen konsequente Überprüfungen und Plausibilisierungen der Benutzereingaben.

Die möglichen Fehler werden durch zwei verschiedene Mechanismen in ihren Auswirkungen kontrolliert, zum einen durch das Exception Handling und zum anderen durch Objektstatusmaschinen.

Das Exception Handling protokolliert alle auftretenden Fehler parallel zur Anwendung. Außerdem wird beim Exception Handling von der Fehlertoleranzphilosophie ausgegangen, d.h. daß jedes aufgerufene Programm fehlerhaft reagieren kann. Mit Hilfe dieses Wissens kann dann eine Schadensbegrenzung vorgenommen werden. Wir werden das Exceptionhandling in der Realisierung näher betrachten.

Die Objektstatusmaschinen sind die objektinternen Verwaltungssysteme der Instanzen. Die Statusmaschinen werden aus dem Zustandsmodell der Klassen in der Analyse abgeleitet.

Da hierbei ein enger Zusammenhang mit dem Exceptionhandling existiert, werden wir die Statusmaschinen im Abschnitt über die Implementierung behandeln.

Die Aktualität eines Systems beruht auf der Fähigkeit, geänderte Daten schnell über das gesamte System zu verteilen und verfügbar zu machen. Im Fall des Zentralrechners ist dies besonders einfach. Hier existiert in der Regel eine Datenbank, die von allen beteiligten Anwendern genutzt wird. Umgekehrt hat dieses Verfahren den Nachteil, daß es zu Lockproblemen auf dieser einzigen Datenbank kommen kann. Meist wird ein Teil der Daten auf verschiedene Lokationen verteilt. Hierbei kommt es zu dem umgekehrten Problem: Wie bleiben die verteilten Daten konsistent? Diese und andere Fragen werden im Abschnitt über Datenverteilung diskutiert.

Die Konsistenz des Gesamtsystems ist ein Ziel, welches gerade im Falle der Verteilung besonders beachtet werden muß. Zur Erreichung dieser Konsistenz existieren keine festen Mechanismen. Hier müssen fachspezifische Entscheidungen getroffen werden. Organisatorische Maßnahmen wie Datenkonferenzen oder der Aufbau einer adäquaten Datenadministration können die Konsistenzproblematik weiter entschärfen. Auf das Konsistenzproblem wird am Ende des Kapitels noch einmal eingegangen werden.

Ein geringer Kommunikationsaufwand zwischen Systemteilen reduziert die Verbindungskosten und erhöht die Systemperformance. Außerdem resultiert aus dem geringen Kommunikationsaufwand indirekt eine erhöhte Robustheit, da zur Zeit die Rechnerkommunikation der schwächste Teil der Systemarchitektur ist. In einem solchen Szenario sind die einzelnen Systemteile in der Regel autarker ausgelegt als bei Systemen mit hohem Kommunikationsaufwand. Der Umkehrschluß ist allerdings nicht zulässig: nicht jedes robuste System hat notwendigerweise einen geringen Kommunikationsaufwand.

Die Verfahren der Kommunikationsminimierung werden wir im Abschnitt Lokalisierung näher betrachten.

3.3.2 Objekte im System

In der Analyse wurden Objekte beschrieben. Diese Objekte werden im Design verfeinert. Wie läßt sich im Sinne von PROKLAM ein Objekt in unserem System auffinden? Die PROKLAM-Architektur ist gekennzeichnet durch die Verteilung von Objekten. Wie können wir bei einem solchen verteilten System unser einzelnes Objekt lokalisieren?

Diese Frage impliziert die Frage nach der Identifizierung eines Objektes in PROKLAM. In PROKLAM wird definiert, daß jedes Objekt, zumindest die Instanziierungen von Basisklassen, durch eine Objekt-Id identifizierbar sein muß. Kann eine Instanz einer Basisklasse nicht durch genau eine Objekt-Id identifiziert werden, ist die modellierte Basisklasse falsch geschnitten worden. Als Regel ist festzuhalten, daß es in der Datenmodellsicht einer Basisklasse genau ein Attribut Objekt-Id geben muß, welches ausreicht, um eine Ausprägung des gesamten Entity-Relationship-Modell-Ausschnitts zu identifizieren. Die folgenden Änderungen des Klassenmodells können als Konsequenz auftreten:

1. Aufteilung einer Basisklasse in mehrere Basisklassen, falls eine Objekt-Id nicht zur Identifizierung genügt.
2. Zusammenfassung von Basisklassen, falls die Objekt-Id einer anderen Basisklasse Objekte einer vorliegenden Basisklasse identifiziert.

Je nach Datenbankdesign werden für Nichtbasisklassen ebenfalls Objekt-Ids benötigt. Näheres wird durch das konkrete Datenbankdesign bestimmt.

Mit Hilfe der Objekt-Id können wir nun definieren, was wir in PROKLAM als Objekt im realisierten System verstehen. Ein Objekt besteht aus der durch eine Objekt-Id identifizierten Menge von Daten, die auf der Grundlage seine Basisklasse festgelegt wurde und der Implementierung der Methoden der Basisklasse. Die Implementierung kann entweder unikat, also an genau einer Lokation oder redundant, d.h. verteilt auf mehrere Lokationen vorliegen. Ein Objekt residiert immer dort, wo seine Daten liegen, also im Falle redundanter Daten redundant an mehreren Lokationen.

3.3.3 Objekt-Id

Die erwähnte Objekt-Id ist zunächst ein theoretisches Konstrukt, um die Objekte systemweit eindeutig zu identifizieren, also ein Kunstschlüssel mit der Eigenschaft, für alle Klassen strukturell identisch zu sein.

Anstelle eines künstlichen Schlüssels könnte ein fachlicher Schlüssel gewählt werden. Eine solche Wahl hat jedoch drastische Konsequenzen. Zum einen ist nun eine Änderung der fachlichen Schlüsselstruktur nur schwer durchführbar. Zum anderen kann nicht garantiert werden, daß zwei getrennt agierende Teilsysteme keine identische Schlüsselausprägung produzieren. Wenn beide Teilsysteme einen identischen fachlichen Input erhalten haben, muß zwangsläufig der gleiche fachliche Schlüssel produziert werden.

Alle diese Probleme können mit einem Kunstschlüssel umgangen werden. Die einzige Anforderung an diesen Kunstschlüssel, die Objekt-Id, ist:

Jede erzeugte Objekt-Id muß stets systemweit verschieden von allen bisher erzeugten Objekt-Ids sein.

Da wir a priori nichts über die Grenzen oder Abgeschlossenheit unseres Systems wissen, dehnen wir unsere Forderung auf eine weltweite Eindeutigkeit aus, d.h. jede Objekt-Id muß weltweit eindeutig sein.

3.3.4 Datenverteilung

Die Datenverteilung beschäftigt sich mit der physischen Aufteilung von Datenbanken auf verschiedene Lokationen. Hier betrachten wir nur persistente Daten. Der Datenbankentwurf steht in engem Zusammenhang mit dem Objektdesign. Wir werden dies im Abschnitt über den Datenbankentwurf näher untersuchen.

An dieser Stelle berücksichtigen wir nur übergeordnete Aspekte der Datenverteilung. In Anlehnung an die Anwendungsarchitekturen können wir von einer Datenarchitektur sprechen.

Es gibt drei verschiedene Möglichkeiten, Datenbanken zu verteilen. Diese Möglichkeiten sind:

1. unikate Daten,
2. redundante Daten,
3. partitionierte Daten.

Ein Gesamtsystem wird in der Praxis stets von jedem Typus einige Ausprägungen enthalten.

Unikate Daten sind dann vorhanden, wenn jede Ausprägung eines Datenelements (ein Datenelement ist die technische Realisierung eines Attributes) genau einmal persistent existiert. Diese unikate Verteilung ist in der Realität aufgrund der gewachsenen Bestände nicht anzutreffen. Es können mehrere Lokationen für verschiedene Datenelemente existieren. Für jedes einzelne Element gibt es jedoch genau eine Lokation. Der klassische Zentralrechner mit einer Datenbank ist ein Beispiel für eine solche unikate Datenverteilung.

Die Konsequenz aus diesem Vorgehen zeigt sich bei dem Versuch eines Objekts, Daten zu beschaffen. Geschehen diese Datenzugriffe direkt, d.h. ohne ein anderes Objekt zu rufen, so müssen die Daten an derselben Lokation wie das Objekt vorliegen, oder es wird ein „remote database access" durchgeführt.

Für den Fall, daß die Anwendungsarchitektur vollständig CORBA-analog gewählt wird, ist die Verteilung transparent. Hier residieren die Objekte bei ihren Daten, und die Object Request Broker regeln die verteilten Aufrufe via DPL (Distributed Program Link). Wir können in dieser Architektur denormalisieren, solange wir die Klassenimplementierungen mit direkten Datenzugriffen bei ihren Datenbanken belassen. Problematisch ist nur die Trennung zwischen einem Objekt mit direkten Zugriffen und der zugehörigen Datenbank. Dies wird jedoch in unseren Anwendungsarchitekturen explizit ausgeschlossen. Das Trennungsproblem entschärfen wir, wenn die Daten in einem verteilungsfähigen Datenbankmanagementsystem abgelegt werden bzw. ein „remote data access" zur Verfügung steht.

Der größte Vorteil einer unikaten Datenhaltung ist der hohe Grad an Aktualität der Daten. Jede Änderung der persistenten Daten ist im Gesamtsystem sofort verfügbar.

Die Nachteile sind mangelnde Ausfallsicherheit und eventuelle Lockprobleme. Außerdem entsteht, bei einem verteilten System, ein erhöhter Kommunikationsaufwand, da häufig ein ferner Zugriff zur Datenbeschaffung notwendig ist. Die beiden ersten Probleme sind schwerwiegender als der erhöhte Kommunikationsaufwand. Fällt in diesem Szenario eine Datenbank aus, so sind große Teile des Gesamtsystems betroffen. Hier müssen durch Backup-Rechner etc. die nötigen Vorkehrungen getroffen werden, was letztlich aber wiederum die Spiegelung von Datenbeständen nach sich zieht.

Die Lockprobleme sind meist datenbankspezifisch. Bei DB2-Datenbanken kann es vorkommen, daß auf einer solchen „zentralen" Tabelle kein Update mehr möglich ist, da diese Tabelle andauernd von anderen Systemen gelesen wird. Folglich ist erst unterhalb einer gewissen Systemgröße bzw. Zugriffsfrequenz die unikate Datenhaltung zu empfehlen. Ein Beispiel für ein solches System mit unikater Datenhaltung ist ein Buchungssystem von Fluggesellschaften[1].

Die zweite Form der Verteilung, redundante Daten, stellt das andere Extrem dar. Hier verfügt jede Lokation im Idealfall über eine vollständige Kopie aller Ausprägungen der Datenelemente. Alle Datenzugriffe sind damit automatisch lokaler Natur. Das Hauptmerkmal dieser Verteilung ist seine Robustheit. Beim Ausfall eines Rechners kann das restliche System unterbrechungsfrei weiterarbeiten.

Die Kehrseite des Verfahrens ist die mangelnde Aktualität der Daten. Geschieht eine Änderung in einer Lokation, so muß diese Information an alle anderen Lokationen übermittelt werden. Dies ist eine mögliche Quelle für Inkonsistenzen, da eine gewisse Zeit vergeht, bevor alle Lokationen über Datenänderungen benachrichtigt werden können. Die inzwi-

1 Buchungssysteme sind aus historischen Gründen meist als IMS-Datenbanken realisiert.

schen veralteten lokalen Daten werden weiterhin zur lokalen Verarbeitung genutzt. Die Folge ist eine Inkonsistenz im Gesamtsystem. Zudem bedeuten die notwendigen Copymanagementaktivitäten eine hohe Systembelastung beim Abgleich der Daten.

Außer den fachlichen Vorgängen müssen zusätzliche Abläufe definiert werden, welche für den ständigen Abgleich aller Lokationen sorgen. Neben den reinen Dateninhalten muß diese Information bei einer strukturellen Änderung an alle Lokationen geliefert und simultan implementiert werden.

Ein solches Verfahren ist, wenn überhaupt, nur für Daten zu empfehlen, die sich selten ändern und deren Aktualität zweitrangig bzw. deren Änderungsfrequenz niedrig ist. Ein Beispiel für solche Daten sind Postleitzahlen. Ein elegantes Mittel zur Sicherung der fachlichen Konsistenz redundanter Daten für Datenbankmanagementsysteme, die über Trigger und Stored Procedures verfügen, ist deren Nutzung. Wird ein redundant vorhandenes Datum in der Datenbank geändert, so löst ein Trigger die Änderung der verteilten Kopien aus.

Die dritte und letzte Form ist die partitionierte Datenhaltung. Sie ist eine Mischung aus beiden obigen Formen. Die Daten werden unikat, die Strukturen aber redundant gehalten. In diesem Szenario hat jede Lokation ihre eigene Datenbank mit eigenen, nur ihr gehörenden Daten. Die Struktur der Datenbank ist jedoch lokationsübergreifend konsistent und einheitlich. Voraussetzung dafür ist, daß sich eine solche Aufteilung oder Partition finden läßt. Jede Lokation speichert nur die für sie relevanten Daten. Für lokationsübergreifende Auswertungen wird die Information über die Verteilung der Daten in den entsprechenden Klassenmethoden implementiert und gekapselt oder aber, im Falle eines verteilten Datenbankmanagement, durch dieses gewährleistet.

Beim Einsatz eines Object Request Brokers muß dieser für Operationen auf bereits identifizierten Objekten zwischen verschiedenen Ausprägungen einer Klasse unterscheiden können, falls wir partitionieren. Es muß zwischen den Ausprägungen der Klassen, die auf die lokalen Daten und solchen, die auf Daten anderer Lokationen zugreifen, differenziert werden. Folglich haben wir für die gleiche Klasse unterschiedliche Implementierungsformen, je nach fachlichem Inhalt der Instanz. Dies durchbricht die Philosophie der Objektkapselung.

Es besteht zusätzlich das Problem des Transports von strukturellen Änderungen an alle Lokationen. Ein Beispiel für solche Daten sind Kundenadressen, die z.B. nur für einzelne Vertriebsteile interessant sind. Zusätzlich existiert ein technischer Grund, zu partitionieren. Manche Datenbanksysteme erlauben keine Berechtigungsprüfung auf inhaltlicher Ebene, d.h. der Endanwender kann stets auf alle Daten zugreifen. In diesem Fall kann die physische Partitionierung vorgenommen werden, um die Benutzerzugriffsrechte zu unterstützen.

Das realisierte Gesamtsystem ist meist eine Mischung aus allen drei Formen, wobei dies viel Erfahrung von Seiten des Designers voraussetzt. Stabile Daten wie Postleitzahlen, Hilfetexte oder Ausprägungsmengen lassen sich recht gut redundant implementieren, solange dies kontrolliert und reproduzierbar geschieht. Daten mit höherer Änderungsfrequenz müssen unikat implementiert werden. Daten, die Ausfallsicherheit und Aktualität erfordern, werden partitioniert.

Abbildung 3.5 Alternativen der Datenverteilung

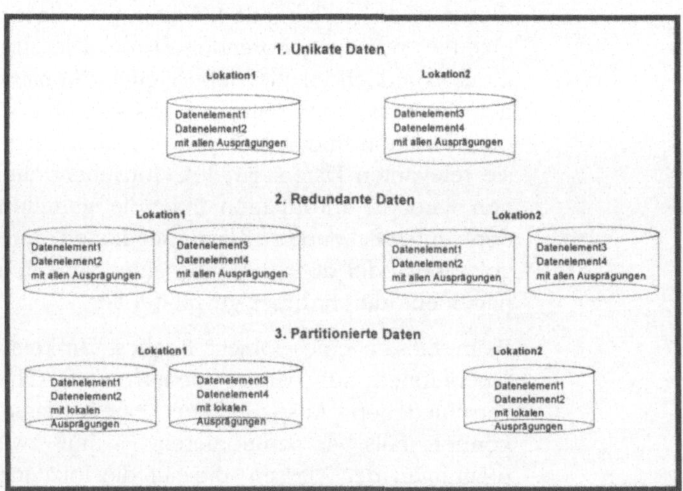

In einer PROKLAM-Architektur residieren die Implementierungen der Basisklassen also immer an der Lokation der zugehörigen Datenbank und sind, je nach Anwendungs- oder Verteilungsszenario, redundant oder unikat.

3.3.5 Lokalisierung

Bisher haben wir nur das Problem der Verteilung von Daten, respektive Datenbanken, diskutiert. Wir haben jedoch noch zwei weitere Komponenten als mögliche Verteilungskandidaten. Dies sind die Geschäftsprozesse bzw. die daraus abgeleiteten Anwendungskerne und die Klassen. Zunächst sollen Varianten der Klassen- und Objektverteilung sowie die Abgrenzung der Daten- und Klassenverteilung diskutiert werden. Es existieren mehrere mögliche Szenarien:

Szenario 1: Datenbankmanagementsystem ohne Verteilungsfähigkeit

Die unikate Klassenimplementierung ist unter der Voraussetzung des nicht verteilungsfähigen Datenbanksystems nur dann sinnvoll, wenn alle Objekte einer Klasse an einer Lokation residieren. Das heißt, alle Daten zu allen Objekt-Ids bzgl. dieser Klasse an einer Lokation abgelegt sind. In einem solchen Fall existiert auf der Clientseite (Lokation1) ein lokaler ORB sowie ein Clientstub, als Objektrepräsentation, des gerufenen Objektes. Der lokale ORB weiß aufgrund seiner Daten, daß das Serverobjekt an einer anderen Lokation residiert und übermittelt die Nachricht, in unserer Architektur z.B. durch den CICS-DPL, an den entfernt existierenden Serverstub. Dieser leitet den Aufruf weiter an das Serverobjekt, das dann mittels der Datenbanksprache auf die lokalen Daten zugreift. In diesem Fall kann nicht von Redundanz gesprochen werden, da lediglich das Interface in Form des Clientstubs an andere Lokationen exportiert wird. Die Klasse selbst ist lediglich am Ort ihrer Daten implementiert.

Die redundante Klassenimplementierung ist unter der Voraussetzung des nicht verteilungsfähigen Datenbanksystems eine sinnvolle Alternative, wenn die Daten zu Objekten einer Klasse an mehreren Lokationen residieren, also lokale Datenbankzugriffe durchgeführt werden müssen. Aufgrund der PROKLAM-Architektur sind diese Zugriffe innerhalb der Klassenimplementierung zu kapseln.

Abbildung 3.6 Unikate Objektimplementierung

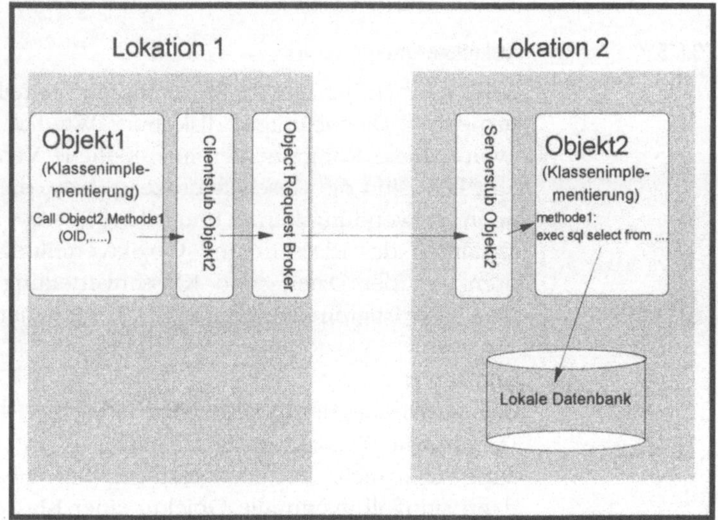

In diesem Szenario weiß der lokale ORB, daß das Serverobjekt lokal residiert und leitet aufgrund dieser Information die Nachricht, die er vom Clientstub empfängt, ohne Nutzung einer Systemmiddleware wie den CICS-DPL an den lokal vorliegenden Serverstub weiter. Dieser ruft die lokale Klassenimplementierung auf. Diese lokale Implementierung führt dann den Datenbankzugriff durch. In diesem Szenario existiert eine problematische Variante: das redundante Vorliegen der Daten. Bei Nachrichten an das Serverobjekt, die zu einer Änderung des lokal residierenden Objektes führen, muß diese Änderung auf alle betroffenen Lokationen verteilt werden. Entweder muß der lokale ORB über diese Information verfügen und entsprechende Nachrichten an die entfernten redundanten Objekte schicken. Hier besteht die Gefahr einer Deadlock-Situation, da die entfernten ORB wiederum Änderungsaufträge verschicken, es sein denn, sie besitzen diese Information. Oder die Änderungsverteilung wird über ein

Copymananagementverfahren, z.B. nächtliche Batchläufe, gesichert. Da im allgemeinen redundante Datenhaltung aufgrund von Performanceüberlegungen eingeführt wurde, würden Folgeaufträge an ferne ORB genau diese wiederum verschlechtern, es sei denn, sie erfolgen asynchron. Folglich werden hier Copymamangementverfahren an Stelle von ORB-Aufrufen die Konsistenz sichern.

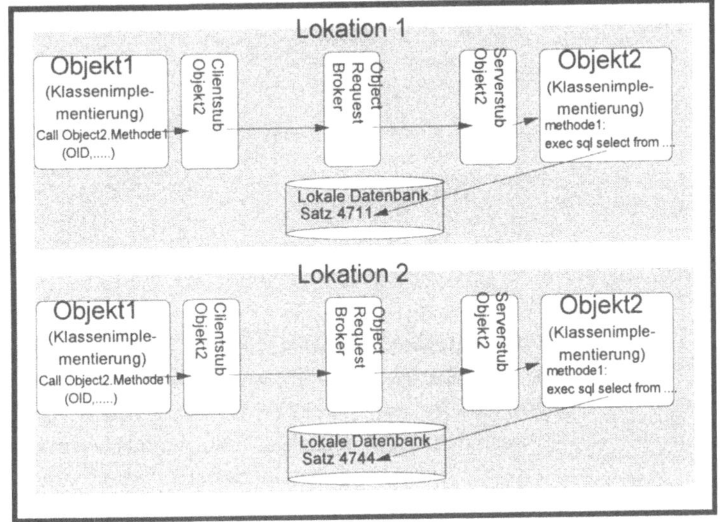

Abbildung 3.7 Redundante Klassenimplementierung mit nicht redundanten Daten

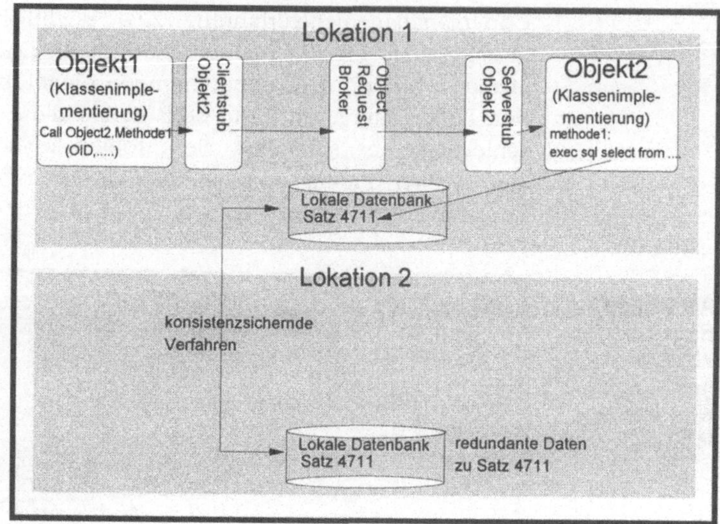

Abbildung 3.8 Redundante Klassenimplementierung mit redundanten Daten

Szenario 2:
Datenbankmanagementsystem mit Verteilungsfähigkeit

Die unikate Klassenimplementierung kann bei Verteilungskontrolle der Daten durch das Datenbanksystem für partitionierte und für unikate Daten gewählt werden. Die redundante Datenhaltung ist auf den Fall einer nicht verteilten Datenbank beschränkt bzw. die eventuelle Verteilungsfähigkeit der Datenbank wird nicht genutzt. In beiden Fällen residieren für den ORB alle Objekte einer Klasse scheinbar an einer Lokation. Im Falle eines fernen Zugriffs leitet der ORB die Nachricht weiter an die entfernt existierende Klassenimplementierung, die das entsprechende SQL-Statement absetzt. Erst das verteilte Datenbankmanagementsystem weiß im Falle partitionierter Daten, daß die Daten zu bestimmten Objekt-Ids entfernt abgelegt sind und veranlaßt einen entsprechenden Zugriff. Dieser Zugriff kann wiederum datenbankintern erfolgen.

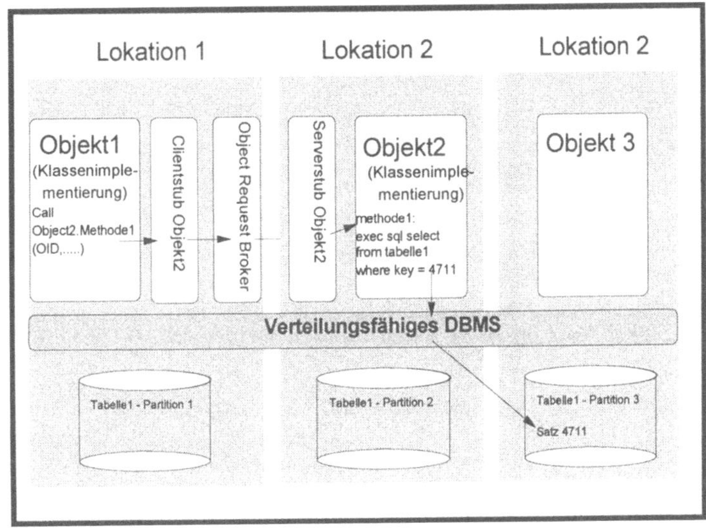

Abbildung 3.9 Unikate Objektimplementierung mit verteilter Datenbank

Für partitionierte Daten ist dies keine performante Lösung. Sinnvoller erscheint hier, die Objekte ebenfalls redundant zu implementieren, die Verteilungsinformation dem ORB vorzuenthalten und die Verteilung vom Datenbanksystem im Rahmen des von der lokalen Klassenimplementierung durchgeführten Datenbankzugriffs realisieren zu lassen. In dieser Implementierung muß der lokale ORB keinen CICS-DPL durchführen, sondern die Datenbank verwirklicht die Kommunikation mit fernen Objekten.

Abbildung 3.10 Redundante Klassenimplementierung mit verteilter Datenbank

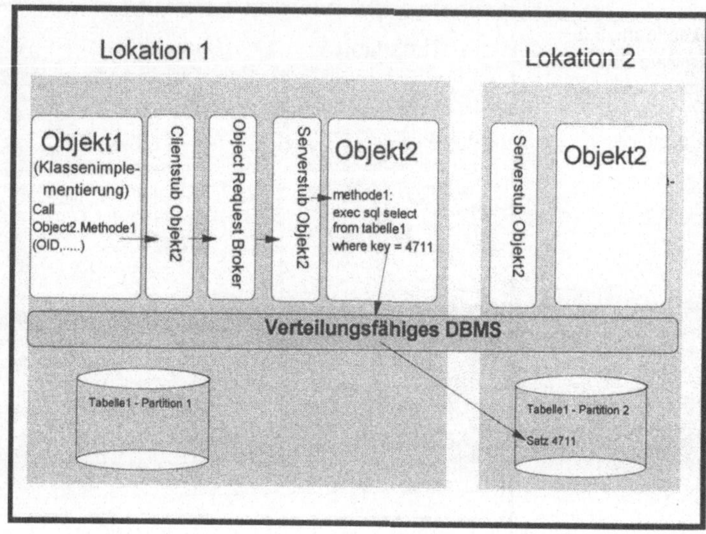

3.3.6 Lokationsfestlegung

In allen bisher beschriebenen Verteilungsszenarien ist aus der Sicht der Clients die Verteilung gemäß der PROKLAM-Architektur die tatsächliche Lokation der Klassen und Anwendungen transparent. Die Object Request Broker der einzelnen Lokationen sorgen für diese vollständige Lokationstransparenz. Diese Broker besitzen die nötigen Lokationsinformationen und vermitteln die korrekten Aufrufe.

Die oben beschriebenen Varianten der Klassenimplementierung gehen davon aus, daß die Entscheidung darüber, welche Klassen mit ihren Instanzen an welcher Lokation implementiert werden, bereits getroffen wurde. Die Lokationsfestlegung ist ein komplexer Prozeß, der in hohem Maße von der Erfahrung und dem Wissen des Systemdesigners abhängt. Diese Entscheidungsfindung sollte methodisch unterstützt werden, was im folgenden detailliert dargestellt wird. Als Entscheidungsgrundlage kann die Schätzung des Kommunikationsaufwandes genutzt werden. Diesen Aufwand gilt es zu minimieren, wobei wir die Prämisse aufstellen, daß alle lokalen Aufrufe keinerlei Kommunikationsaufwand erzeugen.

Abbildung 3.11
Kommunikationsmatrix

	Kern 1	Kern 2	Klasse 1	Klasse 2	Klasse 3
Kern 1	**10**	**1**	**2**	**5**	**2**
Kern 2	**1**	**10**	**5**	**1**	**6**
Klasse 1	**2**	**5**	**10**	**3**	**8**
Klasse 2	**5**	**1**	**3**	**10**	**2**
Klasse 3	**2**	**6**	**8**	**2**	**10**

Damit Klassen und Anwendungskerne[2] möglichst gut verteilt werden können, wird Information über deren Kommunikationsbedarf benötigt. Dies geschieht in der Kommunikationsmatrix.

In dieser Matrix, siehe Abbildung Kommunikationsmatrix, werden die Anwendungskerne und Klassen als Zeilen und Spalten einer Matrix angeordnet. Es entsteht eine symmetrische Matrix. Die Werte der Matrixzellen sind der geschätzte Kommunikationsaufwand oder Kopplungsstärke in Bytes pro Sekunde für die Verbindung zwischen der Zeilenkomponente und der Spaltenkomponente, normiert auf Werte zwischen 0 und 10. Diese Kopplungsstärke ergibt sich aus der Breite der Schnittstelle in Bytes und der Aufrufhäufigkeit. Da eine Klasse oder ein Anwendungskern sich selten selbst ruft, hat die symmetrische Matrix keine Information über die Diagonale.

Die Kommunikationsmatrix dient primär als Maß für den Zusammenhang zwischen einzelnen Komponenten, daher auch Kopplungsstärke. Deshalb werden alle Diagonalelemente durch einen sehr großen Wert ersetzt. Dieser Trick hat den Vorteil, daß wir nun mathematische Methoden für symmetrische diagonaldominante Matrizen verwenden können.

---

[2] Ein Anwendungskern ist normalerweise das Abbild eines Geschäftsprozesses.

Die so geformte symmetrische diagonaldominante Matrix, siehe Abbildung Kommunikationsmatrix, wird weiter transformiert.

Abbildung 3.12
Blöcke gebildet

	Kern 1	Klasse 2	Klasse 1	Kern 2	Klasse 3
Kern 1	**10**	**5**	**2**	**1**	**2**
Klasse 2	**5**	**10**	**3**	**1**	**2**
Klasse 1	**2**	**3**	**10**	**5**	**8**
Kern 2	**1**	**1**	**5**	**10**	**6**
Klasse 3	**2**	**2**	**8**	**6**	**10**

Mit Hilfe des mathematischen Verfahrens einer Blocktransformation wird eine klarere Struktur erreicht. Bei einer Blocktransformation wird durch Vertauschen von Zeilen und Spalten die Matrix auf eine Blockdiagonalgestalt gebracht. Wenn wir stets, nachdem wir die i-te Spalte mit der k-ten vertauscht haben, auch die i-te Zeile mit der k-ten tauschen, entsteht das gewünschte Blockbild.

Die sich so ergebenden Blöcke stellen Gruppierungseinheiten für ein verteiltes System dar. Alle Elemente eines Blocks sollten nach Möglichkeit an einer Lokation residieren. Das Verfahren läßt sich, da die Höhe des Kommunikationsaufwands aus der Analyse und dem Interfacedesign abgeleitet werden kann, automatisieren. Dazu wird am Ende des Kapitels exemplarisch das Beispiel Wertpapiersystem untersucht.

Mit dem beschriebenen Verfahren werden die Teile mit der größten Kopplung identifiziert. Die Frage nach der konkreten Lokation ist jedoch noch unbeantwortet geblieben.

Das Verteilungsmodell der Analyse mit seiner Lokationsmatrix bildet hier eine weitere Informationsquelle. Jedem Element eines Blocks können eine oder mehrere Lokationen zugeordnet sein. Folglich besitzt ein Block der Kommunikationsmatrix eine Anzahl ihm indirekt zugeordneter Lokationen. Die Entscheidung, welche dieser Lokationen oder welcher übergeordneten Lokation der Block zugeordnet wird, kann nicht automatisiert werden. Vielmehr müssen zahlreiche Punkte berücksichtigt werden, die im wesentlichen von der Erfahrung des Systemdesigners abhängen:

1. gewünschte Aktualität der Daten,
2. vorliegendes physisches Design der Datenbank; Verteilungsfähigkeit der Datenbank,
3. notwendige Verfügbarkeit und Konsistenz der Daten,
4. verfügbare Kommunikationseinrichtungen,
5. zu erwartende Änderungsfrequenz der Objektimplementierungen,
6. Art der Hauptzugriffspfade auf die Daten,
7. verfügbares Softwarereleasemanagement,
8. verfügbares Sicherungskonzept für dezentrale Datenbestände.

Abgesehen von bewußt gewählten Redundanzen besteht die Forderung, Basisklassen am Ort ihrer Daten zu implementieren. Somit bedeutet insbesondere die erste Randbedingung eine starke Einschränkung der Lokationszuordnung eines Blocks. Umgekehrt liefert die Lokationszuordnung eines Blocks wichtige Informationen zum Datenbankentwurf der enthaltenen Basisklassen. Idealerweise wird die Datenbank so strukturiert, daß die Tabellen zu den Basisklassen eines Blocks gemeinsam an einer Lokation liegen. Daraus ergeben sich für eine effektive Anwendungsverteilung zwei Forderungen an Modellierung und Design:

1. Die Zahl der Basisklassen sollte nicht zu groß sein, da ansonsten die Lokation zu einem nicht handhabbaren Problem wird.
2. Die Basisklassen und die Datenbank sollten so gestaltet werden, daß strukturell keine großen Brüche bestehen.

Die ausgewählte Lokation eines Blocks bildet den Implementierungsort für alle Blockelemente, d.h. für alle Klassen und Anwendungskerne des Blocks. Handelt es sich bei den Blockelementen um Basisklassen, so besitzen diese persistente Daten.

Die so ermittelte Lokation wird im allgemeinen der zukünftige Ort der zu implementierenden Datenbank bzw. des Anwendungskerns sein.

Meistens wird ein System nicht vollständig neu entwickelt, sondern muß sich in eine bestehende Anwendungslandschaft einpassen. Hierzu zählt die Mitbenutzung bestehender Datenbanken oder Klassen. Auch komplette Anwendungskerne können wiederverwendet werden. In diesem Fall werden die wiederzuverwendenden Teile in die Kommunikationsmatrix aufgenommen. Ihre Lokationen bleiben jedoch stets fest. Sie bilden den Anker für die Blöcke.

Auf diese Weise läßt sich ein mit PROKLAM modelliertes und entworfenes System verteilen.

Wie schon angedeutet, ist die tatsächliche Verteilung bei einer CORBA-analogen Anwendungsarchitektur nicht direkt sichtbar. Trotzdem müssen wir, auch in diesem Fall, irgendwann Lokationen zuordnen, da der ORB zur Laufzeit diese Informationen benötigt. Für eine solche Zuordnung eignet sich das Kommunikations-Lokationsmatrix-Verfahren hervorragend.

3.3.7 Lokation im Wertpapierhandelssystem

Abschließend wird am Beispiel des Wertpapierhandelssystems die Verteilung eines Systems umfassend dargestellt. Grundlage bilden die im Analyseteil modellierten Geschäftsprozesse, Klassen und Lokationsmodelle.

Aufgrund der gegebenen Komplexität beschränken wir uns auf folgenden Ausschnitt des Wertpapierhandelsmodells:

Basisklassen:

1. Finanzprodukt-Nutzung mit Subklassen Rente, Aktie und Fonds.
2. Wertpapiergeschäft mit Subklassen Dispo und Order.
3. Partner mit Subklassen Unternehmen und Privatperson.

Assoziationsklasse:

Mitarbeiter

Anwendungskerne, entsprechend den gleichnamigen Geschäftsprozessen:

Wertpapiergeschäft-vorbereiten und Partner-Daten-erfassen

Zunächst zur Kommunikationsschätzung für die Besetzung der Kommunikationsmatrix. Betrachten wir die Kommunikation zwischen Finanzprodukt und Wertpapiergeschäft.

1. Schritt

   Ermittlung aller Funktionen f_j der Basisklasse Wertpapiergeschäft, die eine Nachricht an die Klasse Finanzprodukt-Nutzung senden (Call im Comment der Funktionsspezifikation).

2. Schritt

   Für jede in Schritt 1 gefundene Funktion f_j Bestimmung der an die Serverklasse Finanzprodukt-Nutzung übermittelten Bytes pro Zeiteinheit T. Diese Größe h_j berechnet sich als

$$h_i = \sum_{1}^{n} k_i * \text{Anzahl Bytes pro Aufruf}$$

   wobei k_i = Anzahl Aufrufe der Serverklassenfunktion g_i pro Ausführung der Clientklassenfunktion f_j

3. Schritt

   Bestimmung des Maximums $\boldsymbol{H}$ über alle h_i. Damit liegt eine obere Abschätzung der Kommunikationsbelastung von Wertpapiergeschäft nach Finanzprodukt vor. Technische Parameter werden bei dieser Betrachtung außer acht gelassen, da sie im allgemeinen für alle Funktionen transportiert werden müssen.

4. Schritt

   Sei $\boldsymbol{H}^*$ das Maximum über alle ermittelten $\boldsymbol{H}$ (zwischen Klasse-Klasse, Anwendungskern-Klasse und Anwendungskern-Anwendungskern) der modellierten Problem Domain. Dann erhält man die auf eins bis zehn normierten Werte der Kommunikationsmatrix durch Division von $\boldsymbol{10*H}$ durch $\boldsymbol{H}^*$ und anschließender Rundung.

Mit diesem Verfahren wird die Kommunikationsmatrix besetzt, die Blocktransformation durchgeführt und so folgende Einheiten für die Verteilung der Anwendung definiert:

Block 1:
Wertpapier-Geschäft-erfassen, Wertpapier, Finanzprodukt-Nutzung.
Block 2:
Partner, Mitarbeiter, Partnerdaten-erfassen

Diese so gebildeten Blöcke werden nun insbesondere unter Berücksichtigung der Datenverteilung und der Lokationsmatrix verteilt. Dazu werden verschiedene Varianten diskutiert und bewertet, allerdings nur für den ersten Block.

Das physische Datenbankmodell kann in diesem Szenario als folgendermaßen gegeben angenommen werden:

Tabelle 1:
Partnertabelle für Partner und Subtypen
Tabelle 2:
Mitarbeitertabelle für Mitarbeiter und Subtypen
Tabelle 3:
Finanzprodukt-Nutzungstabelle für Geschäft und Finanzprodukt-Nutzung

Mögliche Verteilungsvarianten von Block 1 sind:

Variante 1:

Diese Variante realisiert unikate Datenhaltung für Tabelle 3 an der Lokation Frankfurt, Finanz- und Kapitalanlagen. An den Lokationen Hamburg und München existieren Stubs (lokale Objektrepräsentationen) und lokale ORBs zur Kommunikation mit den Instanzen der Klassen des ersten Blocks, die unikat in Frankfurt realisiert sind. Auf diese Art und Weise wird für konsistente, stets aktuelle Daten gesorgt. Die Ausfallsicherheit und Netzbelastung steigen, da für alle in München oder Hamburg getätigten Transaktionen Netzbelastung entsteht. Gleichzeitig sinkt die Verfügbarkeit im Falle eines Ausfalls an der Lokation Frankfurt.

Variante 2:

Diese Variante realisiert redundante Datenhaltung für Tabelle 3 in Frankfurt, Hamburg und München. Dies führt zu einem hohen Aufwand an Konsistenzhaltungsmaßnahmen, reduziert jedoch die Belastung der Kommunikationseinrichtungen, da mit redundanten Klassenimplementierungen gearbeitet werden kann. Diese Variante ist bei der vorliegenden Geschäfts- und Organisationsstruktur wenig sinnvoll, da in Hamburg und München nur die hier anfallenden Geschäfte abgewickelt werden. Die Wertpapierverwaltung geschieht zentral in Frankfurt, so daß eine redundante Datenhaltung in Hamburg und München nicht angemessen erscheint.

Variante 3:

Die Diskussion von Varianten 2 hat gezeigt, daß eine Variante aus redundanter Datenhaltung in Frankfurt und partitionierter Daten in Hamburg und München sinnvoll ist und mit redundanten Klassenimplementierungen gearbeitet werden sollte. Die Objekte der Lokation Hamburg und München sind also inklusive ihrer Daten noch einmal redundant in Frankfurt vorhanden, da hier die Verwaltung des gesamten Bestandes erfolgt. Für alle Objekte in Hamburg und München erkennen die lokalen ORB die Lokalität und benötigen daher keine Netzzugriffe. Lediglich für die Verwaltung von Objekten aus Hamburg oder München muß über konsistenzsichernde Maßnahmen für Aktualität und Sicherheit der Datenbasis in Frankfurt gesorgt werden. In Frankfurt erfolgen jedoch ebenfalls nur lokale Zugriffe, da der lokale ORB nur die redundanten Objekte aus Hamburg und München kennt.

3.3.8 Systemkonsistenz

Die Systemkonsistenz wird neben der korrekten Implementation eines fachlichen Ablaufs durch die Robustheit sichergestellt. Das ideale Zielsystem beinhaltet neben der Autarkie einzelner Subsysteme auch einen hohen Grad an Fehlertoleranz.

Ein fehlertolerantes System gerät trotz des Versagens einzelner Systemteile bzw. trotz Fehlbedienung nicht in einen unvorhergesehenen Zustand. Der Bau eines fehlertoleranten Systems kann nur durch eine konsequent eingehaltene Designphilosophie ermöglicht werden. Unser Designaxiom zum Bau fehlertoleranter Systeme lautet:

Jede Aktion in einer beliebigen Ausgangssituation führt auf eine definierte Endsituation.

Oder anders ausgedrückt: Nicht nur der normale, fachlich korrekte Ablauf, sondern auch der fehlerhafte Ablauf wird unterstützt. Das System gerät unter keinen Umständen in einen undefinierbaren Zustand!

Fehler werden eingeplant! So wie eine Evakuierung von Katastrophengebieten ein geplanter Vorgang ist, planen wir die Fehlermaßnahmen. Meistens wird es sich um zusätzliche organisatorische Maßnahmen handeln. Die Systemkomponenten melden ihre Fehlerbeobachtungen an eine Fehlerdatenbank. Diese wird vom Bedienungspersonal beobachtet, welches auf die Fehler entsprechend reagiert.

Besonders einfach ist es, wenn das Fehlerfallverhalten schon in der Analyse festgelegt wurde. Hierzu eignen sich besonders die Exitaktivitäten, da diese die Regeln für fachliche Abbrüche schon enthalten.

3.4 Dialogdesign

Wie schon in anderen Designkapiteln erwähnt, beschäftigt sich dieses Buch nur am Rande mit dem PROKLAM-Dialogdesign. Trotzdem sind in diesem Kapitel einige Anmerkungen zusammengetragen, welche Ausblicke auf dieses komplexe Gebiet geben können.

Der Dialog ist, im Gegensatz zum Batch, die interaktive Benutzerschnittstelle. Der Anwender kommuniziert nur via eines Dialogs mit den Anwendungskernen bzw. den technischen Klassen. Der Dialog stellt für den Endanwender die externe Repräsentation der Anwendung dar.

Eine Anwendung ist eine Zusammenfassung von Anwendungskernen und technischen Klassen. Diese Zusammenfassung geschieht nach EDV-technischen und nicht unbedingt nach fachlichen Gesichtspunkten. Für die Anwendung werden stets die Teile mit dem größten Zusammenhang genommen. Das Verfahren zur Auffindung der Teile einer Anwendung ist ähnlich dem Festlegen der Lokationen für Teilsysteme. Eine solche Anwendung wird von dem Benutzer dann durch den Dialog benutzt.

Für die Modellierung ist eine klare Trennung zwischen Sicht auf die Anwendung und der eigentlichen Anwendung notwendig[3]. Die Sicht auf die Anwendung wird durch die Oberfläche und die eigentliche Anwendung durch die Anwendungskerne bzw. den technischen Klassen[4] gewährleistet. Diese Trennung ermöglicht es, der Oberfläche ein eigenes Klassenmodell zuzuordnen.

Nachdem diese Oberflächenklasse modelliert wurde, muß eine Zuordnung zwischen der Oberfläche und den Anwen-

---

3 In Smalltalk wird diese Aufteilung als die Trennung zwischen View und Model bezeichnet. In Smalltalk existiert noch eine dritte Komponente: der Controller.

4 Oberflächenklassen werden losgelöst von technischen Klassen betrachtet. Die technischen Klassen sind alle implementierten Klassen außer den Oberflächenklassen.

dungskernen bzw. technischen Klassen durchgeführt werden. Ein Dialogdesign besteht aus den Teilen:

1. Entwurf der Oberflächenklasse,
2. Verknüpfung der Oberflächenklasse mit den Anwendungskernen bzw. den technischen Klassen.

Der eigentliche Oberflächenentwurf geschieht zunächst anhand eines statischen Oberflächendesigns. Ein solcher Entwurf wird in einer traditionellen Mainframeumgebung auch Maskenentwurf genannt. Zunächst werden nur die Masken oder Oberflächen ohne jede Ablauflogik entworfen. Diese statische Darstellung vermittelt dem Endanwender einen ersten Eindruck vom Dialog. Als Hilfsmittel dient hier das Interaktionsdiagramm. Ein Interaktionsdiagramm stellt Abläufe dar. Der Übergang von einem Dialogschritt zum nächsten wird durch eine vordefinierte Benutzereinwirkung aus der Oberfläche oder durch die Antwort der Anwendung ausgelöst. Für maskenorientierte Dialoge (3270) sind IADe weit verbreitet[5]. Auch in einer graphischen Umgebung (GUI) läßt sich diese Technik anwenden. Allerdings ist ein IAD für eine graphische Oberfläche in der Regel sehr komplex. Das IAD wird ähnlich dem Zustandsdiagramm dargestellt, man könnte von einem Zustandsmodell der Oberfläche sprechen.

Das Klassenmodell der Oberfläche besteht in der obersten Hierarchie aus der Klasse Oberfläche. Die Klasse enthält, im Sinne eines Containers, ein oder mehrere Klassen des Typs Fenster für ein graphisches System und eine Map bzw. Mapgroups für ein charakterorientiertes System (3270). Die Klasse Fenster ihrerseits enthält die bekannten graphischen Elemente Pushbutton, Radiobutton, Scrollbar etc., analog besitzt die Klasse Map Eingabefelder, PF-Keys etc.

Auf der Ebene der einzelnen graphischen Elemente geschieht die Zuordnung der Oberfläche zu den technischen Klassen. Hierbei wird dem einzelnen graphischen Element ein Attribut einer Klasse zugeordnet, z.B. ein Eingabefeld für Unternehmensnamen wird dem Attribut Namen der Klasse Unterneh-

---

[5] siehe E. Denert, „Software-Engineering"

men zugeordnet. In der Regel wird aus dem Oberflächenprogramm nur ein Anwendungskern aufgerufen. Das Interface des Anwendungskerns muß vor dem konkreten Aufruf gefüllt werden.

Der Dialogablauf wird durch ein IAD modelliert. Im Rahmen der ADW wird ein Datenflußdiagramm zur Darstellung des IADs genutzt. Dies ermöglicht es, den Dialog in verschiedenen Detaillierungsgraden zu betrachten. Auf der obersten Abstraktionsbene sind nur die Übergänge der Klasse Oberfläche zu sehen. In der darunterliegenden Ebene sind es die Übergänge der Fenster bzw. Maps untereinander. Noch tiefer die Übergänge innerhalb eines Fensters bzw. einer Map.

Auf diese Weise gelingt es, alle möglichen Zustände des Dialogs darzustellen.

Neben dem Aspekt des technischen Entwurfs einer neuen Oberfläche taucht das Problem der Wiederverwendung von bestehenden Oberflächen bzw. Teilen von Oberflächen auf.

Die Wiederverwendung von Oberflächen, genauer gesagt von Teilen von Oberflächen, ist ähnlich wie die Wiederverwendung von normalen Klassen. Diese mögliche Wiederverwendung wird erst durch die Kapselung der Oberflächenteile erreicht. Anwendungen und Klassen verstecken ihre Implementierungsdetails und sind somit aus der Oberfläche einfach zugänglich und damit jederzeit wiederverwendbar.

Wie ist der Zusammenhang zwischen Anwendung und Benutzerschnittstelle?

Wie schon in der Anwendungsarchitektur gezeigt, wird die Benutzerschnittstelle in der Regel an einer anderen Lokation sein als die eigentliche Anwendung. Verletzen wir diese Verteilung, so müssen die Anwendungsklassen, d.h. solche Klassen, die vom Geschäftsprozeßmodell direkt oder indirekt genutzt werden, und die Darstellungsklassen, d.h. solche Klassen, die nur in der Oberfläche vorkommen, zusammenfallen. Wenn Klassen in beiden Mengen identisch sind, so müssen sie auf dem Darstellungssystem liegen. Dies macht jedoch alle unsere Architekturüberlegungen zunichte. Wir trennen daher die Oberflächendarstellung von den Anwendungsklassen.

Diese Oberflächendarstellungen der Anwendungsklassen sind ihrerseits auch Klassen. Im Gegensatz zu den Anwendungsklassen konkretisieren sie jedoch in der Regel die abstrakten Datentypen.

Gehen wir auf das Analysisbeispiel der Bilanz zurück, so berechnet die Klasse Bilanz die Bilanzsumme. Für die Darstellungsklasse Bilanz ist dieser abstrakte Datentyp aber eine einfache Zahl.

3.5 Datenbankentwurf

3.5.1 Einleitung

Im Rahmen der Analyse wurden die Abstraktionen von Objekten, die Klassen, zu einem festen Zeitpunkt betrachtet; quasi eine Momentaufnahme. In einem echten System haben Objekte jedoch eine Lebensspanne. Die Lebensspanne wird als der Zeitraum zwischen Erzeugung und Destruktion eines Objekts definiert.

Normalerweise entstehen Objekte zur Laufzeit des Systems. Sie sind während dieser Laufzeit durch Speicherbereiche im Hauptspeicher eines oder mehrerer Rechner darstellbar. Fällt ein Rechner aus, so wird der gesamte Hauptspeicher zerstört, daher der Name „volatile memory". In einem solchen Fall verschwinden die Objekte, ohne daß ein Destruktoraufruf erfolgte. Die Folge ist, daß der alte Systemzustand nicht mehr oder nur unter großem manuellen Aufwand rekonstruierbar ist.

Andererseits besitzen manche Objekte Lebensspannen von Jahrzehnten, z.B. die Instanzen der Klasse BK-Kapitalanlagevertrag, dies aufgrund von Revisionsanforderungen. Es wäre wenig sinnvoll, ein solches Objekt permanent im Hauptspeicher vorzuhalten. Neben dem Problem der Ausfallsicherheit würde die Menge des zur Verfügung stehenden Hauptspeichers sehr schnell erschöpft sein.

Die lange Lebensspanne eines Objektes und die Existenz von Objekten über Rechnerausfälle hinweg bezeichnen wir als Persistenz des Objekts. In einem gut entworfenen System ist der einzig mögliche Weg, ein Objekt zu beseitigen, der Aufruf des Destruktors, also derjenigen Instanzfunktion, die unter Wahrung aller der Instanz bekannten fachlichen Regeln, das Objekt beseitigt. Dies ist eine der Prämissen von PROKLAM, ansonsten kann ein konsistentes System nicht gewährleistet werden. Der Destruktor führt somit das konsistente Löschen eines Objektes auf der Basis der von diesem Objekt kontrollierten Regeln durch.

In einem operativen System wird die Persistenz der Objekte durch den Einsatz von Datenbanken oder Filesystemen erreicht. Dieses Buch beschränkt sich auf den Einsatz von Datenbanken zur Persistenzsicherung.

Das Ziel des Datenbankentwurfs ist der Aufbau eines logischen Modells der relationalen Datenbank. Dieses logische Modell enthält keine technikspezifischen Details wie Indizes, Storagegroups etc. Es muß implementierungsneutral sein, damit der Entwurf für jedes gängige relationale Datenbanksystem realisierbar bleibt und so insbesondere auf unterschiedlichen Zielplattformen mit unterschiedlichen relationalen Datenbanksystemen implementiert werden kann. Die treibende Kraft hinter dem logischen Modell ist stets die fachliche Anforderung. Trotz seiner Technologieneutralität enthält das logische Modell Denormalisierungen. Diese Denormalisierungen haben jedoch fachliche Gründe, z.B. Zugriffshäufigkeit, keine technischen.

Da die verschiedenen Klassentypen schon in der Analyse unterschiedliche Eigenschaften gezeigt haben, werden wir sie auch beim Datenbankentwurf getrennt behandeln.

Reine Implementierungsdetails, z.B. das Speichern von Objektzustandsinformationen oder Benutzerkennungen, werden erst bei der Implementierung interessant. Solche Elemente beeinflussen unsere Aussagen über den PROKLAM-Entwurf von Datenbanken nicht, da sie meistens zusätzliche Columns der zu konstruierenden Tabellen darstellen.

Der Datenbankentwurf lebt von dem Spannungsdreieck Performance, Flexibilität und Verteilung. Bei jeder Entwurfsform sollten stets alle drei Aspekte betrachtet werden. Die Aspekte der Verteilung haben wir schon im Abschnitt Verteilung von Komponenten betrachtet, so daß wir uns auf Performance und Flexibilität konzentrieren können.

Wir betrachten in diesem Abschnitt den Datenbankentwurf ohne Berücksichtigung von Verteilungsanforderungen. Dies wurde im Abschnitt „Verteilung von Komponenten" dargestellt.

Weiterführende Darstellungen zum Thema Datenbankentwurf für relationale Datenbanksysteme mag der interessierte Leser der entsprechenden Literatur entnehmen. Im Rahmen dieses Buches beschränken wir uns auf die Betrachtung aus der Sicht eines objektorientierten Ansatzes.

3.5.2 Persistenz von Objekten

Das Schlüssel zur Gewährleistung von Persistenz von Objekten ist die Nutzung einer Datenbank. Datenbanken in Zusammenarbeit mit Transaktionsmonitoren schaffen einen sicheren Mechanismus zu Speicherung von Objektdaten über lange Zeiträume hinweg. Die Datenbanken dienen hierbei zur Erhaltung der Daten und der Transaktionsmonitor zur Serialisierung der Benutzerzugriffe bzw. zur technischen Realisierung fachlicher Transaktionen.

Ideal wäre es, Objekte direkt in der Datenbank zu speichern. Zwar wird dies von zukünftigen objektorientierten Datenbanken versprochen, die zur Zeit erhältlichen Systeme sind in kommerziellen Großanwendungen allerdings noch nicht nutzbar. Außerdem besitzen die heute erhältlichen objektorientierten Datenbanken gravierende Performanceprobleme. Die zur Verfügung stehende Datenbanktechnologie im Großrechnerumfeld basiert auf relationalen bzw. hierarchischen Datenbanksystemen[6].

Der weitverbreitete Einsatz relationaler Datenbanken macht sie zum de-facto-Standard. Wir schließen uns diesem Standard an und betrachten im Rahmen von PROKLAM nur relationale Datenbanken. Es bleibt dem Leser überlassen, ähnliche Gedankengänge für hierarchische Datenbanken zu entwickeln. Notgedrungen implizieren hierarchische Datenbanken ein anderes Datenbankdesign und eine geänderte Zugriffslogik.

Das Medium für die Persistenz von Objekte ist also die relationale Datenbank. Nachdem wir uns auf das Medium festge-

---

[6] DB2 und IMS sind die entsprechenden Systeme im MVS-Umfeld.

legt haben, bleibt immer noch die Frage, wie die Persistenz der Objekte erreicht wird.

Wir können die Objekte nicht direkt in der relationalen Datenbank speichern. Relationale Datenbanken sind konsequente Fortsetzungen der Entity-Relationship-Modelle, welches nur einen Teilaspekt des Klassenmodells umfaßt. Es liegt folglich nahe, die Klassensichten auf das Entity-Relationship-Modell als Ausgangspunkt für die Persistenzbetrachtung zu nutzen. Wir werden im folgenden diesen Umbruch von der Entity-Relationship-Modellsicht der Objekte zum Entwurf von Datenbanken näher betrachten und als Grundlage des Datenbankdesigns nutzen.

3.5.3 Identifikation von Objekten

An dieser Stelle wollen wir auf ein Rekonstruktionsproblem hinweisen. Wenn nicht das komplette Objekt gespeichert werden kann, wie können wir es dann aufgrund derjenigen Bestandteile, die gespeichert wurden, rekonstruieren? Wir können gespeicherte Daten, welche zu einem Objekt gespeichert wurden, lesen. Aber wie wird eindeutig identifiziert, welchem Objekt bestimmte Daten zugeordnet sind? Diese Zuordnungsinformationen von Daten zu Objekten müssen vorhanden sein. Die gesuchte Zuordnung kann auf zwei Arten geschehen:

1. Vergabe und Nutzung von systemweit eindeutigen Objekt-Ids, also Identifikatoren, die ein Objekt innerhalb eines Gesamtsystems eindeutig identifizieren.
2. Rekonstruktion aus den fachlichen Daten.

Betrachten wir zur Klärung der Auswirkungen beider Varianten die Instanzen einer Assoziationsklasse. Wir wollen die Objekte persistent, d.h. rekonstruierbar, machen. Bei der Nutzung von Objekt-Ids benötigen wir eine relationale Tabelle mit den Einträgen der Objekt-Ids der Assoziationsklasseninstanzen und den Objekt-Ids aller assoziierten Klasseninstanzen. Nehmen wir als Beispiel die Assoziationsklasse BK-Mitarbeiter mit den assoziierten Klassen BK-Privatperson und BK-Unternehmen. Die zur Rekonstruktion nötige Tabelle hat die Einträge Mitarbeiter-Objekt-Id, Unternehmen-Objekt-Id und Privatperson-Objekt-Id. Die beiden letzten sind die Objekt-Ids, die zu den Objekten der Klassen BK-Privatperson und BK-Unternehmen gehören.

Entscheiden wir uns für das Verfahren der fachlichen Objektschlüssel, so entsteht ein System mit hoher Redundanz, da fachliche Schlüssel aufgrund von Fremdschlüsselbeziehungen über die Datenbank verteilt werden. Hier müßten wir für jede Assoziationsklasse stets alle fachlichen Schlüssel der assoziierten Klassen speichern. Für das obige Beispiel bedeutet dies, daß die Information Unternehmensnummer in der Tabelle Mitarbeiter und Unternehmen auftritt. Wird nun zum Bespiele für die Speicherung von Händlerberechtigungen eine Händlertabelle geschaffen, setzt sich dieser fachliche Schlüssel auch in diese Tabelle fort[7]. Zusätzlich entstehen in den Assoziationstabellen Schlüssel aus verketteten Fremdschlüsseln, was den Aufwand für die Pflege und Bereitstellung von Indizes durch das Datenbanksystem erhöht.

Die große Schwäche dieser Redundanz zeigt sich bei Änderungen. Angenommen die Unternehmensnummer ändert sich. Diese fachliche Änderung setzt sich über zahlreiche Tabellen fort, was z.B. den Reorganisationsaufwand der Indizes erhöht. Bei einem großen System ist dieser Weg daher wenig wünschenswert.

Die Verwendung rein fachlicher Schlüssel für Objekte ist daher bei realistischen Systemen kein praktikabler Weg:

1. Es entstehen lange, verkettete Schlüssel.
2. Fachliche Änderungen bleiben nicht lokal beschränkt, sondern pflanzen sich über große Teile der Datenbank fort.

Ein weiterer Vorteil für die Nutzung von Objekt-Ids ist die Verteilung eines Systems. Gelingt es, den Konstruktionsmechanismus für die Objekt-Id so zu definieren, daß nicht lokal, sondern innerhalb des verteilten Gesamtsystems eindeutige

---

[7] Vergleiche hierzu das Datenmodell des Partnerbereiches.

Objekt-Ids erzeugt werden, so ist diese verteilungsunabhängig. So kann die Lokation von Klassen verändert werden, ohne das eine Schlüsseltransformation durchgeführt werden muß. Aus diesem Grund wird in PROKLAM zur Identifikation eines Objektes[8], d.h. insbesondere seiner Daten eine Objekt-Id verwendet.

Wie wollen wir garantieren, daß die Konstruktion eines Objekts zu einer systemweit eindeutigen Objekt-Id führt?

Wird die systemweite Eindeutigkeit nicht gewährleistet, so können zwei für das System ununterscheidbare Objekte entstehen, welche sich inhaltlich unterscheiden. Dies führt zu Inkonsistenzen. Die von uns geforderte systemweite Eindeutigkeit wird durch die Objekt-Id-Server sichergestellt. Wir werden solche Server bei der Implementierung näher betrachten. Für das Design gehen wir davon aus, daß die verwendeten Objekt-Ids stets systemweit, d.h. lokationsübergreifend eindeutig sind.

3.5.4 Datenbankentwurf für Basisklassen

Im Design ist das Klassenmodell auf die Möglichkeiten einer relationalen Datenbank abzubilden. Die einzige direkt abbildbare Einheit ist die Basisklasse, da sie eine direkte Sicht auf das Datenmodell besitzt und die Information zur Konsistenz kapselt[9].

Wir werden anschließend sehen, daß eine sinnvolle und pragmatische Wahl der Basisklassen die Güte des Datenbankentwurfs[10] erhöht.

---

8 Vergleiche hierzu auch den Abschnitt „Verteilung von Komponenten" (3.3)

9 Klassenübergreifende Konsistenzbedingungen können je nach Entwurf auch durch Aggregationsklassen oder Geschäftsprozesse abgebildet werden.

10 Dies ist eine Forderung, die sich auch im Falle einer geplanten Verteilung ergibt, da eine zu große Zahl von Klassen nur sehr schwer verteilbar ist.

Abbildung 3.13 Datenbankentwurf für Basisklassen

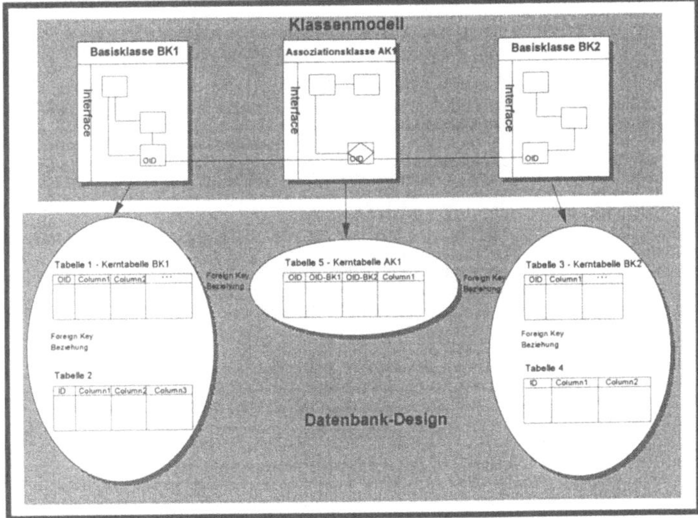

Dritte-Normalform-Entwurf

Zunächst erstellen wir eine First-Cut-Version des Datenbankentwurfs. Diese orientiert sich erfahrungsgemäß an der dritten Normalform zu den zugehörigen Datenmodellsichten. Dabei werden Basisklassen direkt aus der dritten Normalform in die Tabellen übertragen. Jeder Basisklasse, die Sonderfälle Spezialisierungshierarchien und Assoziationsklassen werden später betrachtet, entsprechen dann eine oder mehrere Tabellen der Datenbank. Identifiziert werden alle Tabellen zu einer Basisklasse über die Objekt-Id, die als Attribut des zentralen Entity-Typs ihrer Datenmodellsicht modelliert ist und die sich über Fremdschlüsselbeziehungen in der Tabellenstruktur einer Basisklasse fortsetzt.

Tabellencolumns

Die Objekt-Id bildet den Primärschlüssel und damit eine Column der Tabelle. Die Datenmodellsicht der Klasse besteht aus Entity-Typen und Relationship-Typen. Für jedes nicht ableitbare Attribut eines Entity-Typs wird eine Column in der zu entwerfenden Tabelle definiert.

Die Datentypen für die relationalen Tabellen lassen sich in der Regel direkt aus den Attribut-Typen bzw. ihren Ausprägungen ableiten.

Denormalisierung

Der nächste Schritt besteht in der kontrollierten, fachlichen Denormalisierung. Hierzu zählen folgende Aktivitäten, die ihren Ursprung in Performanceverbesserungen aufgrund großer Zugriffshäufigkeiten bestimmter Funktionen besitzen:

1. Die Aufnahme ableitbarer Attribute. Diese Form der Denormalisierung geschieht nur für Datenelemente, welche eine komplexe oder rechenintensive Ableitungsregel besitzen. Ein anderes mögliches Kriterium ist eine hohe Zugriffsrate für das abgeleitete Element. Zum Beispiel kann für eine Privatperson das Alter und das Geburtsdatum in die Tabelle aufgenommen werden, obwohl das Alter aus dem Geburtsdatum und dem Tagesdatum ableitbar ist. Notwendig sind zusätzliche Massenänderungen am Jahresende, um die Neuberechnung des Alters zu initiieren.
2. Die Einführung von kontrollierten Redundanzen. Die Attribute, die häufig beim Zugriff auf eine Tabelle benötigt werden, jedoch in einer anderen Tabelle liegen, werden redundant geführt. Die Redundanz wird durch die zugehörige Basisklasse oder aber direkt durch die Datenbank mittels Stored Procedure kontrolliert.
3. Die Zusammenlegung von Tabellen.
4. Die vertikale Aufteilung von Tabellen in mehrere Tabellen. Diese erfolgt in der Regel aufgrund von technischen Restriktionen der Zielplattform. Wird der einzelne Datensatz zu groß, so wird die Speicherung sehr schnell inperformant. Wird z.B. in DB2 mehr als eine Datapage benötigt, um einen Datensatz zu speichern, so müssen mehrere Pages zur Rekonstruktion eines Satzes gelesen werden, selbst wenn der Zugriff über einen Unique Index und ein eindeutiges Selektionskriterium erfolgt. Für viele Funktionen werden jedoch nicht alle Daten, sondern nur ein Teil benötigt. Hier kann die Aufspaltung einer Tabelle Abhilfe schaffen.

Denormalisierung, die über Punkt eins und zwei hinausgehen, sollten dennoch sehr kritisch geprüft werden. Sie sind ein Indiz für einen schlechten Klassenentwurf.

Schlüssel und Indizes

Bei der Definition von Indizes ist stets zu berücksichtigen, daß die Verbesserung der Zeiten lesender Zugriffe durch den Einsatz von Indizes einhergeht mit erhöhtem Aufwand für Speicherung und Verwaltung der Indizes. Schreibende oder löschende Zugriffe werden deshalb durch Indizes meistens verlangsamt. Die Analyse der Mengengerüste der lesenden und ändernden Funktionen bildet die Grundlage dieser Überlegungen. Als Index-Kandidaten[11] existieren:

1. Die Objekt-Id als Primärschlüssel.
   In DB2 ist zum Primärschlüssel immer ein unique Index vorgeschrieben.
2. Der fachliche Schlüssel.
   In DB2 ist dies oftmals der Kandidat für einen „Clustered Index", da über ihn die Hauptzugriffe erfolgen. Der clustered Index ist ein spezieller Index, da die Datapages ihn als physisches Sortierkriterium benutzen.
3. Suchkriterien von Lesefunktionen[12].
   Aus den lesenden Zugriffen der Basisklassen können zusätzliche Anforderungen für Indizes auf die Tabelle abgeleitet werden, wenn das Mengengerüst entsprechende Lasten erwarten läßt.
4. Fremdschlüssel.
   In der Regel ist dies die Objekt-Id für Fremdschlüsselbeziehungen aufgrund von Beziehungen innerhalb einer Datenmodellsicht. Für Beziehungen zwischen Klassen werden in der Analyse Beziehungen im Entity-Relation-

---

11 Die Güte der definierten Indizes ändert sich im Leben der Datenbanktabellen und muß deshalb fortlaufend mittels Datenbankutilities und Auswertungen des Datenbankkatalogs sichergestellt werden.

12 Das Suchkriterium ist Teil der Interface-Beschreibung der Lesefunktion.

ship-Modell zwischen den beiden Klassendatensichten beschrieben. Diese werden beiden Klassen zugeordnet, genauer gesagt, die Sicht einer beteiligten Klasse auf die andere wird jeweils zugeordnet. Diese Relationen werden als Fremdschlüsselbeziehungen zwischen den Tabellen einzelner Basisklassen definiert.

Check-Klauseln und Constraints

Die Konstruktion von Check-Klauseln und Zwangsbedingungen (Constraints) bilden einen weiteren Schritt des Datenbankdesigns. Mit Hilfe der Check-Klauseln werden Wertebeschränkungen direkt in der Datenbank implementiert. Die Constraints ihrerseits bauen Plausibilitäten zwischen zwei unterschiedlichen Columns auf. So darf zum Beispiel die Column Geschlecht der Tabelle Person nur die Ausprägungen {M,W} annehmen. Eine Check-Klausel in der Tabelle erzwingt dies. Eine andere Zwangsbedingung könnte lauten, daß eine Person nur dann die Anrede Frau oder Herr erhalten kann, wenn ihr Alter über vierzehn Jahren liegt.

Die Check-Klauseln und Constraints sind Bedingungen, für deren Einhaltung eine Instanz der zugehörigen Basisklasse verantwortlich ist. Die Konsistenzsicherung kann durch das Objekt funktional mittels programmierten Codes, durch Prüfungen in der zugehörigen Oberflächenklasse oder durch die Nutzung der Datenbank sichergestellt werden. Für die Nutzung der Datenbank für diese Prüfungen ist insbesondere die Einbindung von Altsystemen ausschlaggebend. Wird aus einem Altsystem direkt auf einer Tabelle zugegriffen, werden diese Konsistenzbedingungen nicht berüchsichtigt oder müssen im Altsystem ausprogrammiert werden. Ein Non-PROKLAM-System sollte dennoch nach Möglichkeit keine schreibenden Operationen durchführen, ohne die vorgesehenen Konstruktoren und Modifikatoren zu nutzen. Dennoch kann dies nicht ausgeschlossen werden. Deshalb sollten solche Prüfungen unbedingt in der Datenbank stattfinden.

Die Funktionalitäten einzelner Datenbanken, z.B. Oracle oder Informix, gehen über den SQL-Standard (ANSI-SQL Level 1) hinaus. Dies eröffnet neue Perspektiven. Der Einsatz von Stored Procedures ermöglicht noch bessere Prüfverfahren in der Datenbank. Ein anderer Aspekt der Stored Procedures ist der Aufbau einer effizienten Zugriffsschicht zwischen den Objekten und den Datenbanktabellen. Diese aus den Stored Procedures aufgebaute Schicht kapselt die Denormalisierung der Tabellen. Eine datenbankinterne Zugriffsschicht kann so etabliert werden.

Quantitative Parameter

Neben den bisher besprochenen qualitativen Stellgrößen des Datenbankdesigns existieren weitere Ergebnisse quantitativer Natur, die auf den folgenden Teilen des Modells beruhen:

1. Mengengerüste von Geschäftsprozessen, Klassen und Entitäten,
2. Wachstumsraten der Mengengerüste,
3. Sortierreihenfolgen der Zugriffe,
4. Partitionsverhältnisse.

Aus den Mengengerüsten der Entity-Typen und ihren Wachstumsraten kann die Tabellengröße und das zu erwartende Tabellenwachstum abgeleitet werden. Diese Informationen sind zur Planung von Speicherbedarf und anderer Größen wichtig. Neben den reinen Datenmengen bzw. ihrer Wachstumsraten werden aus den Geschäftsprozessen und den Klassen die Zugriffshäufigkeiten und -arten genutzt, um Indizes zu detaillieren sowie Tablespaces zu partitionieren (nur in DB2). Die Information über die Sortierreihenfolgen und Zugriffshäufigkeiten ist für die Festlegung eines Clustered Indexes relevant. Diese ermöglichen einen schnelleren Zugriff, da eine selektierte Datenmenge nicht mehr sortiert werden muß, weil Daten- und Indextabelle gleich sortiert sind.

Die Partitionierung ist relevant, wenn die Daten durch einen Partitionsmechanismus auf verschiedene Lokationen oder Speichermedien verteilt werden sollen, die Tabelle also horizontal aufgeteilt wird. Zum anderen ist diese Information von Bedeutung, wenn Daten einer Tabelle unterschiedliche Qualitäten besitzen. Ein Beispiel für eine solche Form der Partitionierung ist die Abbildung der Kapitalanlageverträge. Alte Verträge werden auf einer langsameren und aktuelle auf einer schnelleren Platte gespeichert.

3.5.5 Datenbankentwurf für Assoziationsklassen

In der Analyse werden die Assoziationsklassen beschrieben. Sie modellieren die informationstragenden Beziehungen zwischen bestimmten Basisklassen.

Auf den Datenbankentwurf übertragen bedeutet dies, daß wir zunächst die Objekt-Ids der zu verknüpfenden Instanzen kennen müssen. Diese Verknüpfung selbst besitzt wiederum eine Objekt-Id. Neben diesen Objekt-Ids besitzt bzw. besitzen die der Assoziationsklasse zugeordnete(n) Tabelle(n) weitere zusätzliche Datenelemente.

Ein Objekt der Assoziationsklasse BK-Mitarbeiter ist eine Assoziation zwischen zwei Instanzen der Klassen BK-Privatperson und BK-Unternehmen. Sie enthält folglich die Columns: Privatperson-Objekt-Id, Unternehmen-Objekt-Id, Mitarbeiter-Objekt-Id sowie weitere Columns wie Eintrittsdatum oder Personalnummer. Als Primärschlüssel bieten sich die Mitarbeiter-Objekt-Id oder der zusammengesetzte Schlüssel Untenehmen-Objekt-Id + Privatperson-Objekt-Id an. In der Regel wird man als Primärschlüssel die Mitarbeiter-Objekt-Id wählen und zusätzlich für jede Fremdschlüssel-Objekt-Id einen Index definieren. Dazu käme gegebenfalls ein clustered Index auf der Personalnummer, wenn über sie die Hauptzugriffe erfolgen.

Für lesende Zugriffe, welche stets Informationen aus den Tabellen Mitarbeiter, Unternehmen und Privatperson benötigen, bietet sich der Einsatz von Views an. Diese werden im Rahmen des Datenbankdesigns für Aggregationsklassen näher beleuchtet.

3.5.6 Datenbankentwurf für Spezialisierungshierarchien

Bei Spezialisierungshierarchien existieren drei mögliche Ausrichtungen, um die dazugehörigen Datenbankstrukturen zu definieren[13]. Erläutert werden diese Varianten anhand der Partnerhierarchie des Wertpapierhandels.

1. jede Hierarchieebene in einer Tabelle,
2. jeder Spezialisierungspfad in einer Tabelle,
3. alle Spezialisierungspfade in einer Tabelle.

Die erste Ausrichtung ist eine horizontale, die zweite und dritte sind vertikale Gliederungen.

Wählen wir die Tabellenumsetzung entlang der Spezialisierungspfade im Fall 2, so ergeben sich mehrere Tabellen mit vielen Detailinformationen. Für jeden Pfad, für den eine Klasse existiert, gibt es eine Tabelle. Im Falle der Partnerhierarchie z.B.:

```
Privatpersonentabelle
Kreditinstituttabelle
Versicherungsunternehmentabelle
Sonstige-Unternehmentabelle

Sonstige-Partnertabelle
```

Hier besteht die Gefahr, daß tabellenübergreifende Informationen durch Tabelleninkompatibilitäten verloren gehen. Werden Daten einer höheren Hierarchieebene benötigt, so ist nicht a priori sichergestellt, daß die spezialisierten Tabellen eine übergreifende Darstellung erlauben. Die verwendete Objekt-Id wird bei dieser Designoption nur einmal pro Pfad gespeichert. Änderungen an allgemeinen Attributen müssen hier für jeden Pfad getrennt realisiert werden.

Bei der ersten Variante entstehen pro Hierarchieebene mehrere Tabellen. Diese Tabellen enthalten in der Regel wenige Columns. Zwischen den Tabellen auf gleicher Ebene existiert kein in der Datenbank implementierter Zusammenhang. Erst

13 Die Datenbankstruktur zu Klassenhierarchien hat direkte Auswirkungen auf das Funktionsdesign. Dies ist im Abschnitt zum Funktionsdesign detailliert aufgeführt.

eine darüberliegende Ebene hat eine gemeinsame Sicht auf beide Tabellen. Ein Objekt muß bei diesem Design stets aus mehreren Tabellen rekonstruiert werden. Außerdem verteilt sich die gleiche Objekt-Id auf mehrere Tabellen und zwar stets als Schlüsselbestandteil.

Dies könnte für den Partnerbereich z.B. folgende Tabellenstruktur ergeben:

```
Partnertabelle
Privatpersontabelle
Sonstige-Partnertabelle
Unternehmentabelle
        Kreditinstituttabelle
  Versicherungsunternehmentabelle
        Sonstige-Unternehmentabelle
```

Bei einem solchen Konstrukt wird die Objekt-Konsistenz durch den Einsatz von Fremdschlüsseln mit den entsprechenden Primärschlüsseln aufrechterhalten. Durch gezielte Denormalisierung werden die Zugriffe auf den spezialisierten Tabellen sehr performant sein. So würde z.B. die Tabellen, die vollständige Spezialisierungen abbilden, in die übergeordneten Tabellen integriert und durch klassifizierende Attribute beschrieben.

Die dritte Option ist der zweiten ähnlich. Hier bilden alle Spezialisierungspfade, oder zumindest große Teile, eine Tabelle (in unserem Beispiel eine zentrale Partnertabelle). Da sich die unterschiedlichen Pfade in einigen Attributen unterscheiden, muß die Tabelle diese Tatsache wiedergeben. Dies wird durch die Einführung von Null-Columns und einer Auswahl-Column zur Abbildung des klassifizierenden Merkmals (Partner-Typ) realisiert. Die Auswahl-Column gibt an, zu welcher Klasse der entsprechende Datensatz gehört. Die Klassenzugehörigkeit wurde bisher aus dem Tabellennamen abgeleitet, dies ist hier nicht möglich. Zwar könnten wir aus der Zahl und den Namen der Tabellen, die mit NULL gefüllt sind, die Klasse berechnen – eine Auswahl-Column mit einem

Klassennamen ist jedoch einfacher zu pflegen und auf Konsistenz zu prüfen.

Das zugrundeliegende Muster ist eine gemeinsame Menge von Columns, auf die alle beteiligten Klassen zugreifen können. Neben den obigen Columns besitzt die Tabelle pro Klasse eigene, nur der Klasse gehörende Datenbereiche.

Der große Nachteil dieses Konstrukts ist die Änderungsunfreundlichkeit. Jede Änderung einer Klasse, und damit einer oder mehrerer Tabellen, wirkt auf der Tabellenebene auf andere Klassen, da auch andere Klassen auf die gleiche Tabelle zugreifen. Für lesende Zugriffe können hier Views Abhilfe schaffen, für schreibende jedoch nicht.

3.5.7 Datenbankentwurf für Aggregationsklassen

Aggregationsklassen verhalten sich anders als Basisklassen. Sie umfassen Instanzen anderer Klassen und besitzen keine originäre Datensicht auf das Entity-Relationship-Modell, sondern werden durch die Sichten der enthaltenen Klassen bestimmt.

Die in einer Aggregationsklasse enthaltenen Basisklasseninstanzen sind datenbanktechnisch mittels einer oder mehrerer Tabellen implementiert. Der Zugriff auf diese Tabellen erfolgt mittels der hierfür definierten Funktionen der Basisklassen.

Jede schreibende, d.h. Insert-, Update- oder Delete-Operation ist in den Instanzen der Basisklassen gekapselt. Diese von der Klasse zur Verfügung gestellten Methoden sind für die Einhaltung der Konsistenzbedingungen, die sich auf die Daten ihrer Tabellen beziehen, verantwortlich.

Aggregationsklassen besitzen im allgemeinen keine eigenen persistenten Daten. Lediglich technische, redundant geführte oder abgeleitete Attribute können dazu führen, daß zu einer Aggregationsklasse Tabellen notwendig werden. Aggregationsklassen stellen Methoden zur Verfügung, die dazu dienen, klassenübergreifende Regeln, Bedingungen und Operationen zu prüfen bzw. durchzuführen, welche die Eigenschaften einer zusammengesetzten Instanz bestimmen. Für die meisten

Aggregationsklassen ist daher keine Objektrekonstruktion notwendig, da sie lediglich funktionale Anforderungen abdecken.

Wenn trotzdem eine Aggregationsklasseninstanz rekonstruiert werden muß, so stehen zur Rekonstruktion zwei Strategien zur Verfügung:

1. Sukzessive Rekonstruktion der enthaltenen Basisklassen.
2. Direkte Rekonstruktion des aggregierten Objekts.

Die erste Strategie nutzt zur Rekonstruktion diejenigen Methoden der enthaltenen Klassen, die mittels Objekt-Id lesen[14]. Dies kann zu einer großen Zahl von Leseoperationen der enthaltenen Instanzen führen, die von der Instanz der Aggregationsklasse zusammengeführt werden muß. Diese Strategie kommt insbesondere dann zum Einsatz, wenn die Aggregationsklasse persistente Daten besitzt. In diesem Fall werden zusammen mit den persistenten Daten die Fremdschlüssel beteiligter Objektinstanzen gemeinsam mit der die Instanz der Aggregationsklasse identifizierenden Objekt-Id abgespeichert.

Problematisch ist hier der Fall, daß eine in einer Aggregationsklasseninstanz enthaltene Basisklasseninstanz gelöscht wird. Dem zu löschenden Objekt steht die Information, daß sie Baustein einer anderen Klasse ist, nicht zur Verfügung, kann von ihr daher nicht verifiziert werden. Im Gegensatz zur Assoziationsklasse gibt es nur eine einseitige Verbindung zwischen Aggregationsklasse und Basisklassen, d.h. die Aggregationsklasse kennt die enthaltenen Basisklassen, aber nicht umgekehrt.

[14] Wird diese Strategie gewählt, müssen Aggregationsklassen mit eigener Tabelle auf jeden Fall eine Methode zur Projektion mittels Objekt-Id anbieten.

Abbildung 3.14 Abbildung von Aggregationsklassen mittels Tabellen

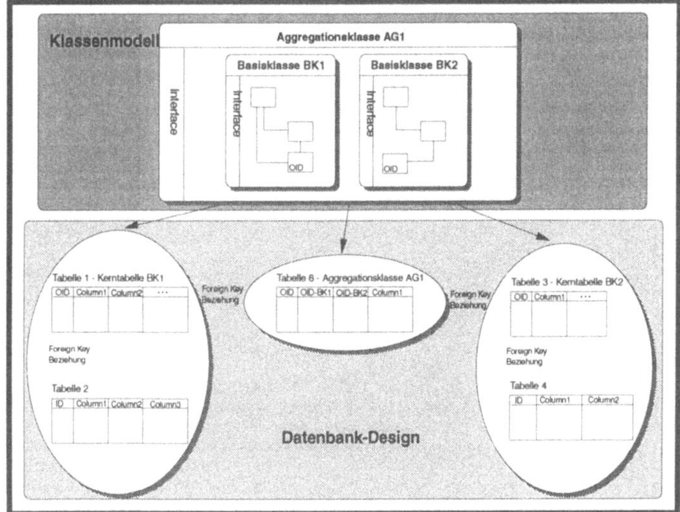

Als Lösung bietet sich die Sicherstellung dieser übergreifenden Konsistenzbedingung mittels einer beim Datenbankdesign definierten referentiellen Integrität auf der Basis der Fremdschlüsselbeziehungen zwischen Aggregationsklassen- und Basisklassentabellen an.

Die zweite Strategie umgeht zur Rekonstruktion die enthaltenen Basisklasseninstanzen. Die Kapselung der lesenden Zugriffe wird aufgegeben und die Rekonstruktion der Aggregationsklasseninstanz durch einen direkten Zugriff in Verbindung mit einem entsprechenden Join auf die Tabellen enthaltener Klassen durchgeführt. Diese Strategie funktioniert nicht für den Fall eigener persistenter Daten. Zur Unterstützung bietet sich die Anlage einer entsprechenden View an. Mit dieser View werden die involvierten Tabellen zur Abbildung der Datenmodellsicht der Aggregationsklasse verknüpft. In dieser zweiten Strategie wird also der Verknüpfungsaufwand von in der Klasse implementierter Programmlogik in die Datenbankview verlagert. Dies wird in der Regel performanter sein, da die Datenbank ihre internen Informationen, Indizes und Statistiken zur Berechnung eines optimalen Zugriffspfades benutzen kann.

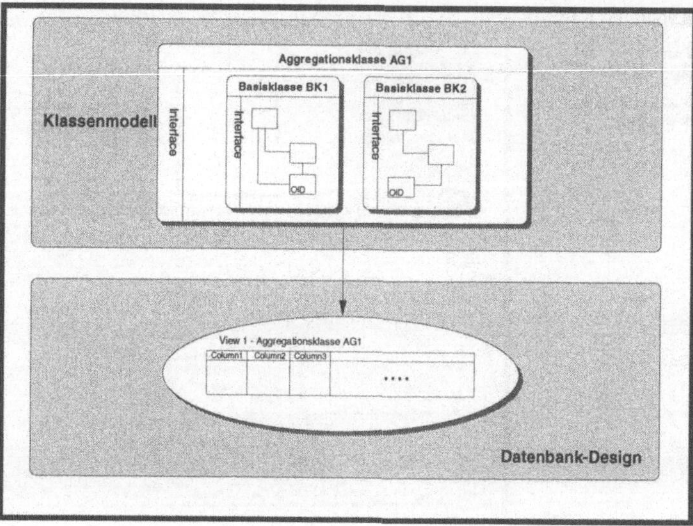

Abbildung 3.15 Abbildung einer Aggregationsklasse mittels View

Aufgrund von Restriktionen der meisten relationalen Datenbankmanagementsysteme können die Aggregationsklassenviews nicht für Update-Operationen genutzt werden[15]. Dies würde allerdings zusätzlich die Kapselung schreibender Zugriffe in den Basisklassen verhindern, was letztlich zu Inkonsistenzen des Datenbestandes führen könnte.

Bisher haben wir nur die unterste Ebene der Aggregationsklassen betrachtet. Das PROKLAM-Vorgehen läßt sich aber völlig unproblematisch auch auf höherliegende Aggregationsklassen übertragen. Höhere Aggregationsklassen sind solche, die ihrerseits wieder Aggregationsklassen enthalten. Dies funktioniert, da sich in relationalen Datenbanken eine View wie eine Tabelle verhält, d.h. eine View kann auf anderen Views aufbauen. Die Views der höheren Aggregationsklassen bestehen aus Basisklassentabellen und Views der enthaltenen Aggregationsklassen.

15 In DB2 sind nicht alle theoretisch „updatable" Views auch durch ein Update ansprechbar.

Die Zahl der Views kann großzügiger gehandhabt werden als die der Tabellen, da keine persistenten Daten geschaffen werden. Es liegt daher nahe, der Aggregationsklasse für unterschiedliche Leseoperationen jeweils eine andere View zuzuweisen und so einen Teil der fachlichen Logik in die Datenbank zu transferieren.

Für nicht verteilte Systeme ist die Verwendung der zweiten Strategie zu empfehlen. Für ein verteiltes System werden wir allerdings zum Teil auf die erste Entwurfsstrategie zurückgreifen müssen, da Views nicht lokationsübergreifend aufgebaut werden können[16]. Werden Daten aus verschiedenen Lokationen miteinander verknüpft, müssen diese zunächst beschafft werden, um dann ihre Verknüpfung im Sinne der Aggregationsklassenregeln durchzuführen. Die Notwendigkeit dieses Vorgehens taucht speziell bei höheren Aggregationsklassen auf, da sie meist große Bereiche des Entity-Relationship-Modells überdecken. Je größer der Bereich, desto größer ist die Wahrscheinlichkeit, daß Daten der Aggregationsklasse an verschiedenen Lokationen liegen.

3.5.8 Datenbankentwurfsbeispiele

Wie schon angedeutet, ist die konkrete Wahl eines Datenbankentwurfs von vielen Faktoren abhängig. Eine der wichtigsten Zielgrößen ist die Performance des Systems. Diese wird insbesondere von der Zugriffshäufigkeit, -art und -menge beeinflußt.

Die skizzierten Datenbankdesign-Varianten und ihre Konsequenzen auf die Performance werden an folgenden Klassen exemplarisch bewertet:

1. BK-Partner, BK-Privatperson und BK-Unternehmen als Beispiel einer Klassenhierarchie.
2. BK-Mitarbeiter, als Beispiel einer assoziativen Klasse.
3. Gesamtumsatz aller Mitarbeiter, als Beispiel einer Funktion einer Assoziationsklasse.

[16] Die Distributed Relational Database Architecture (DRDA) kann hier zukünftig Abhilfe schaffen.

Diese Beispiele dienen der Erläuterung der Entwurfsstrategien. Eine quantitative Performanceschätzung läßt sich relativ schwer durchführen, da die geschätzten Zeiten stark vom Datenbanksystem und der eingesetzten Hardware abhängen. Deshalb beschränken wir uns auf die Schätzung lesender Zugriffe (Select). Der Leser kann unter Zuhilfenahme des entsprechenden Datenmaterials solche Betrachtungen auf schreibende Zugriffe (Insert, Update, Delete) übertragen. Dabei werden widersprüchliche Tendenzen aufgezeigt. Je mehr Indizes existieren, desto schneller ist der lesende Zugriff. Mit steigender Zahl der Indizes sinkt gleichzeitig die Performance der schreibenden Zugriffe drastisch. Bezüglich der Zahl der Indizes muß also zwischen den lesenden und schreibenden Zugriffen abgewogen werden.

Zur Quantifizierung der Performancebetrachtungen benutzen wir für die Zugriffe auf die Datenbank folgende Faustregeln (die aktuell gültigen sind der Datenbankdokumentation zu entnehmen):

1. Direktes Lesen eines Datensatzes (random read) 20ms,
2. Lesen eines Datensatzes mit sequentiell prefetch 2ms, d.h. Lesen eines Satzes im Rahmen vom sequentiellen Lesen einer größeren Menge von Sätzen.

Anhand dieser Basisgrößen werden wir versuchen, Performanceschätzungen für die Zugriffe abzugeben. Der Einsatz von Indizes kann dieses Bild verändern.

Die Klasse BK-Mitarbeiter stellt eine Assoziation zwischen den Klassen BK-Privatperson und BK-Unternehmen dar. Die beiden assoziierten Klassen bilden verschiedene Spezialisierungen der Klasse BK-Partner. Folglich ist das Tabellendesign der Klasse BK-Mitarbeiter abhängig von der Tabellenstruktur im Partnerumfeld.

Eine Variante für das Datenbankdesign dieser Hierarchie ist die vollständige Abbildung der einzelnen Spezialisierungspfade in eigene Tabellen, die Tabellen Unternehmen und Privatperson. Grundsätzlich besitzen alle hier dargestellten Tabellen eine Objekt-Id als Primary Key. Zur Verdeutlichung wurde die Objekt-Id durch Voranstellen des Tabellennamens gekennzeichnet. Als Attribut der Superklasse BK-Partner ist hier nur der Name aufgeführt.

Tabelle1: Unternehmen

UnternmId	Name	Rating	Form
U000001	XY-AG	AAA	AG
U000002	ZZ-AG	BBB	AG
U000003	AA-GmbH	NULL	GmbH
U000004	BA-KG	NULL	KG

Tabelle2: Privatperson

PrivPerId	Name	Vorname	GebDatum	G
P000001	Aalglat	Horst	5.5.1955	W
P000002	Algumil	Theo	1.1.1951	M
P000003	Bertray	Anita	8.8.1968	W
P000004	Caesar	Margit	6.6.1966	M

Die Klasse BK-Mitarbeiter muß nun die Klassen BK-Unternehmen und BK-Privatperson miteinander verknüpfen. Auf der Ebene des Datenmodells umfaßt diese Klasse eine informationstragende Beziehung zwischen den Entity-Typen Unternehmen und Privatperson. Daher enthält die Tabelle neben den Objekt-Ids zusätzliche fachliche Columns.

Tabelle3: Mitarbeiter

MitarbId	UnternmId	PrivPerId	PersNr	E-Datum	Umsatz
M090805	U000002	P000002	73533	1.11.94	24300
M888107	U000004	P000003	71111	1.10.94	NULL
M123456	U000004	P000004	91111	1.12.88	NULL
M080077	U000002	P000001	78912	8.11.89	54600

Dieser Entwurf besitzt den Vorteil, daß zu den Spezialisierungsklassen Entsprechungen auf Tabellenebene existieren. Außerdem können Joins sehr performant eingesetzt werden. Übergreifende Auswertungen sind hingegen durch diese Struktur erschwert.

Ein verallgemeinerter Entwurf besteht in der Abbildung von BK-Unternehmen und BK-Privatperson in einer Partnertabelle sowie der Abbildung der BK-Mitarbeiter in einer Partnerzuordnungstabelle. Diese dient dazu, aufgrund der großen Zahl möglicher Beziehungsarten zwischen Partnern eine flexible, verallgemeinernde Tabelle zu definieren, die all diese Beziehungen abbildet. In unserem Beispiel sind nicht alle Columns aufgezeigt.

Tabelle1: Partner

PartId	Name	Typ[17]	Vorname	Umsatz	Rating
P000001	Aalglat	P	Horst	54600	NULL
P000002	Algumil	P	Theo	24300	NULL
P000003	XY-AG	U	NULL	NULL	AAA
P000004	ZZ-AG	U	NULL	NULL	BBB
P000005	Bertray	P	Anita	NULL	NULL
P000006	Caesar	P	Margit	NULL	NULL
P000007	AA-GmbH	U	NULL	NULL	NULL
P000008	BA-KG	U	NULL	NULL	NULL

Tabelle2: Partner-Zuordnung

ZuordId	Part1Id	Part2Id	Typ[18]	E-Datum	Umsatz	PersNr
Z000001	P000001	P000004	M	1.11.94	24300	73533
Z000002	P000002	P000004	M	1.10.94	NULL	11212
Z000003	P000005	P000008	M	1.12.88	NULL	12128
Z000004	P000006	P000008	M	8.11.89	24600	44444

Die Zuordnungstabelle enthält zusätzlich zu dieser Darstellung, je nach Anforderung, Daten zu weiteren Partnerzuordnungen, z.B. Ansprechpartner oder Vertretungsbefugter. Dadurch entstehen zahlreiche nullable Columns, die nur für bestimmte Partner-Zuordnungsarten Werte enthalten. Mittels abhängiger Subtabellen pro Zuordnungsart können diese nullable Columns ausgelagert werden. Die Zuordnungstabelle

[17] P = Privatperson, U = Unternehmen

[18] M = Mitarbeiter; andere Partner-Zuordnungsarten werden entsprechend verschlüsselt.

dient dann nur noch der Assoziation. Fachliche Attribute finden sich in den Subtabellen.

Dieser Entwurf bietet flexiblere Auswertungsmöglichkeiten, da alle Partner in einer Tabelle direkt zugänglich sind. Zudem können Änderungen der fachlichen Anforderungen großenteils ohne Änderungen der Tabellenstruktur abgebildet werden. Lediglich Daten und Columns müssen hinzugefügt werden. Auf die Definition neuer Tabellen kann verzichtet werden.

Wie performant sind diese beiden Entwurfstypen?

Betrachten wir hierzu ein Abfragebeispiel:

Wer ist der Mitarbeiter mit der Nummer 73533 im Unternehmen ZZ-AG?

Um konkrete Zahlen zu verwenden, gehen wir davon aus, daß folgendes Mengengerüst vorliegt:

1. 10 Millionen Sätze in der Partnertabelle,
2. 30 Millionen Sätze in der Zuordnungstabelle,
3. 10000 Privatpersonen mit dem Namen Meier,
4. die ZZ-AG hat 10 Mitarbeiter mit dem Namen Meier,
5. die ZZ-AG hat 10000 Mitarbeiter

Die Abfrage lautet für den ersten Entwurf:

```
SELECT PP.NAME  FROM  PRIVATPERSON PP,
 MITARBEITER M, UNTERNEHMEN U
WHERE
 M.PERSNR =73533
AND    U.NAME =    ZZ-AG
AND    M.PRIVPERID =  PP.PRIVPERID
AND    M.UNTERNMID =  U.UNTERNMID
```

Dieselbe Menge wird für den zweiten Entwurf durch das folgende SQL-Statement selektiert:

```
SELECT P1.NAME FROM PARTNER P1,PARTNER P2,
  ZUORDNUNG Z
WHERE
        Z.PERSNR =73533
AND     Z.TYP =M
AND P1.PARTID=     Z.PART1-ID
AND P2.PARTID=     Z.PART2-ID
AND P2.NAME =  ZZ-AG
AND P2.TYP=U
AND P1.TYP=P
```

Diese Beispiele ergeben eine Zeit von ca. 0.2 sec für Designoption 1 und eine von ca. 20 sec für Option 2.

Die erste Version ist für die gegebene Abfrage performanter. Weitere Abfragen, die der Leser selbst konstruieren kann, bestätigen dies.

Für die Klassenfunktion „Gesamtumsatz aller Mitarbeiter" wollen wir berechnen, welchen Umsatz alle Mitarbeiter des Unternehmens „ZZ-AG" gemeinsam aufweisen.

Das SQL-Select-Statement sieht in beiden Designoptionen gleich aus:

```
SELECT SUM(UMSATZ) VON UMSATZVIEW U
WHERE
 U.NAME  =ZZ-AG
```

Allerdings wurden für unterschiedlichen Designoptionen verschiedene Views definiert.

Version 1:

```
CREATE VIEW  UMSATZVIEW  AS
(SELECT       M.UMSATZ, M.PERSNR, U.NAME
FROM  MITARBEITER M, UNTERNEHMEN U
WHERE
M.UNTERNMID    =    U.UNTERNMID)
```

und im zweiten Fall ist die View gegeben durch[19]:

```
CREATE VIEW UMSATZVIEW  AS
(SELECT    Z.UMSATZ, Z.PERSNR, P.NAME
 FROM PARTNER P, ZUORDNUNG Z
WHERE
 Z.PART2-ID = P.PART-ID
AND P.TYP=U
AND Z.TYP= M)
```

Auch in diesem Fall ist die erste Designoption schneller, etwa ca. 20 sec gegenüber ca. 100 sec für die zweite, obwohl die zweite Option flexibler ist.

3.5.9 Datenbankentwurfs-Reuse

Das Problem der Wiederverwendung von Datenbankentwürfen bzw. von Datenbanken ist allen Praktikern bekannt, da meist mehrere Anwendungen auf die gleichen Datenbanken zugreifen. Auch reine Auswertungssysteme nutzen in der Regel bestehende Datenbanken aus dem operativen Geschäft.

Wie unterstützt PROKLAM die Wiederverwendung von Datenbanken?

Auf der Ebene der Basisklassen sorgt die inhärente Objektorientierung von PROKLAM für eine einfache Wiederverwendung. Wird eine Klasse noch einmal genutzt, so wird sie ja schon in der Analyse wiederverwandt. Die Wiederverwendung aus der Analyse setzt sich in dem Datenbankentwurf direkt fort, d.h. wir übernehmen die bestehende Datenbanktabelle bzw. deren Entwurf. Dies ist eine der Stärken des evolutionären PROKLAM.

---

19 Dieses Statement setzt voraus, daß im Falle der Mitarbeiterbeziehung der erste Fremdschlüssel die Privatperson, der zweite das Unternehmen abbildet und diese Information der Klasse BK-Mitarbeiter bekannt ist. Zudem wird berücksichtigt, daß andere Partner, z.B. Ämter und Behörden, Mitarbeiter besitzen können.

Für die Aggregationsklassen gilt das gleiche. Views können wie Tabellen wiederverwendet werden, d.h. das Verfahren ist das gleiche wie bei der Wiederverwendung von Basisklassen.

Komplizierter ist die Veränderung bestehender Basisklassen. Hier muß die Basisklasse schon in der Analyse geändert und die Änderung im Design fortgeführt werden. Zu diesem Zeitpunkt sind alle Nutzer der Tabelle zu betrachten. Wir suchen alle Aggregationsklassen, welche die geänderte Basisklasse verwenden. Diese Relation ist im Klassenmodell einfach zu sehen. Für jede gefundene Aggregationsklasse betrachten wir die Auswirkungen der Änderung. Dies ist notwendig, da die Aggregationsklassen direkt auf den Basisklassentabellen lesen dürfen. In den betroffenen Views muß nun die entsprechende Änderung vorgenommen werden. Die Views liefern uns einen zusätzlichen Kontrollmechanismus, da wir in der relationalen Datenbank mit datenbankspezifischen Mitteln alle Views bestimmen können, welche eine spezifische Tabelle nutzen. Diese Menge muß mit der entsprechenden Menge von Klassen übereinstimmen.

3.6 Entwurf der Anwendung

3.6.1 Einleitung

Nachdem wir den Klassenentwurf besprochen und den Oberflächenentwurf gestreift haben, stellt sich die Frage: Wie wird die Benutzerschnittstelle mit den Klassen verknüpft?

Dies ist zunächst nur eine Frage des technischen Designs. Sie wird ergänzt durch folgende Fragestellung:

Was wird aus dem Geschäftsprozeßmodell im Design?

Die in der PROKLAM-Analysis geschaffenen Klassen werden von den Geschäftsprozessen genutzt. Allerdings besitzen die Geschäftsprozesse kein Wissen über die Klasseninterna, d.h. in einem Geschäftsprozeß wird eine Klassenmethode aufgerufen, ohne deren Implementierung und Regelwerk zu kennen. Der Ablauf in der Klasse erfolgt dann unabhängig vom rufenden Geschäftsprozeß. Der Geschäftsprozeß überwacht lediglich die klassenübergreifenden Konsistenzbedingungen und fachlichen Regeln. Umgekehrt existiert in der gerufenen Instanz keine Information, von welchem Geschäftsprozeß sie aufgerufen wurde.

Diese Form der Kapselung gilt es in das Design zu übertragen. Im PROKLAM-Design erzeugen wir aus dem Geschäftsprozeß den sogenannten Anwendungskern. Dies ist eine Steuereinheit eines EDV-technischen Systems.

Theoretisch wäre es möglich, eigene Geschäftsprozeßklassen einzuführen, die sich wie normale Klassen verhalten. Solche Klassen haben fast rein prozeduralen Charakter, da die Geschäftsprozesse sehr wenige eigene Daten besitzen. Daher entschließen wir uns für ein anderes Design: Den Bau von Anwendungskernen.

Das Anwendungskernmodell stellt das EDV-technische Abbild des Geschäftsprozeßmodells dar. In diesem Modell werden alle technisch zu implementierenden Geschäftsprozesse durch Anwendungskerne dargestellt. Es läßt sich keine allgemeingültige Regel für die Abbildung der Geschäftsprozesse auf die Anwendungskerne angeben.

3.6.2 Anwendungskerne

In der Regel wird pro Geschäftsprozeß ein Anwendungskern entstehen. Es kann jedoch günstiger sein, mehrere Geschäftsprozesse in einen Anwendungskern abzubilden. Je enger die Geschäftsprozesse verzahnt sind, desto wahrscheinlicher ist die Abbildung mehrerer in einen Anwendungskern. Auch der umgekehrte Fall, die Abbildung eines Geschäftsprozesses in mehrere Anwendungskerne, ist möglich.

Die Anwendungskerne bilden eigenständige Übersetzungseinheiten im System und werden basierend auf den Geschäftsprozessen modelliert. Das Anwendungskernmodell nutzt die gleiche Syntax wie das Geschäftsprozeßmodell. Im Fall einer 1:1 Relation zwischen Geschäftsprozeß und Anwendungskern wird der Geschäftsprozeß direkt in das Anwendungskernmodell kopiert. Anwendungskerne werden in der Dokumentation durch das Präfix von den Geschäftsprozessen unterschieden. Die in das Anwendungskernmodell zu übertragenden Geschäftsprozesse sind, wie in der Einleitung schon erwähnt, von allen manuellen Aktivitäten befreit worden.

Häufiger als die Abbildung mehrerer Geschäftsprozesse in einen Anwendungskern existiert die Situation, daß ein Geschäftsprozeß in mehrere Anwendungskerne abgebildet wird. Ein solches Vorgehen wird notwendig, wenn die manuellen Aktivitäten innerhalb des Geschäftsprozesses nicht hinreichend isolierbar sind, diese folglich zwischengeschaltet ablaufen müssen. In diesem Fall wird aus jeder unterbrechungsfreien Sequenz im Geschäftsprozeß ein Anwendungskern.

Der einzelne Anwendungskern besteht aus einem Ablaufplan. Dieser Ablaufplan setzt sich aus einer Reihe von Aufrufen von Klassenmethoden und eventuell anderen Anwendungskernen zusammen. Die einzelnen Ablaufpfade werden durch Bedingungen gesteuert.

Als Konstruktionsvorlage des Anwendungskerns dient der möglichst gut spezifizierte Geschäftsprozeß. Ideal wäre es, die in der Analyse gefundenen Geschäftsprozesse kontinuierlich zu verfeinern. Dies ist erst dann möglich, wenn die manuellen, d.h. nicht EDV-technischen Anteile entsprechend gekapselt wurden. Die Schnittstelle der manuellen Anteile zu den EDV-technischen wird durch die Oberflächen realisiert.

Für die EDV-technischen Anteile im Geschäftsprozeßmodell wird eine stärkere Verfeinerung in der Technik benötigt als dies die Analyse gewährleisten kann. Wir müssen die Designäquivalente im Anwendungskernmodell zu den Geschäftsprozeßkonstrukten aus der PROKLAM-Analysis finden bzw. nach Möglichkeit diese Konstrukte verfeinern. Die für die Anwendungskerne abgeleiteten Konstrukte aus der PROKLAM-Analysis sind:

1. die AWK-Akkumulatoren und AWK-Distributoren,
2. die AWK-Kontrollflüsse,
3. der AWK-Datenpool,
4. der AWK-Exit,
5. der AWK-Entry.

Das globale Gedächtnis eines Anwendungskerns, der AWK-Datenpool, wird erst in der Realisierung genauer betrachtet. Dieser Datenpool ist notwendig, um die Klasseninterfaces mit Werten zu bestücken. Im Rahmen des Designs reicht seine Existenz ohne eine allzu tiefe Spezifikation aus. Dieser Datenpool stellt einen Bruch in der Objektorientierung dar, da hier Informationen der Objekte außerhalb ihrer selbst transportiert werden. Um ein hohes Maß an Kapselung und damit Konsistenz zu erreichen, gilt es, diesen Datenpool möglichst klein zu halten. Wir werden im Abschnitt 3.6.6 auf diese Probleme eingehen.

Die Aufgabe der AWK-Kontrollflüsse ist die Steuerung der einzelnen Abläufe im Anwendungskern und die Verarbeitung der Antworten eines Aufrufs eines Objekts. Für PROKLAM gilt jeder Aufruf einer gekapselten Einheit. Das aufgerufene Objekt kann eine Klassenmethode oder wiederum ein Anwendungskern sein. Die Art des aufgerufenen Objekts ist für den AWK-Kontrollfluß irrelevant (vgl. Abschnitt 3.6.4).

Die AWK-Akkumulatoren und AWK-Distributoren sind designtechnische Konstrukte, um eine technische Parallelisierung bzw. Serialisierung zu entwerfen. Das in der Parallelisierung vorhandene Optimierungspotential sollte im Design unbedingt berücksichtigt werden. Eine Beschreibung wird im Abschnitt 3.6.5 gezeigt.

Die beiden noch ausstehenden Konstrukte im Design von Anwendungskernen sind der AWK-Entry und der AWK-Exit. Beide Konstrukte regeln den Anfang und das Ende von Anwendungskernabläufen. Besonders interessant ist die Übertragung dieser Elemente in die Anwendungsarchitektur, da ein sehr enger Zusammenhang mit den Transaktionsmonitoren besteht (Näheres im folgenden Abschnitt). Beim Bau eines Anwendungskerns werden wir, wie bei den Oberflächenklassen, bewußt Zielplattformspezifika berücksichtigen. Wir beschränken uns allerdings auf eine online CICS-Umgebung.

Als Abschlußbetrachtung bezüglich des Anwendungskernmodells wird die Wiederverwendung von Anwendungskernen im Rahmen von PROKLAM untersucht.

3.6.3 Initialisieren und Beenden

Die Tatsache, daß ein Anwendungskern von verschiedenen anderen Anwendungskernen bzw. von Oberflächenklassen aufgerufen werden kann, führt zur Existenz mehrerer Entry-Points (Einstiegsmöglichkeiten) in einem Anwendungskern.

Der einzelne Anwendungskern kann von verschiedenen Programmen aufgerufen werden. Zum Teil werden dabei unterschiedliche Informationen übergeben. Es ist sinnvoll, Konsistenz- und Plausibilitätsprüfungen nur an einer Stelle zu implementieren. Deshalb vereint AWK-Entry alle Aufrufmöglichkeiten und nimmt die zentralen Prüfungen vor.

Beim AWK-Exit ist dies einfacher, da schon in der Analyse eine singuläre Exit-Aktivität pro Geschäftsprozeß vorhanden war und diese direkt in die betroffenen Anwendungskerne übertragen werden kann.

Es liegt nahe, dem AWK-Entry bzw. AWK-Exit den Beginn bzw. das Ende einer technischen Transaktion zuzuschreiben, d.h. Commit und Rollback. Dieser Ansatz ist jedoch problematisch. Das liegt daran, daß der momentan betrachtete Anwendungskern von einem anderen Anwendungskern aufgerufen worden sein kann. Der aktuelle Anwendungskern ist im rufenden quasi geschachtelt. Folglich hätte man zwei ineinander geschachtelte Transaktionen; es würden also lokale und globale Transaktionen entstehen. Dies ist mit den heutigen technischen Transaktionsmonitoren noch nicht möglich. Zur Zeit kann nur genau eine technische Transaktion zu einem Zeitpunkt vorliegen[20].

Wo ist die Transaktionssteuerung anzusiedeln?

Da die Anwendungskerne keine Transaktionsklammern setzen dürfen, müssen diese Klammern bezüglich der Architektur höher angesiedelt werden. Der Beginn und das Ende einer technischen Transaktion muß in die Benutzerschnittstelle verlegt werden. Dies gilt für den Dialog wie auch den Batch. Im Dialogfall ist es die CICS-Transaktion, im Batchfall das Begin und Commit bzw. Rollback des Datenbanksystems.

Damit die Information über Erfolg oder Mißerfolg eines Anwendungskerns auf die technischen Transaktionen übertragen werden kann, sehen alle AWK-Exits die Übergabe der Variablen AWK-Status vor. Hierin wird der Erfolg oder Mißerfolg vermerkt. Bei der Initialisierung beginnt der Anwendungskern stets, indem die Variable mit Mißerfolg besetzt wird. Der rufende Anwendungskern bzw. die rufende Oberflächenklasse bestimmt, ob der zurückgegebene Status akzeptabel ist oder nicht. Wird der Benutzerschnittstelle von Seiten eines gerufenen Anwendungskerns die Nachricht Mißerfolg zurückgemeldet, und ist dies nicht akzeptabel, so löst sie einen Rollback aus.

[20] Ein erweitertes Two-Phase-Commit könnte hier Abhilfe schaffen.

Besonders günstig ist es, wenn die technischen Transaktionen so konstruiert werden können, daß sie mit den fachlichen übereinstimmen. Ist dies nicht der Fall, so muß bei dem AWK-Exit des Anwendungskerns explizit vermerkt werden, was wie zurückzusetzen ist. Die entsprechenden Abläufe werden dann vom AWK-Exit durchgeführt. Der Anwendungskern befindet sich stets in einer technischen Transaktionsklammer, gesteuert von der Benutzerschnittstelle.

3.6.4 AWK-Kontrollflüsse

Bei der Übertragung des Gechäftsprozeßmodells in das Anwendungskernmodell werden auch die Kontrollflüsse abgebildet. Das Anwendungskernäquivalent eines Geschäftsprozeßkontrollflusses ist der AWK-Kontrollfluß. Er benutzt die gleiche Syntax wie der Kontrollfluß im Geschäftsprozeßmodell. Die Bezeichner an den Kontrollflüssen stellen eine Bedingung dar, die entweder wahr oder falsch sein kann.

Im Rahmen der fachlichen Modellierung eines Geschäftsprozesses wurden die fachlichen Kontrollflüsse ausreichend modelliert. Der Entwurf eines Anwendungskerns muß jedoch detaillierter sein. Zunächst muß geklärt werden, was mit den Kontrollflüssen der ausgelagerten, nicht EDV-technischen Anteile geschieht. Anstelle der manuellen Anteile müssen dann evtl. Oberflächenklassen eingebracht werden. Dieses so entstandene neue AWK-Kontrollflußdiagramm mit genau einem AWK-Entry und einem AWK-Exit wird auf seine fachliche und technische Konsistenz geprüft und eventuell korrigiert.

Neben den konkreten fachlichen Bedingungen produziert jeder ausführbare Teil im Anwendungskern noch zwei weitere Informationen, die im Kontrollflußdiagramm des Anwendungskerns berücksichtigt werden müssen. Jede Klasse oder jeder Anwendungskern meldet Erfolg oder Mißerfolg an den rufenden Anwendungskern zurück. Eine zusätzliche fachliche Bedingung darf erst bei der Antwort Erfolg ausgewertet werden, d.h. nur dann ist die Bedingung interpretierbar. Die andere Rückmeldung ist die Konsequenz eines lückenlosen Exception-Handlings. Jede Klasse oder jeder Anwendungskern, welche(r) auf einen Systemfehler (Exception) stößt, beendet sich sofort und gibt die Meldung „Exception“ an den rufenden Anwendungskern zurück.

Diese beiden AWK-Kontrollflüsse sind im Anwendungskern zu modellieren. Wird in einem ausführbaren Teil eine Exception ausgelöst, verzweigt der Kontrollfluß automatisch in den AWK-Exit des jeweiligen Anwendungskerns. Da dieses Verhalten für jeden ausführbaren Teil eines Anwendungskerns gleich ist, wird der entsprechende AWK-Kontrollfluß nicht dargestellt. Er ist aber stets implizit vorhanden, da er in der Implementation automatisch hinzugefügt wird. Allerdings muß sichergestellt sein, daß der AWK-Exit auf die Nachricht Exception reagiert. Dies ist explizit zu entwerfen.

3.6.5 Parallelisierung

In der PROKLAM-Analysis gibt es das Konzept des Akkumulators und Distributors im Rahmen eines Geschäftsprozesses. Die Akkumulatoren stellen die Synchronisierungspunkte und die Distributoren die Initialisierungspunkte einer parallelen Verarbeitung dar. Dieses Konzept läßt sich direkt auf das Anwendungskernmodell übertragen. Hier bilden AWK-Akkumulator und AWK-Distributor die entsprechenden Konstrukte.

Die Umsetzung einer solchen echten Parallelisierung hängt stark von den technischen Gegebenheiten der Zielplattform ab. Befinden wir uns in einer CICS- oder DCE-Umgebung, so ist es möglich, parallele Abläufe zu starten. Andere Umgebungen, wie das klassische Batchprogramm, können dies nicht.

Da CICS jedoch das Starten von unabhängigen CICS-Tasks, also eigenständigen technischen Prozessen vorsieht, können wir hier Parallelisierungskonstrukte verwenden. Technisch wird dies durch eine Kombination von EXEC CICS START zum Starten von parallelen Geschäftsprozessen und eines Enqueue-Dequeue-Mechanismus zur Synchronisierung im rufenden Programm realisiert. Mit Hilfe dieses Verfahren läßt sich, für eine CICS-Umgebung eine Parallelisierung erreichen. Voraussetzung ist allerdings, daß die einzelnen parallelen Tasks keine Deadlock-Situation provozieren. Nähere Details werden im Abschnitt über Implementierungstricks (4.5) dargestellt.

Wird PROKLAM nicht in einer entsprechenden Umgebung realisiert, so muß auf das Parallelkonstrukt verzichtet werden. Die einzelnen Aktivitäten werden serialisiert.

3.6.6 AWK-Datenpool und Interface

Dieser Abschnitt beschäftigt sich mit zwei Aspekten des Anwendungskerns: mit der Frage, wie ein Anwendungskern aufgerufen wird und mit dem Problem des Informationstransports zwischen zwei Aufrufen ausführbarer Teile innerhalb eines Anwendungskerns. Beide Problemstellungen sind eng miteinander verknüpft.

Der Informationstransport in einem Anwendungskern geschieht mit Hilfe des Datenpools. Dieser Datenpool ist eine anwendungskernweite, allen Aktivitäten zugängliche Struktur.

Jedem einzelnen ausführbaren Teil wird bei dem Aufruf ein Ausschnitt des Datenpools übergeben. Dieser Ausschnitt wird von dem entsprechenden Programm gelesen bzw. gefüllt. Hierzu müssen die Interfaces der aufgerufenen Programme bekannt sein. Die möglichen EDV-technischen Anteile sind entweder Funktionen von Klassen oder Anwendungskerne. Da für den rufenden Anwendungskern dieser Unterschied nicht merkbar sein darf, benutzen wir die gleiche Interface Definition Language (IDL) für Klassen[21] und Anwendungskerne. Einzige verbleibende Aufgabe des Anwendungskerns ist die Konkretisierung des Aufrufs.

Die Größe des zu reservierenden Datenpools wird durch die Zahl der möglichen Aufrufe bestimmt. Pro Ausprägung eines Aufrufs benötigt der Datenpool ein komplettes Interfaces. Sind von den möglichen Abläufen zwei Aufrufe nie in einem Anwendungskerndurchlauf erreichbar, so können wir den entsprechenden Datenpoolausschnitt von beiden belegen lassen. Dies entspricht dem COBOL-Redefines.

---

[21] Die PROKLAM IDL wird im folgenden Abschnitt behandelt.

3.6.7 Beispiel aus dem Wertpapierhandel

Als Beispiel wurde der Geschäftsprozeß Wertpapiergeschäft-vorbereiten gewählt. Dieser Geschäftsprozeß enthält eine Reihe manueller Anteile. Daher ist es günstiger, den gesamten Geschäftsprozeß in mehrere Anwendungskerne abzubilden.

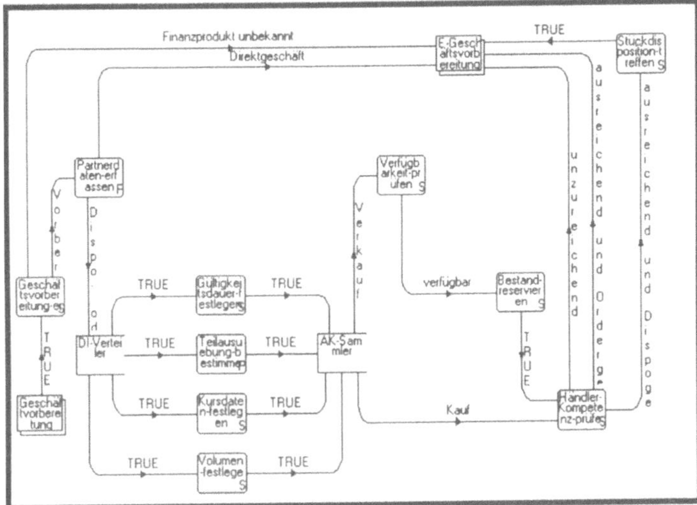

Abbildung 3.16 Wertpapiergeschäft vorbereiten

In diesem Geschäftsprozeß bietet es sich an, den Teil nach der Eingabe aller relevanten Daten in einen Anwendungskern abzubilden (Abb. 3.14).

Die im Geschäftsprozeß vorhandenen parallelen Eingabezweige bezüglich der Handelsinformation lassen sich nicht in einen Anwendungskern integrieren. Daher wird der gesamte Geschäftsprozeß in mehrere Anwendungskerne abgebildet. Wir betrachten exemplarisch den Anwendungskern AWK-Reservierung-Disposition.

Der Anwendungskern wurde in Abb. 3.17 durch den AWK-Entry und den AWK-Exit ergänzt. Als zusätzliche AWK-Kontrollflüsse werden die Mißerfolgspfade abgelegt.

Da der Anwendungskern keine systemverändernden Operationen ausführt, ist keine Rücksetzlogik in dem AWK-Exit vorzusehen. Des weiteren sind die Exception-Handling-Pfade nicht explizit dargestellt. Allerdings verzweigen alle Aktivitäten in den AWK-Exit, wenn eine Exception eintritt.

Abbildung 3.17
Anwendungskern

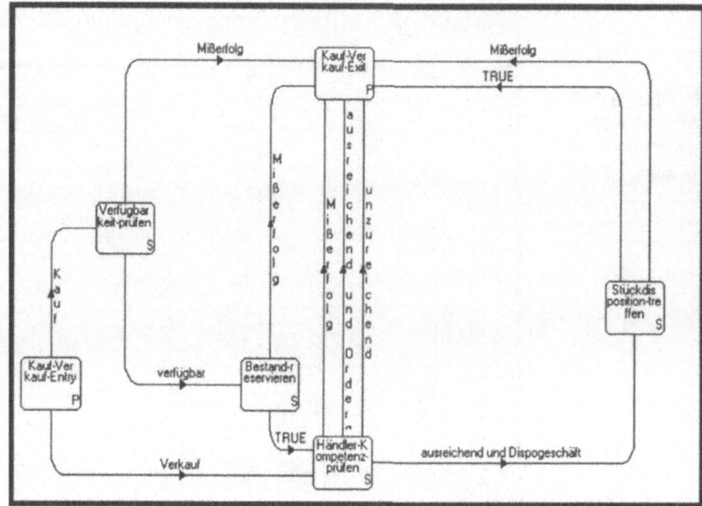

3.6.8 Anwendungskerne und Reuse

Die Wiederverwendung von Anwendungskernen gestaltet sich komplexer als die der Klassen. Anwendungskerne besitzen keine Kapselung. Die Wiederverwendung der Anwendungskerne wird über die Wiederverwendung der Geschäftsprozesse ermöglicht. Werden die Geschäftsprozesse wiederverwendet, dann auch alle ihre Anwendungskerne. Das Gleiche gilt für Teile von Geschäftsprozessen. Diese Form der Wiederverwendung ist einfach erreichbar, da die Information, zu welchem Geschäftsprozeß der Anwendungskern gehört, in ihm dokumentiert werden kann.

Diese Information dient als Ansatzpunkt für die Wiederverwendung. Die Benutzung der Interface Definition Language für die Schnittstelle der Anwendungskerne erhöht zusätzlich die Chancen zur einfachen Wiederverwendung bestehender Anwendungskerne.

3.7 Funktionale Klassenmodellverfeinerung

3.7.1 Einleitung

In der PROKLAM-Analyse werden die funktionalen Aspekte des Klassenmodells über die Methoden[22] der Klassen abgebildet. Die Dynamik des System findet ihren Niederschlag im Geschäftsprozeß- und im Zustandsmodell. Aus den Geschäftsprozessen entstehen die Anwendungskerne. Die Klassen bieten ihre Dienste, d.h. die öffentlichen Methoden nach außen an. Die Sicht der Nutzer – oder auch Clients – einer Klasse wird durch die Funktionsinterfaces gebildet. Die Funktionsinterfaces kapseln die Implementierung der fachlichen Anforderungen nach außen und machen die Dienste der Klassen zugänglich. Die Dienste einer Klasse können von einer anderen Klasse oder einem Anwendungskern genutzt werden.

Die Detaillierung der Funktionsspezifikation umfaßt im technischen Entwurf die Schritte:

1. Festlegung der umzusetzenden Funktionen,
2. Detaillierung der Funktionsschnittstelle mittels IDL (Interface Definition Language),
3. Erweiterung des Methodenangebotes einer Klasse um technische Funktionen,
4. Festlegung der Programmstruktur,
5. Detaillierte Implementierungshinweise zur Funktionsverfeinerung.

Wir werden diese Punkte im einzelnen besprechen. Alle nach außen sichtbaren Funktionen müssen mit Hilfe der Interface Definition Language definiert werden. Es ist sinnvoll, diesen Standard auch auf klasseninterne Funktionen auszudehnen, obwohl diese von außen nicht sichtbar sind. Im nachfolgenden werden wir daher nicht zwischen den öffentlichen Funktionen und den internen Funktionen unterschieden.

---

[22] Die Begriffe Methode und Funktion werden synonym gebraucht.

3.7.2 Festlegung der umzusetzenden Funktionen

Im Design ist zu entscheiden, welche der modellierten Funktionen dv-technisch implementiert werden sollen. Zum einen ist es nicht immer sinnvoll, Funktionen, die selten ausgeführt werden, innerhalb eines DV-Systems mit erheblichem Aufwand zu realisieren. Hier sind zum Beispiel auch organisatorische Lösungen denkbar. Zum anderen können technische Gründe die Implementierung von Funktionen überflüssig machen. Insbesondere aufgrund der definierten Datenbankstruktur wird oftmals auf die Implementierung bestimmter Funktionen verzichtet. Es kann nicht davon ausgegangen werden, daß jeder Basisklasse eine Tabelle eines relationalen Datenbanksystems entspricht. Somit entfallen zum Beispiel bestimmte Konstruktoren oder Destruktoren im System. Wird auf bestimmte Funktionen einer Klasse verzichtet, so ist sicherzustellen, daß die zur Funktion beschriebenen fachlichen Regeln gewährleistet bleiben. Dies kann z.B. durch eine andere Funktion sichergestellt werden. Die Entscheidung, auf die Implementierung zu verzichten, ist als Implementierungshinweis bei der jeweiligen Funktion abzulegen. Das Anwendungskernmodell als Nutzer der Dienste muß beim Design der umzusetzenden Funktionen berücksichtigt werden.

Zur Verdeutlichung betrachten wir das Wertpapierhandelssystem:

Die Klassenhierarchie der Finanzprodukte wurde in Zusammenarbeit mit dem Endanwender erstellt. Dies führte zur Definition der Basisklassenhierarchie des Finanzproduktbereiches[23].

---

23 Vergleiche dazu das Analysemodell des Wertpapierhandels.

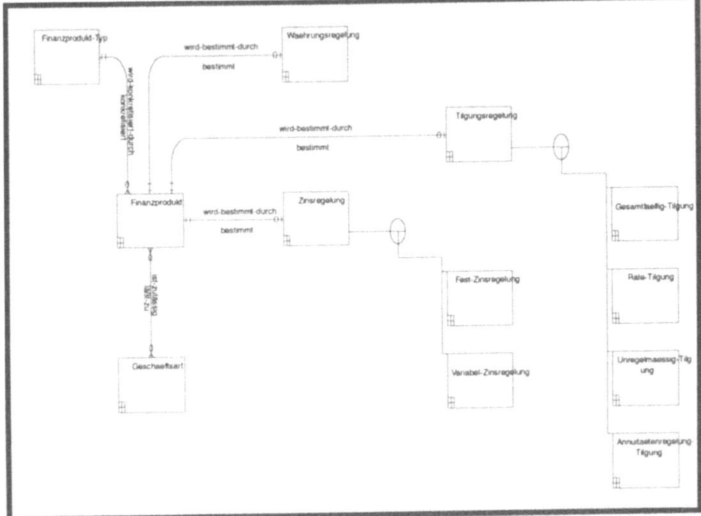

Abbildung 3.18
Datensicht Finanzprodukt

Jede der Klassen in der Hierarchie besitzt den Konstruktor „erfassen“, wobei jeweils spezielle fachliche Regeln für den entsprechenden Konstruktor abhängig von der Position in der Klassenhierarchie zu berücksichtigen sind. Diese Konstruktoren prüfen die für den jeweiligen Produkttyp geltenden Regeln, wie die Berücksichtigung der relevanten Tilgungs-, Zins- und Währungsregelung.

Bei Regelkonformität der Daten werden diese für das betreffende Produkt einschließlich der Superklasse Finanzprodukt durch den Aufruf des Konstruktors der spezifischen Klasse angelegt.

Auf eine detaillierte Darstellung der Finanzprodukthierarchie einschließlich der Konstruktoren kann aber in der Analyse nicht verzichtet werden, da die Gesamtheit der fachlichen Information genau zu spezifizieren und in einer für den Endanwender verständlichen Form darzustellen ist.

Diese Designproblematik könnte durch die entsprechende Änderung des Modells bewältigt werden. Dies würde jedoch bedeuten, die Modellstruktur für den Endanwender zu verfälschen. Alternativ müßte ein eigenes Designmodell erstellt werden, mit der aus der Strukturierten Analyse bekannten Problematik des Modellbruchs. PROKLAM wählt einen anderen Weg. Durch eine detaillierte Dokumentation der Designentscheidung im Modell wird das Modell um Designkomponenten erweitert, ohne daß das Ausgangsmodell verfremdet wird.

Im Comment der Funktion „Finanzprodukt.FP-erfassen" erscheint daher der Implementierungshinweis

```
#IMPL.HINWEIS
Aufgrund der gewählten Datenbankstruktur wird die-
se Funktion nicht explizit umgesetzt. Alle Funk-
tionen, die die Funktion nutzen, ersetzen diesen
Funktionsaufruf durch eine explizite Datenbankope-
ration, müssen dazu aber sicherstellen, daß die
entsprechenden Regeln berücksichtigt werden.

#BEZEICHUNG
Rente-erfassen

#BESCHREIBUNG
Diese Methode erfasst alle Daten, die zur voll-
ständigen Beschreibung einer Rente notwendig sind.
Für eine Rente bedeutet dies die Erfassung der
speziellen Rentendaten, der allgemeinen Finanzpro-
duktdaten sowie der Zins-, Währungs- und Tilgungs-
regelung.

#PUBLIC

#Vorbedingungen
...

#Nachbedingungen
...

#INTERFACE
Rente-erfassen (
```

```
in:
t-Rente      Rente,
     /* spezielle Rentendaten Rente
     */
t-Finanzprodukt Fprodukt,
     /* allgemeine Finanzproduktdaten
        Finanzprodukt */
t-W-Regelung  Waehrung,
     /* Daten zur Beschreibung der Wäh-
        rungsregelung einer Rente ->
        Finanzprodukt */
t-Z-RegelungZinsdaten,
     /* Daten zur Beschreibung der  Zinsregelung
        einer Rente -> Finanzprodukt */
t-T-Regelung   Tilgungsdaten
     /* Daten zur Beschreibung der Tilgungsre-
        gelung einer Rente -> Finanzprodukt */
out:
t-nachbd         erfuellte-nb
     /* Erfüllte Nachbedingung
        1 = Finanzprodukt unbekannt
        2 = Finanzprodukt vorhanden
        3 = Währungsregelung unzulässig
        4 = Zinsregelung unzulässig
        5 = Tilgungsregelung unzulässig
        6 = Rentendaten fehlerhaft
        7 = Rente erfasst
     */
)

#ABLAUF
/* Erfassen der allgemeinen Produktdaten einer
Rente:
Finanzproduktdaten, Geschäftsart und
Finanzprodukttyp
*/
```

```
CALL Finanzprodukt.FP-erfassen
(FProdukt, erfuellte-nb)

IF erfuellte-nb = FP-angelegt
   /* Erfassen der Tilgungs-, Währungs-,
      Zinsregelung */
   CALL Finanzprodukt.Tilgung-erfassen
(FProdukt.Typ, Tilgungsdaten,
erfuellte-nb)

...

#MENGENGERÜST
...

#IMPLHINWEIS
Datenbank-Struktur => Die Funktion Finanzpro-
dukt.FP-erfassen wird nicht realisiert. Deshalb
wird der Aufruf der Funktion nicht durchgeführt,
sondern die allgemeinen FP-Daten werden mit dem
Erfassen der Rente in einem Datenbank-Zugriff an-
gelegt. Die Regeln der Methode müssen mit imple-
mentiert werden.
```

3.7.3 Funktionsinterfaces im technischen Entwurf mittels IDL

In der Analysephase wird über die Definition der Funktionsinterfaces einer Klasse deren Außensicht beschrieben. Dies geschieht in Abstimmung mit dem Anwender. Im allgemeinen besteht in der Analyse keine Notwendigkeit, genau zu beschreiben, welchen Typ die einzelnen Funktionsparameter besitzen. Dies ändert sich jedoch in der Designphase. Hier sind die Schnittstellen so detailliert zu beschreiben, daß auf der Grundlage der gewählten Systemarchitektur die Implementierung einer technischen Schnittstelle möglich ist. Als Beispiel seien hier Übergabelisten genannt, die je nach Zielsprache unterschiedlich gehandhabt werden müssen. Zwecks einheitlicher Überführungsregeln auf bestimmte Zielsprachen und -umgebungen wird die Interfacedefinition daher nach einem festen Schema erstellt.

Das Schlüsselprinzip für die Kapselung der Objektimplementierung ist, wie bereits im Kapitel zur Analysephase erläutert, die explizite Trennung von Implementierung und Schnittstelle (Interface). Dieses Interface enthält alle Informationen, die zur Nutzung der Methoden eines Objektes notwendig sind, aber keine Informationen über Implementierungsdetails. Solange das Interface eines Objektes stabil bleibt, kann seine Implementierung verändert werden, ohne daß die Nutzer der Schnittstelle (die Clients des Objektes) betroffen sind.

Die PROKLAM-Interfaces sind eingebettet in einen evolutionären Ansatz hin zur Objektorientierung. Aus diesem Grund wird hier eine Abgrenzung zum CORBA-Standard (Common Object Request Broker Architecture) vorgenommen. Dazu wird in Ergänzung zum Kapitel über Systemarchitektur nochmals eingehender dieser Aspekt beleuchtet, um zu erläutern, warum in PROKLAM Interfaces eine zentrale Rolle spielen, eine Abgrenzung zu CORBA jedoch notwendig ist.

In PROKLAM werden Interfaces für jede Funktion einer Klasse beschrieben, um die fachlichen Anforderungen detailliert zu modellieren. Diese werden, wie in CORBA, in der Implementierung zu einem Gesamtinterface zusammengefaßt, vgl. hierzu die Abschnitte über Klassenimplementierungen.

Der CORBA- und auch der DCE-Standard (Distributed Computing Environment) schlagen für die Beschreibung der Schnittstelle eine eigene Sprache vor, so daß die Schnittstellendeklarationen mittels eines Compilers bzw. Präcompilers oder Macroprozessors in die technischen Schnittstellen des gewünschten Zielsystems überführt werden können. Diese Interface Definiton Language orientiert sich am deklarativen Charakter von C++.

PROKLAM wählt einen Zwischenweg. Die Interface-Beschreibung erfolgt nach einem eigenen Standard, der sich zum einen an die Struktur einer CORBA-IDL anlehnt, zum anderen die evolutionäre Weiterentwicklung eines bereits bestehenden Datenmodells ermöglicht.

Zudem richtet sich die Interface Definition Language von CORBA und DCE an der Zielsprache C aus. Hierfür existieren bereits Interface-Compiler. Im Gegensatz dazu zielt die Umsetzung von PROKLAM insbesondere auf eine Großrechnersystemarchitektur (siehe auch den Abschnitt über die PROKLAM-Architektur, 3.3). Deshalb muß die Interface Definition Language im technischen Entwurf auch auf die Belange von COBOL unter einem Transaktionsmonitor CICS oder IMS/DC ausgerichtet werden. Durch die starke Ähnlichkeit der PROKLAM-IDL mit der des CORBA-Standards ist eine Weiterenwicklung und Nutzung zukünftiger CORBA-Implementierungen im Großrechnerumfeld gewährleistet bzw. die Portierung auf andere Zielsysteme einfach zu bewerkstelligen.

Wie in CORBA und DCE dient die Interface-Beschreibung insbesondere dazu, sogenannte Stubs zu beschreiben. Das sind technische Ergänzungen der Objektimplementierung, die sicherstellen, daß der Client eines Objektes nur das Interface kennen muß, um seine Nachricht an ein Objekt zu verschikken und so ohne genaue Kenntnis der Lokation oder Implementation eines Objektes dessen Dienste nutzen kann. Die Stubs repräsentieren die Interfaces der Objekte im System. Zusätzlich dazu wird eine Middleware, oftmals als Object Request Broker bezeichnet, benötigt, welche die Lokationstransparenz der verteilten Objekte sicherstellt.

Die folgende Graphik gibt einen Überblick über die Umsetzung einer Klasse Finanzprodukt mittels dieser Architektur.

Abbildung 3.19
ORB-Struktur

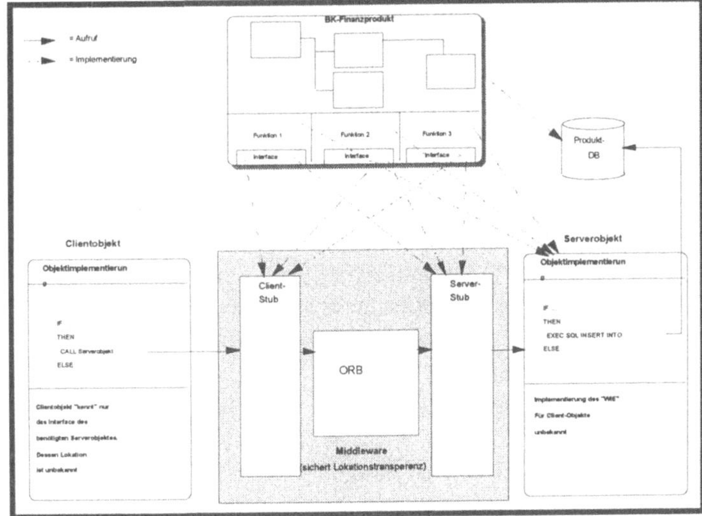

Die folgenden Definitionen erläutern die im Bild verwendeten Begriffe:

Clientobjekt:
: Ein Objekt, das die Dienste eines anderen Objektes in Anspruch nimmt. Das Clientobjekt kann in einem anderen Kontext als Serverobjekt auftreten.

Serverobjekt:
: Ein Objekt, das Dienste für ein Clientobjekt zur Verfügung stellt.

Clientstub:
: Ein Clientstub ist die Repräsentation eines Serverobjekt-Interfaces für ein Client-Objekt in dessen Umgebung, d.h. in der jeweiligen Systemumgebung. Ein Clientstub ermöglicht einem Client den Zugriff auf die im Interface angebotenen und in der Interface Definition Language definierten Operationen, ohne den Client an Implementierungseigenschaften und -restriktionen des angesprochenen Serverobjektes zu binden.

Serverstub:
: Ein Serverstub ist die Repräsentation eines Serverobjekt-

Interfaces für einen Object Request Broker. Er ermöglicht dem ORB die Zustellung der Nachricht an die Objektimplementierung. Zusätzlich kapselt dieser Stub gegenüber der Objektimplementierung, daß ein ORB an der Übermittlung der Nachricht beteiligt ist, indem er die Parameter der ORB-internen Struktur in die Struktur gemäß der Klassen-Interfacedefinition umwandelt und die Implementierung aufruft. Die Implementierung weiß somit nichts über den Aufrufer und ist daher weitestgehend unabhängig von allen systemabhängigen Verteilungs- und Kommunikationsformen.

ORB:

Die Aufgabe des Object Request Borkers besteht darin, Nachrichten von den Client-Objekten entgegenzunehmen und die Lokation der angesprochenen Objektimplementierung zu bestimmen. Er übermittelt den Aufruf an den Serverstub unter Nutzung der gegebenen Systemressourcen. Ist die Implementierung nicht lokal vorhanden, übernimmt der ORB die Kommunikation mit den entfernten Systemen.

Die vorangegangenen Ausführungen zur Objektimplementierung dienten dazu, zu verdeutlichen, daß der Interface Definition Language eine tragende Rolle im PROKLAM-Umfeld zukommt. Wir wollen uns nun der eigentlichen PROKLAM-IDL-Syntax zuwenden.

Die mittels PROKLAM-IDL erstellten Interfaces sind, wie bereits im Analyseteil angegeben, gemäß folgender Konvention beschrieben:

```
#INTERFACE
funktionsname (
in:
typ-in-1 in-parametername-1,
/* Herkunftsbeschreibung */
...
typ-in-k in-parametername-k
/* Herkunftsbeschreibung */
```

```
out:
typ-out-1out-parametername-1,
/* Herkunftsbeschreibung */
...
typ-out-jout-parametername-j
/* Herkunftsbeschreibung */
)
#END
```

Werden im Interface einer Funktion Parameter optional übergeben, so wird dies durch Kardinalitäten abgebildet (vgl. den entsprechenden Abschnitt der Analyse). Insbesondere für solche Parameter, die optionalen Attributen des zugrundeliegenden Datenmodellausschnittes entsprechen, sollte diese Kardinalität spezifiziert werden. Durch die Angabe der Kardinalität kann eine Funktion diese Parameter auf ihren Füllgrad überprüfen und z.B. im Rahmen eines SQL-Inserts die entsprechende Datenbankspalte auf den Default-Wert setzen oder das NULL-Handling übernehmen.

Im fachlichen bzw. technischen Entwurf werden Typdeklarationen von Attributen bzw. Parametern in zwei Modellen festgelegt, die nicht losgelöst voneinander betrachtet werden können. Zum einen wird für die Attribut-Typen der Datenmodellsichten die Typdeklaration festgelegt, zum anderen werden für die Ein-/Ausgabe-Parameter und die internen Variablen von Funktionen ebenfalls Typvereinbarungen getroffen. Es werden in den Daten- als auch in den Funktionsteilen des Klassenmodells Typinformationen beschrieben. An dieser Stelle interessieren die Typdeklarationen aus der Sicht des Funktionsmodells. Ein Funktionsinterface besteht aus Parametern und ihren jeweiligen Typinformationen. Die Struktur der Parameter wird im wesentlichen durch die zugeordnete Typinformation bestimmt. Es stellt sich die Frage, wie die Typinformationen der Interfaces gewonnen werden.

Dazu betrachten wir, welche Parameter in Funktionsinterfaces auftreten. In PROKLAM können sechs verschiedene Arten von Parametern auftreten:

1. Parameter, welche Datenmodell-Attributen entsprechen. Immer dann, wenn eine Klassenmethode auf eigene oder auf die Daten einer anderen Klasse zugreift, um diese einem Clientobjekt zu Verfügung zu stellen, geschieht die Übergabe durch Parameter. Diese Parameter besitzen denselben Typ wie der zugrundeliegende Attribut-Typ der Datenmodellsicht.
2. Listen, d.h. eine ganze Anzahl von Objekten bzw. Daten.
3. Workparameter, Parameter im Funktionsinterface, welche keinen Bezug zum Datenmodell besitzen, werden als Workparameter bezeichnet und sind mit einem bereits deklarierten Typ zu beschreiben. Falls es diesen Typ noch nicht gibt, ist er zu deklarieren.
4. Parameterstrukturen. Klassenmethoden verwenden häufig Parameterstrukturen, die auch in anderen Methoden Verwendung finden. Durch die Deklaration eines Typs, der diese Struktur beschreibt, können Entwurf und Implementierung strukturiert und vereinfacht werden.
5. Parameter zur Rückmeldung von eingetretenen Nachbedingungen.
6. Technische Attribute und Parameter. Oftmals besteht im technischen Design die Notwendigkeit, zusätzliche Attribute und Parameter zu definieren. Ein Ziel von PROKLAM besteht darin, die Informationen der Analyse und des Designs soweit wie möglich in einem Modell abzulegen. Deshalb werden in einem solchen Fall zusätzliche Attribute und Parameter im Datenmodell bzw. im Interface betroffener Methoden spezifiziert. Das Analysemodell wird also weiterentwickelt. Dies setzt natürlich voraus, daß der Endanwender im Design involviert wird, um die Evolution des Analysemodells zu einem Designmodell mitzutragen.

Zur Spezifikation von Typdeklarationen der Attribute eines Datenmodells bieten eingesetzte Modellierungswerkzeuge in der Regel spezielle Konstrukte an. Das von uns benutzte CASE-Tool ADW verwendet hier den Information-Type und soll exemplarisch betrachtet weren. Ein solcher Information-Type bietet die Möglichkeit, eine Menge von Typen im Sinne eventuell vorliegender Unternehmensstandards zu deklarieren und sukzessive um die Anforderungen des jeweiligen Projektes zu erweitern. Im folgenden wird kurz die in diesem Buch verwendete Notation beschrieben. Eine Anpassung auf die jeweiligen Unternehmensstandards liegt im Ermessen des PROKLAM-Anwenders.

Der Name eines Information-Types hat immer die Form t-<semant-Name>. Jedem Attribut im Datenmodell wird der passende Information-Type zugeordnet. Das bedeutet, daß ein Information-Type verschiedenen Attributen, welche somit alle den gleichen Information-Type besitzen, zugeordnet werden kann. Er beschreibt die Semantik von Werten. Der sogenannte Value Set umfaßt die Werte (Values) selbst, wobei der Value Set die Menge der möglichen Werteausprägungen angibt.

Beim Anlegen des Value Set eines Information-Types in der ADW stehen diverse Value Set-Einstellungen zur Auswahl, die detaillierte Wertebereichsangaben ermöglichen.

Die Standard-Information-Types sind boolean, date, time, integer, string und decimal. Unser Beschreibungsstandard sieht ein t für Typ als Präfix vor und die Länge oder das Format als Suffix. Bei dem Information-Type decimal werden außerdem die Vor- und Nachkommastellen angegeben.

Beispiele:

```
t-integer-short (2 Byte)
t-integer-long (4 Byte)
t-string-20
t-boolean
t-decimal-4-2 (4 Vor-, 2 Nachkommastellen)
t-time-hhmmss
t-date-jjjjmmtt
t-timestamp (jjjjmmttssnnnnnn)
```

Beim Information-Type t-string kann der Nutzer näher spezifizieren, ob es sich dabei nur um einen string-alpha, eine ziffernlose Zeichenkette, handelt oder einen string-num. Ein string-num ist eine Zeichenkette, die nur aus Ziffern besteht.

Beispiele:

```
t-string-alpha-(Ziffer)
t-string-num-(Ziffer)
```

Wird eine Zeichenkette nicht auf diese Weise eingeschränkt, handelt es sich stets um eine alphanumerische Zeichenkette.

Die bisher noch nicht erwähnten Aufzähl-Typen sind Information-Types vom Wertebereichstyp Aufzählung. Dies kann z.B. der Aufzähltyp t-Anrede sein, der als Value Set die Ausprägungen Herr, Frau und Firma annehmen kann.

Mit einem Information-Typ vom Typ Range lassen sich Bereiche (minimaler-maximaler Wert) darstellen.

Beispiel:

```
t-range-x-y
```

Der Information-Type t-unique-id wird zur Beschreibung einer Objekt-ID verwendet. Auf die Bedeutung einer Objekt-ID wurde bereits eingegangen.

Ein Beispiel für die Typdeklarationen zum Entity-Typ Rente im Design ist:

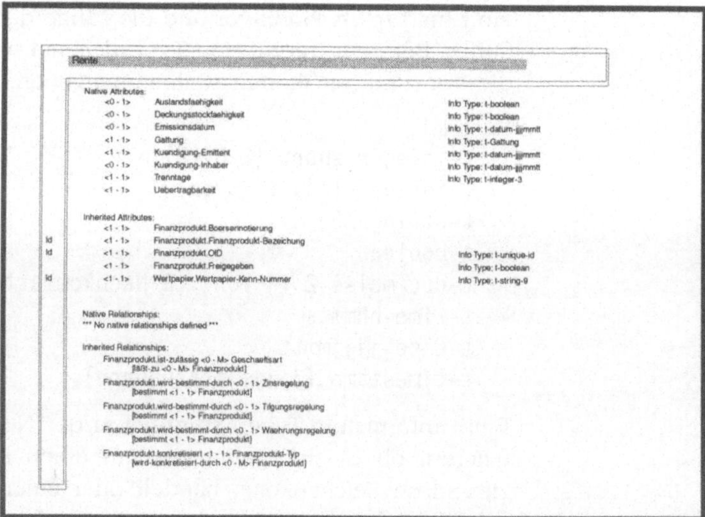

Abbildung 3.20
Typdeklaration

In der Regel nimmt die Schnittstellenbeschreibung von Funktionen einer Klasse Bezug auf Parameter, die direkt Attributen der Datenmodellsicht der betreffenden Klasse entsprechen. Solche Parameter müssen denselben Typ wie das zugehörige Attribut besitzen. Zu diesen Parametern ist daher in der Schnittstellenbeschreibung festzuhalten, auf welches Attribut im Datenmodell er sich bezieht und welchen Typ der einzelne Parameter besitzt.

Die beschriebenen Typdeklarationen werden in der ADW mit Hilfe des Information-Type definiert, wenn das betreffende Attribut beschrieben wird, und stehen damit für die Typbeschreibung von Funktionsparametern zur Verfügung.

Beispiel:

Der Attribut-Typ „Bezeichnung“ des Entity-Typs Finanzprodukt besitzt den Information-Type t-string-30, der z.B. im Interface der Funktion Händler-Berechtigung-prüfen folgendermaßen zur Parameterbeschreibung verwendet wird:

```
in:
t-string-30 FProdukt,
/* Produkt.Bezeichung */
```

Diese Notation besagt, daß der Inputparameter „FProdukt“ in das Funktionsinterface eingeht, den Datentyp des Infotypes t-string-30 besitzt und sich auf den Attribute-Typ Bezeichnung des Entity-Typs Produkt bezieht. Die Nähe zur C++-Syntax für Typdeklarationen wird hier deutlich.

Die Funktionen von Klassen verwenden häufig Strukturen von Parametern, die in anderen Interfaces wiederverwendet werden. Durch die Definition eines entsprechenden Typs kann die Modellierung und die spätere Umsetzung in Programmstrukturen vereinfacht und übersichtlicher gestaltet werden. Die Typdefinitionen zur Beschreibung von Parameterstrukturen finden Verwendung als Input/Output-Parameter von Funktionen oder als Parameter, die beim Aufruf von Funktionen aus einer anderen Funktion übergeben werden (lokale Parameter).

Diese Typdefinitionen können im Rahmen der technischen Umsetzung in verschiedenen Varianten implementiert werden.

Für Zielsprachen mit einem mächtigen Typkonzept, z.B. Ada, werden sie als eigenständiger Typ deklariert. Alle wiederverwendbaren Typen können dann in ein Includefile zusammengefaßt werden. Das Funktionsinterface bindet dann die tatsächlich benötigten Typen ein.

In Sprachen mit einem schwachen Typkonzept dient das Interface als Vorgabe für ein Funktions- oder Klasseninterface, das in einem eigenen Copybooks/Includefile beschrieben und zur Wiederverwendung bereitgestellt wird. Hierbei erscheint es jedoch nicht sinnvoll, die Typdeklarationen des PROKLAM-Designs selbst in einem eigenen Copybook/Includefile abzulegen, da der Verwaltungsaufwand für diese überproportional zur Menge der Information Types ansteigt.

Die Beschreibung einer Parameterstruktur wird nach der Syntax

```
#TYPEDEF
 struct
     {...
      ...} t-bezeichnung
#END
```

abgelegt.

Der Name der Bezeichnung für die Parameterstruktur ist frei wählbar, er sollte jedoch semantisch aussagekräftig sein.

Handelt es sich um eine Parameterstruktur, die Verwendung in Funktionsinterfaces finden soll, wird diese im Comment-Feld der Klasse, welche die zu spezifizierende Funktion enthält, hinterlegt. Bei der Nutzung als Parameter einer Funktion wird im Kommentar zum Parameter der Hinweis auf die Klasse, in der die Typdefinition genauer fixiert ist, hinterlegt.

Betrachten wir dazu wiederum die Funktion Rente-erfassen der Basisklasse Rente. Diese Funktion benötigt Parameter zum Anlegen der allgemeinen Finanzproduktdaten, die folgendermaßen ins Interface eingehen:

```
#INTERFACE
Rente-erfassen (
in:
t-Rente     Rente,
   /* spezielle Rentendaten Rente */
t-Finanzprodukt Fprodukt,
   /* allgemeine Finanzproduktdaten Finanzprodukt */
t-W-Regelung  Waehrung,
   /* Daten zur Beschreibung der Währungsregelung
      einer Rente -> Finanzprodukt */
t-Z-RegelungZinsdaten,
    /* Daten zur Beschreibung der  Zinsregelung
       einer Rente -> Finanzprodukt */
t-T-Regelung   Tilgungsdaten
    /* Daten zur Beschreibung der Tilgungsregelung
       einer Rente -> Finanzprodukt  */
out:
t-nachbd         erfuellte-nb
/* Erfüllte Nachbedingung
    1 = Finanzprodukt unbekannt
    2 = Finanzprodukt vorhanden
    3 = Währungsregelung unzulässig
    4 = Zinsregelung unzulässig
    5 = Tilgungsregelung unzulässig
    6 = Rentendaten fehlerhaft
    7 = Rente erfasst
*/
)
```

Zur Beschreibung der allgemeinen Finanzproduktdaten wird der Typ t-Finanzprodukt definiert. Daraus resultiert eine Typdeklaration in der Klasse Finanzprodukt:

```
struct {
t-string-30 Bezeichnung,       /* Finanzprodukt */
t-booleanBoersennotierung,  /* Finanzprodukt */
```

```
t-boolean Freigegeben, /* Finanzprodukt */
t-date-jjjjmm 0(Einfuehrungsdatum)1,
                        /* Finanzprodukt */
} t-Finanzprodukt ;
```

Die Struktur t-Finanzprodukt wird in der Klasse Rente, Finanzprodukt, Aktie, Derivat wiederverwendet.

Besteht in einer Funktion einer Klasse die Notwendigkeit, den Zustand der Nachbedingung an die aufrufende Funktion zu übergeben, so geschieht dies durch einen funktionsspezifischen Parameter, der nicht gesondert definiert wird. Dieser Parameter hat die Bezeichnung t-nb-...., es handelt sich um einen Aufzählungstyp, der als Wertebereich die möglichen Nachbedingungen besitzt. Diese Nachbedingungen sind von den Exceptions zu trennen, da sie den fachlichen Zustand der Datenmodellsicht nach erfolgreicher Ausführung der Funktion zurückliefern.

Einige Funktionen einer Klasse sind dadurch gekennzeichnet, daß sie eine vorher nicht bestimmte Anzahl von Objekten zurückliefern. So wird beispielsweise das Lesen der Basisklasse Partner nach bestimmten Selektionskriterien stets eine Liste von Partnern zurückliefern. Diesem Fall muß innerhalb der Schnittstellenbeschreibung einer Funktion Rechnung getragen werden. Es wird kein eigener Typ definiert, um den Aufwand in der PROKLAM-Analysis zu begrenzen. Die Darstellung erfolgt, wie bereits in der Analysis ausgeführt, nach folgender Syntax:

```
#INTERFACE
funktionsname (
in:
...
t-typ1 parameter1          /* Herkunft */
...
out:
...
t-typ2 0(parameter2)n      /* Beschreibung*/
...
)
```

Betrachten wir das Beispiel der Finanzproduktverwaltung. Die Funktion Finanzprodukt.Liste-erstellen ermittelt zu gegebenen Suchkriterien alle existierenden Finanzprodukte.

Sie besitzt das Interface:

```
#INTERFACE
Liste-erstellen (
in:
t-FP-selektion produktselektion
                              /* Finanzprodukt */
out:
t-unique-id 0(FProdukt)n  /* Finanzprodukt.Objekt-Id
                                Liste der gefundenen
                                Produkte */
)
```

Die Kardinalität n legt fest, daß eine vorher nicht bestimmte Zahl von Objekten zurückgeliefert, also eine Liste beliebiger Länge übergeben wird. Naturgemäß muß diese Zahl spätestens in der Implementierung festgelegt werden.

Im Rahmen des technischen Entwurfs ist die Bearbeitung solcher Listen zu detaillieren und möglichst für das gesamte Anwendungssystem zu verallgemeinern. Im Falle einer Großrechnerarchitektur wird in der Regel COBOL die Zielsprache sein. Da Cobol nicht dynamisch allokieren kann, wird anstelle der Listenverarbeitung die paketweise Verarbeitung vorgeschlagen. Hierbei ist festzuhalten, wieviele Ausprägungen im Rahmen der Funktionen, die Listen als Ein- oder Ausgabeparameter enthalten, übergeben werden. Diese Festlegung wird im Rahmen des technischen Entwurfes getroffen und ebenfalls in der Schnittstelle dokumentiert.

In unserem Beispiel, der Funktion Finanzprodukt.Liste-erstellen, ist im technischen Entwurf aus rein cobolspezifischen Gründen n zu konkretisieren.

```
#INTERFACE
Liste-erstellen (
in:
```

```
t-FP-selektion produktselektion
                         /* Finanzprodukt */
out:
t-unique-id 0(FProdukt)21
                         /* Finanzprodukt.Objekt-Id
                            Liste der gefundenen
                            Produkte */
)
```

3.7.4 Spezielle Funktionsgruppen im technischen Entwurf

Zu den speziellen Funktionsgruppen zählen die Instanzfunktionen und die Klassenfunktionen. Instanzfunktionen sind dadurch charakterisiert, daß sie eine Operation auf einer vorliegenden Ausprägung einer Klasse liefern, während Klassenfunktionen zu bestimmten Kriterien eine im voraus nicht festgelegte Zahl von Objekten bearbeiten, die durch die Angabe eines Suchkriteriums beschrieben wird. Instanzfunktionen operieren also auf einem eindeutig identifizierbaren Objekt, während Klassenfunktionen auf einer Menge von Objekten agieren. Zur Vereinfachung werden in PROKLAM Konstruktoren und Destruktoren für einzelne Instanzen den Instanzfunktionen zugeordnet, obwohl das Objekt vor (nach) dem Aufruf des Konstruktors (des Destruktors) nicht existiert.

Die grundlegenden Instanzfunktionen lassen sich für die Basisklassen durch die Art ihrer Datenbankoperationen beschreiben und werden im folgenden diskutiert. Es wird jeweils eine kurze Beschreibung der Funktion sowie der Ein- und Ausgabeparameter geliefert.

Zu den Instanzfunktionen gehören neben dem direkten Lesen auch Löschen, Ändern und Anlegen. Das direkte Lesen eines Objektes über einen fachlichen Schlüssel, d.h. über ein Attribut oder eine Verbindung von Attributen, die als Schlüssel für die Datenbanktabelle dienen kann, geschieht durch[24]:

---

[24] Die Objektmarke wird zurückgeliefert, falls ein positives Transaktionskonzept vorliegt. Die Bedeutung des positiven Transaktionskonzeptes ist im Kapitel zur Implementierung von PROKLAM detailliert dargestellt.

```
Parameter
Eingabe:
Object-Id bzw. Schlüssel-Kandidat
Ausgabe:
Struktur zur Rückgabe der
benötigten Objektattribute
Objekt-ID
Nachbedingung
technische Ausgabeparameter
(Return-Code, Systemfehler,
Objektmarke)
```

Betrachten wir die Instanzfunktion Lesen der Basisklasse Finanzprodukt. Ihre Aufgabe ist das Lesen eines Finanzproduktes über dessen Objekt-Id, welche zuvor ermittelt wurde oder über einen fachlichen Schlüssel. Zurückgeliefert werden alle Finanzproduktdaten, gemäß Datenmodellausschnitt der Basisklasse Finanzprodukt, d.h.

1. Tilgungsregelung,
2. Zinsregelung,
3. Währungsregelung,
4. Geschäftsart,
5. Finanzprodukttyp.

Eine weitere Instanzfunktion ist das Löschen eines Objektes (Destruktor). Das direkte Löschen eines Objektes kann über einen fachlichen Schlüssel oder eine Objekt-Id bewerkstelligt werden. Die Ein- und Ausgabe benutzt die Struktur:

```
Eingabe:
Objekt-Id bzw. Schlüssel-Kandidat
Ausgabe:
Objekt-Id
Nachbedingung
technische Ausgabeparameter
(Return-Code, Systemfehler,
Objektmarke)
```

Als Beispiel sei das Löschen eines Finanzproduktes mittels der Bezeichnung „Aktie Beispiel AG“ gewählt. In diesem Beispiel wäre auch ein anderes Vorgehen möglich. Es werden zunächst alle Instanzen mit der Bezeichnung „Aktie Beispiel AG“ gelesen. Für die so determinierte Objekt-Id wird ein direktes Löschen ausgeführt.

Die zu besprechende dritte Instanzfunktion ist das Ändern eines Objektes. Geändert werden kann nur der fachliche Inhalt, nicht aber die Objekt-Id des Objekts. An dieser Stelle wird der Vorteil einer künstlichen Objekt-Id nochmals deutlich. Die Objekt-Id ist über den gesamten Lebenszyklus eines Objektes invariant gegenüber Änderungen. Das direkte Ändern der Attribute eines Objektes, das durch die Objekt-Id oder einen fachlichen Schlüssel eindeutig identifiziert ist, geschieht durch:

```
Eingabe:
    Objekt-Id bzw. fachlicher Schlüssel
Ausgabe:
    Objekt-Id,
    Ausgabestruktur, die alle Attribute eines
    Objekts enthält, die zu ändern sind (gefüllte
    Attribute gekennzeichnet durch Indikatoren),
    Nachbedingung, technische Ausgabe-Parameter
    (Return-Code, Systemfehler, Objektmarke)
```

Ein Beispiel für eine Änderungsfunktion ist das Ändern des Namens eines Produktes mit der zuvor ermittelten Objekt-Id oder der Bezeichnung „Aktie Beispiel AG“ in die Bezeichnung „Aktie PROKLAM AG“.

Neben den löschenden Funktionen muß eine Klasse in der Lage sein, Objekte anzulegen. Diese sogenannten Konstruktoren ermöglichen es, das Anlegen einer Instanz einer Klasse durchzuführen. Beispielsweise das Anlegen eines Finanzproduktes:

```
Parameter
Eingabe:
   Struktur zur Übergabe der bei der
   Neuanlage zu versorgenden Attribute des
   Objektes
Ausgabe:
   Objekt-ID (die für die Neuanlage
   ermittelt wurde),
   Nachbedingung,
   technische Ausgabeparameter (Return-Code,
   Systemfehler, Objektmarke)
```

Diese vier Operationen stellen die grundlegenden Instanzfunktionen einer Klasse dar. Die obigen Schnittstellen sind unter der Prämisse formuliert, daß die Objekte ihre Objekt-Ids selbst generieren, was z.B. durch die Nutzung einer zentralen Routine (Object-Id-Server) geschehen kann.

Neben den angesprochenen Instanzfunktionen existiert die Gruppe der Klassenfunktionen, d.h. Operationen, die auf einer Menge von Objekten einer Klasse arbeiten. Dies sind in der Regel nur Lese- sowie Anlegefunktionen, ggf. auch Funktionen für eine Massenänderung. Solche Massenänderungen müssen allerdings konsistent und performant durchgeführt werden. Sie werden deshalb als Klassenfunktionen implementiert. Der Aufruf der Instanzfunktion Ändern für jede einzelne Instanz ist in der Regel inperformant. Die Destruktoren, d.h. löschende Funktionen werden hiervon ausgeschlossen, da hierbei eine Konsistenzkontrolle in der Regel nur sehr schwer durchführbar ist.

In der PROKLAM-Analysis werden Funktionen, die eine Liste von Ausprägungen zurückliefern, in vereinfachter Form spezifiziert. Als Beispiel dient eine Funktion der Basisklasse Partner:

```
#INTERFACE
partner-liste (
in:
t-partnerdaten partnerselektion
                              /* -Partner */
```

```
out:
t-unique-id O(Partner-OID)n  /* Liste der gefun-
                                denen OIDs */
)
```

Diese vereinfachte Spezifikation ist in der Analyse ausreichend, muß im Design jedoch verfeinert werden.

Im technischen Design können die Klassenlesefunktionen auf zwei Arten detailliert werden:

1. Als Funktion zum Erstellen einer Objekt-Liste über vorgegebene Selektionskriterien
2. Als Funktion zum Erstellen einer Objekt-Liste über eine Menge von gegebenen Objekt-Ids.

Im ersten Fall wird über die Funktionsschnittstelle eine Menge von Parametern übergeben, die es erlaubt, eine Selektion auf der Menge aller Objekte der betreffenden Basisklasse durchzuführen. Im zweiten Fall wird eine Liste fester Objekt-Ids übergeben und als Suchkriterium sukzessive abgearbeitet. Der zweite Fall ist problemlos darzustellen, während im ersten die Notwendigkeit besteht, gewünschte Suchoperationen über die Schnittstelle der Funktion zusammen mit weiteren Parametern zu übergeben.

Die Anforderung, Suchkriterien über die Funktionsschnittstelle zu übergeben, bedeutet, daß es keine allgemeingültige Funktion geben kann, welche alle Suchkriterien abbildet. Ansonsten müßten alle komplexen "WHERE"-Klauseln mittels einer universellen Schnittstelle abgebildet werden können. Es wird daher im allgemeinen eine Reihe von Projektionen geben, von denen jede einzelne durchaus eine größere Zahl von Suchbedingungen abbilden kann.

Die Beschreibung von Funktionen, die mittels Suchkriterien eine Menge von Objekten bearbeiten, kann vereinheitlicht werden. Dies schafft die Möglichkeit, alle Funktionen dieses Typs durch einen einheitlichen Programmrahmen umzusetzen. Die Eingabestruktur, die die Kriterien zur Beschreibung der Objektmenge liefert, wird in der PROKLAM-Analysis beschrieben. Im technischen Design ist diese Beschreibung zu verfeinern, um die Suchkriterien mittels Parametern und Ordnungskriterien in die Realisierung überführen zu können.

Es wird eine einheitliche Struktur definiert, die für eine Vielzahl der Fälle ausreicht. Sehr wohl besteht im Einzelfall die Notwendigkeit, spezifische Lesefunktionen zu entwerfen, deren Interfaces sich nicht mittels dieser Struktur beschreiben lassen.

Die Interface-Beschreibung einer Klassenfunktion aus der Analyse ist in ihrem Selektionskritrium oder Projektionskriterium im allgemeinen durch einen der folgenden Fälle charakterisiert:

1. Es existieren eine Ober- und eine Untergrenze zum Selektionskriterium, innerhalb derer alle Objekte zu suchen sind.
2. Es existiert eine Untergrenze, oberhalb derer alle Objekt zu suchen sind.
3. Es existiert eine Obergrenze, unterhalb derer alle Objekte zu suchen sind.
4. Das Selektionskriterium muß genau erfüllt sein.

Zur Standardisierung wird in PROKLAM bei einem Selektionskriterium, für das ein Suchbereich sinnvoll ist, z.B. das Fälligkeitsdatum einer Rente, grundsätzlich die Ober- und Untergrenze spezifiziert. Ist die Obergrenze nicht gefüllt, d.h. mit High-Value besetzt, so werden alle Ausprägungen der Klasse im Rahmen der Leseoperation bestimmt, die oberhalb der Untergrenze liegen. Analog wird der Fall der ungefüllten Untergrenze (Low-Value) modelliert. Zusätzlich kann das Interface die Anforderung abbilden, bestimmte Parameter als Teil der Selektion als wirksam bzw. unwirksam zu kennzeichnen. Dies geschieht durch einen eigenen, boole'schen, Parameter. Aus der Funktionsbeschreibung muß zusätzlich hervorgehen, wie mehrere Selektionsparameter zu einem Suchkriterium zu kombinieren und interpretieren sind und wie gegebenenfalls die gefundene Liste der Objekte zu sortieren ist.

Auf die beschriebene Art und Weise ist es möglich, eine zentrale Lesefunktion zu einer Klasse zu spezifizieren, welche alle Standardprojektionen abdeckt. So wird eine unübersichtlich große Zahl von Lesefunktion in Design und Implementierung verhindert. In der Praxis wird es zwar stets eine Reihe von Sonderfällen geben, diese machen aber nur einen geringen Prozentsatz der Gesamtmenge aus.

Die Interface-Verfeinerung für Projektionen (Lesefunktionen) geschieht in PROKLAM nach folgendem Schema:

1. Zunächst wird das Interface einer Klassenlesefunktion im fachlichen Entwurf entwickelt.

```
#INTERFACE
funktionsname (
in:
typ1suchkriterium1,
                                /* Herkunft */
t-booleanindikator,
                                /* Suchkriterium wirksam */
....
out:
...
)
```

2. Das Interface hat nach der Überführung ins technische Design die Form:

```
#INTERFACE
funktionsname (
in:
typ1suchkriterium1-untergrenze,
                                /* Herkunft */
typ2suchkriterium1-obergrenze,
                                /* Herkunft */
t-booleanindikator,
                                /* Suchkriterium wirksam */
....
```

```
t-string-1 sortierreihenfolge
                              /* ... */
t-string-1 s-verknuepfung   /* */
....
out:
...
)
```

Der Parameter „sortierreihenfolge" wird in das Interface aufgenommen, wenn die Lesefunktion mehrere verschiedene Sortierreihenfolgen der Rückgabeliste realisieren soll. Der Parameter „s-verknuepfung" dient der Abbildung verschiedener Verknüpfungen der Eingabeparameter zu Selektionskriterien[25].

Als umfassendes Beispiel wird das Lesen der Klasse Privatperson über den Namen und das Geburtsdatum untersucht[26].

1. Darstellung in der PROKLAM-Analysis

```
Privatperson-Liste:
Diese Funktion liefert eine Liste mit Daten von
Privatpersonen, die definierten Selektionskriteri-
en genügen. Als Selektionskriterium dienen Name,
Geburtsdatum und Geschlecht.

#EINGANGSREGELN
#END

#NACHBEDINGUNGEN
1.Es wurden Privatpersonenen gefunden.
2.Es existieren keine Privatpersonen zum
Suchkriterium
#END
```

---

[25] Die Parameterbezeichnung ist frei gewählt.

[26] Das dargestellte Funktionsinterface kann nach Anforderung der Problem Domain um weitere Selektionsparameter erweitert werden. Der jeweilige Indikator gibt dann an, ob es bei einer entsprechenden Nachricht an die Klasse wirksam wird.

```
#PUBLIC

#INTERFACE
Liste (
in:
t-string-30 Name,
                                /* Partner*/
t-geschlecht Geschlecht
                                /*Privatperson.Geschlecht*/
t-ttmmjjjj Geburtsdatum,
                                /*Privatperson.Geburtsdatum*/
out:
t-privatpersondaten27 0 (Liste-PPerson)n,
                                /* Privatperson */
t-nachbd nachbedingung
                                /* 1 = Objekte gefunden*/
                                /* 2 = Liste leer*/
#END
```

Das Geschlecht ist als Suchkriterium mittels einer exakten Wertangabe wirksam, wogegen Name und Geburtsdatum Wertebereiche als Suchkriterium zulassen. Dies muß im technischen Design in das Interface eingebracht werden.

2. Darstellung im technischen Konzept

   Die Suchkriterien müssen jetzt zum Geburtsdatum und zum Namen genauer beschrieben werden. Bei der Interfacedetaillierung ist zu berücksichtigen, daß die Menge der gefunden Klasseausprägungen auch sortiert werden muß.

```
#INTERFACE
Liste (
in:
t-string-30 Name-unter,
```

[27] t-privatpersondaten ist als Typ innerhalb der Basisklasse Privatperson definiert und beschreibt eine Struktur, die alle Attribute eines Objektes dieser Klasse enthält.

```
t-string-30 Name-ober,
                    /* Partner*/
                    /*Unter- und Obergrenze beim*/
                    /* Lesen */
t-boolean name-i,
                    /* Name wirksam ?*/
t-geschlecht Geschlecht
                    /*Privatperson.Geschlecht*/
t-boolean Geschlecht-i, /* Geschlecht  wirksam ?*/
t-ttmmjjjj Geburtsdatum-unter,
t-ttmmjjjj Geburtsdatum-ober,
                    /*Privatperson.Geburtsdatum*/
                    /*Unter- und Obergrenze beim */
                    /* Lesen */
t-boolean Geburtsdatum-i,
                    /* Geburtsdatum wirksam ?*/
t-string-1 sortierreihenfolge
                    /* 1 = Geburtsdatum, Name*/
                    /* 2 = Geschlecht, Name*/
                    /* 3 = Name */
out:
t-privatpersondaten 0 (Liste-PPerson)n,
                    /* Privatperson */
t-integer-long anzahl
                    /* Zahl der gefundenen Privat-
                       personen */
t-nachbd nachbedingung
                    /* 1 = Objekte gefunden*/
                    /* 2 = Liste leer*/
#END
```

Das Funktionsinterface bildet gemeinsam mit dem zugehörigen Datenmodellausschnitt die Grundlage der Implementierung. Dabei sind im Design noch keine umgebungsrelevanten Parameter berücksichtigt. Das Design ist noch zielsystemneutral. Dies geschieht exemplarisch im folgenden Abschnitt für die Zielplattform COBOL mit DB2 und CICS.

Die Abbildung einer Klassenfunktion, die eine Liste von Objekten zurückliefert, kann in Cobol mittels paketweiser Verarbeitung abgebildet werden. Cobol kann nicht dynamisch allokieren. Deshalb wird pro Aufruf einer solchen Klassenfunktion ein Paket von Objekten mit fester maximaler Länge zurückgeliefert. Die Funktion wird dann in der Anwendung so oft aufgerufen, bis die gewünschte Zahl von Objekten vorliegt bzw. keine weiteren Objekte gefunden werden. Die maximal mögliche Zahl von zurückgegebenen Elementen muß fest sein und wird im Rahmen des technischen Entwurfs spezifiziert. Sie wird in der Schnittstelle dokumentiert:

```
#INTERFACE
funktionsname (
in:
typ1suchkriterium1-untergrenze,
                                    /* Herkunft */
typ2suchkriterium1-obergrenze,
                                    /* Herkunft */
t-booleanindikator,
                                    /* Suchkriterium
                                       wirksam */
....
t-string-1sortierreihenfolge,
                                    /* ... */
t-string-1s-verknuepfung /* */
....
out:
t-objekt 0(objekt)n,
                                    /* Herkunft */
                                    /* n=21 */
t-booleanweitere-objekte
....
)
```

Die Festsetzung der Listenlänge auf 21 zeigt an, daß mit einem Aufruf maximal einundzwanzig Objekte zurückgeliefert werden. Wurde die definierte Zahl von Objekten in der rufenden Funktion abgearbeitet, so wird das nächste Paket angefordert. Mit dem Parameter „weitere-Objekte“ gibt der Server dem Client bekannt, ob weitere Objekte bereitgestellt werden können. Für den Fall des Lesens nach Selektionskriterien ist der wiederholte Aufruf der Lesefunktion durch den Client so zu gestalten, daß dieser die Möglichkeit besitzt, beim nächsten Aufruf der Lesefunktion das Interface so zu befüllen, daß korrekt weitergelesen werden kann. Der Client nutzt die Attribute des letzten zurückgegebenen Objektes, hier das einundzwanzigste, um die nächste Selektion auszuführen. Zunächst wäre es möglich, in der Datenbank einen Cursor zu öffnen und diesen offenzuhalten, um die nächste Abfrage zu befriedigen. Da aber von Seiten des Objekts unbekannt ist, ob eventuell von einem Anwendungskern oder einer Oberflächenklasse ein COMMIT bzw. ROLLBACK durchgeführt wird, ist dieser Weg nicht sinnvoll.

Im Falle einer Online-Anwendung unter CICS bedeutet dies, daß der Client in der aktuellen CICS-Task dieses zuletzt gefundene Objekt zwischenspeichern muß, wenn zwischen den wiederholten Aufrufen der Lesefunktion ein Synchronisationspunkt (SEND MAP in CICS) liegt. Dies geschieht mittels der COMMAREA (Communication Area) oder einer TS-QUEUE (Terminal Storage Queue). Das Zwischenspeichern des Wiederaufsetzobjektes wird durch den Client angestoßen und kann z.B. durch ein eigens definiertes rein technisches Objekt zur Zwischenspeicherung realisiert werden. Der Client hat damit die Möglichkeit, in der nachfolgenden Task beim Aufruf der Serverklasse das Interface so aufzufüllen, daß das korrekte Weiterlesen sichergestellt ist. Dazu muß das Clientobjekt zunächst den taskübergreifenden Zwischenspeicher lesen. Anschließend wird das Interface des zu rufenden Servers gefüllt. Dies geschieht solange, bis alle Objekte gelesen wurden bzw. die Verarbeitung durch den Endanwender beendet wird.

Im Falle einer Klasse, deren Daten mittels mehrerer relationaler Tabellen abgebildet werden, kann die Zwischenspeicherung des letzten bearbeiteten Objektes mehrere Tabellen betreffen, so daß über die Objekt-Id bzw. den fachlichen Schlüssel das letzte Objekt identifiziert werden muß. Im Beispiel des Lesens von Privatpersonen liefert das letzte Objekt den Wiederaufsetzpunkt in der durch das Selektionskriterium beschriebenen Menge von Privatpersonen. Werden zum Beispiel Privatpersonen mit Namen Müller und Geburtsdatum nach 1940, sortiert nach Datum und Name gelesen, könnte dies die Privatperson Harald Müller, Geburtsdatum 12.12.1954 sein. In diesem Fall wird beim nächsten Aufruf der Lesefunktion das Funktionsinterface so befüllt, daß alle Privatpersonen namens Müller, die nach dem 12.12.1954 geboren sind, gesucht und gelesen werden.

Problematisch ist dieses Verfahren, wenn die Suchkriterien so unspezifisch sind, daß stets eine große Anzahl von Ausprägungen zurückgeliefert wird, z.B. existieren hunderte Harald Müller, die am 12.12.1954 geboren sind. In diesem Fall müssen zusätzliche Ordnungskriterien aufgenommen werden.

Abbildung 3.21 Klassenfunktionen im CICS-Umfeld

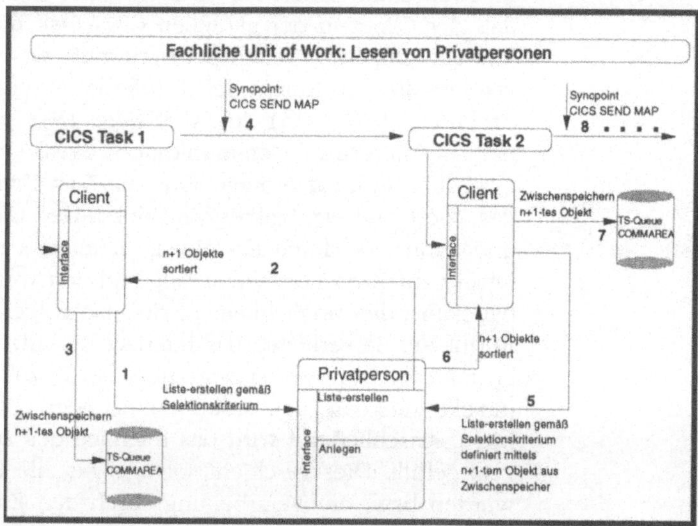

Ein Vorteil des beschriebenen Verfahrens besteht darin, daß es im Fall von Dialogen zu keinen längerfristigen Locks auf der Datenbank kommt, wenn unter DB2 mit Isolation Level Cursor Stability gearbeitet wird. Die gelesenen Sätze, genauer gesagt deren Datapages, werden bei diesem Isolation Level nach der Abarbeitung wieder freigegeben. Zudem ist die vorgeschlagene Paketverarbeitung direkt auf die Dialogverarbeitung einer Online-Anwendung zugeschnitten, da diese dem Endbenutzer nur eine feste Zahl von Objekten pro Task zur Verfügung stellt.

Die Paketverarbeitung ermöglicht zudem die Reduktion des Kommunikationsaufwands zwischen dem Oberflächensystem und dem System mit den Datenbanken, da mit einem CICS LINK jeweils eine Menge von Objekten übergeben wird.

3.7.5 Spezielle Implementierungsentscheidungen

Im Rahmen der fachlichen Modellierung von Klassen besteht oftmals die Notwendigkeit, Lesefunktionen zu beschreiben, welche Lesefunktionen anderer Klassen nutzen.

Die Implementierung solcher Funktionen auf der Basis einer relationalen Datenbank macht die Implementierung aller in der Analyse modellierten Funktionen aus Performancegründen teilweise überflüssig. Operieren beispielsweise die Lesefunktionen der Klasse Partner und der Klasse Privatperson auf genau einer Tabelle, genügt die Implementierung einer Lesefunktion an einer der beteiligten Basisklassen. Die Beschaffung der Partnerdaten eines Unternehmens geschieht in einem solchen Fall nicht über die Funktion Partner-Lesen der Basisklasse Partner, sondern direkt innerhalb der Implementierung der Funktion Privatperson-Lesen der Basisklasse Privatperson.

Aufgrund dieser Überlegungen muß das Prinzip der Kapselung und der Vererbung beim Übergang in die Implementierung zum Teil aufgegeben werden. Dies betrifft jedoch nur Funktionen, die lesende Zugriffe auf andere Klassen beinhalten. Im Rahmen von PROKLAM geben wir folgende Empfehlungen zum technischen Design:

1. Die öffentlich zugänglichen Lesefunktionen einer Basisklasse werden gemäß der Beschreibung im technischen Entwurf implementiert.
2. Die Leseanforderung einer Basisklasse an eine andere Basisklasse kann durch die Nutzung der angebotenen Lese-

funktion abgebildet werden oder direkt in der Client-Basisklasse durch einen direkten Zugriff mittels einer SQL-Leseoperation. Das bedeutet, daß in einer CICS/DB2-Architektur die gerufene Basisklasse und die rufende Basisklasse in derselben CICS-Region residieren müssen.

3. Die in der PROKLAM-Analysis beschriebenen Regeln müssen beim direkten, die Kapselungen aufgebenden Zugriff gewährleistet bleiben.
4. Allgemein sollte die Nutzung direkter SQL-Selects über Basisklasse-Grenzen hinweg auf Hierarchien beschränkt bleiben. In anderen Fällen sollte dies als Implementierungsentscheidung dokumentiert werden.
5. Eine Aggregationsklasse muß ebenfalls eine öffentliche Lesefunktion zur Verfügung stellen, die jedoch intern ihre Datenbeschaffung innerhalb der Anwendungsgrenzen mittels beliebiger, direkter Datenbankzugriffe durchführen kann, wenn dies die Performance erfordert und Punkt 3 stets gewährleistet wird.

Hierzu ein Beispiel:

Die Funktion „Beteiligung-Zulaessig" der Basisklasse Unternehmen nutzt zur Prüfung des Zulässigkeit einer Unternehmensbeteiligung eine Lesefunktion, die in der Implementierung durch einen direkten Datenbankzugriff ersetzt wird.

```
Definition
Die Funktion überprüft, ob ein Partner sich an ei-
nem Unternehmen beteiligen kann. Dies ist dann der
Fall, wenn es sich bei dem Partner nicht um eine
Organisationseinheit oder einen Konzern handelt.

#VORBEDINGUNGEN
Der Partner existiert
#END

#NACHBEDINGUNGEN
#END
```

```
#INTERFACE
Beteiligung-zulaessig (
in:
t-unique-Id Partner-Id
 /* Partner.OID */
out:
t-booleanBeteiligung-zulaessig
);
#END

#PUBLIC

#VERARBEITUNG
/* Prüfung der Zuässigkeit der Beteiligung mittels
Auswertung der Rechtsform des Partners */

Partner.Rechtsforn (Partner-Id, Rechtsform)

if Rechtsform zulässig
   Beteiligung-zulaessig = false
else
   Beteiligung-zulaessig = true
end
#END
```

Wird die gesamte Partnerhierarchie in einer Tabelle realisiert, so wird der Funktionsaufruf „Partner.Rechtsform" direkt mittels eines SQL-Befehls, der aus der Funktion Beteiligung-zulässig gegen die Partnertabelle abgesetzt wird, ausgeführt.

Für jede in der PROKLAM-Analysis definierte Basisklasse muß eine Anlegefunktion (Konstruktor) beschrieben werden. Für Klassen in Hierarchien bedeutet dies insbesondere, daß Anlegefunktionen übergeordneter Basisklassen aufzurufen sind, da dort z.B. bestimmte Regeln geprüft und Attribute angelegt werden. Die direkte Umsetzung aller Anlegefunktionen einer Klassen-Hierarchie ist genau dann problemlos möglich, wenn sich diese Hierarchie genauso in der Datenbankstruktur wiederfindet. Werden Hierarchiestufen in der Datenbank zusammengefaßt, kann auf die Implementierung der Anlegefunktion übergeordneter Klassen verzichtet werden. Das Interface einer solchen öffentlichen Methode bleibt davon unberührt.

Die in der PROKLAM-Analysis aufgeführten Aufrufe übergeordneter Konstruktoren sind in diesem Fall als Verweis auf die dort festgehaltenen zu berücksichtigenden Regeln zu verstehen.

Als Beispiel sei hier eine Datenbankstruktur gegeben, in der die Tabelle zur Klasse Unternehmen alle allgemeinen Daten aus der Klasse Partner mitführt. Daher wird die Beschreibung der Funktion „Unternehmen-Anlegen" der Basisklasse Unternehmen in der Implementierung abgebildet durch:

```
EXEC SQL
   INSERT INTO UNTERNEHMEN-TABELLE
   VALUES (UNTERNEHMENS-DATEN)
END-EXEC.
```

Dieses SQL-Statement legt alle Daten der übergeordneten Basisklasse Partner sofort mit an. Die Hostvariable UNTERNEHMENS-DATEN enthält alle Daten des Unternehmens einschließlich der allgemeinen Partnerdaten.

Im allgemeinen wird die Denormalisierung im Rahmen des Datenbank-Entwurfs dazu führen, daß das logische Schema nicht vollständig der Strukturierung der Klassen entspricht. Eine Klasse entspricht nicht notwendigerweise genau einer Tabelle. Wird ein logisches Modell entworfen, in dem mehrere Basisklassen auf eine Tabelle abgebildet werden, so kann im Falle von Mußattributen in mindestens zwei beteiligten Basisklassen die Situation auftreten, daß die Anlegefunktion der ersten Basisklasse nicht ohne die der zweiten und umgekehrt ausgeführt werden kann. Diese Deadlock-Situation ist durch entsprechende Datenbank- oder Modellanpassungen zu entschärfen.

3.7.6 Festlegung der Programmstruktur

Ist die Modellierung der Funktionen einer Klasse abgeschlossen, so wird im technischen Entwurf für das CICS/COBOL-Umfeld die Programmstruktur festgelegt. Im allgemeinen ist diese Entscheidung sehr einfach, da eine Klasse mittels einer Übersetzungseinheit umgesetzt wird. Der Klasse entspricht genau ein COBOL-Programm.

Ist die Zahl der Funktionen einer Klasse groß oder sind einzelne Funktionen sehr komplex, so daß die Überführung in die Implementierung mittels mehrerer Übersetzungseinheiten erfolgen muß, so wird die beabsichtigte Programmstruktur im Design spezifiziert.

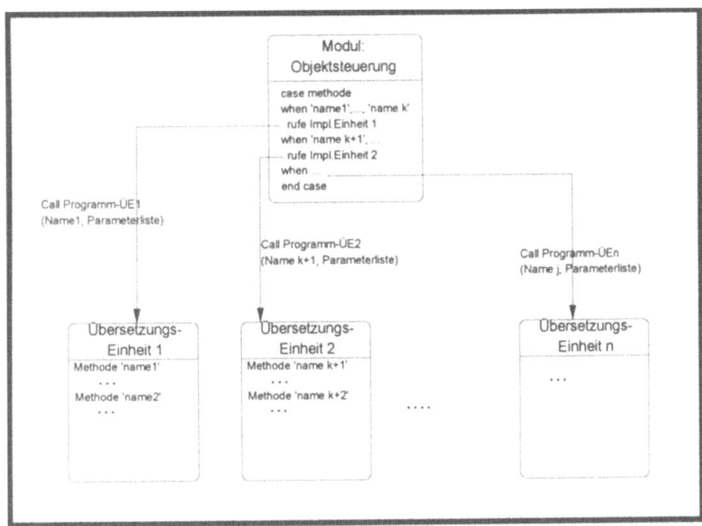

Abbildung 3.22 Aufteilung einer Klassenimplementierung auf mehrere Programme

Die Objektsteuerung wird von Clients über den Clientstub angesprochen, so daß nach außen die Implementierung der Klasse in Form mehrerer Übersetzungseinheiten gekapselt bleibt. Der Aufruf der Objektsteuerung erfolgt weiterhin nach dem Schema

```
CALL programmname USING
Methoden-NAME
TP-Monitorblock
Klassenstruktur
END-CALL.
```

Der Programmname ist der Name des Clientstubs. Dieser ruft intern die Objektsteuerung, die den Methodennamen auswertet und via normalen Cobol-Call dasjenige Programm aufruft, welches die gewünschte Methode implementiert.

Beispiel: Basisklasse Unternehmen

Wird die Basisklasse Unternehmen mittels mehrerer Programme implementiert, und die Funktion „Unternehmen-Anlegen" soll ausgeführt werden, so wird der Methodenname durch einen Client dieser Klasse auf

```
MOVE 'Unternehmen-Anlegen' TO METHODENNAME
```

gesetzt. Der Clientstub übergibt an die Objektsteuerung. Diese kapselt das Wissen, in welchem Programm Unternehmen-Anlegen implementiert ist und ruft die Übersetzungseinheit auf, die die Funktion implementiert.

Die Programmstruktur einer Klasse ist im technischen Design als Implementierungshinweis beschrieben.

Beispiel:

```
#IMPL.HINWEIS
Programm 1: Steuerung der Klasse Unternehmen
Programm 2:
Unternehmen-Anlegen
Beteiligung-zulässig
...
Programm 3:
Unternehmen-Löschen
Geschäftsjahr-ändern
Rechtsform-ändern
...
...
#END
```

3.7.7 Stored Procedures

Datenbankmanagementsysteme wie Oracle7 unterstützen gespeicherte Prozeduren gemäß der ANSI/ISO SQL3 Spezifikation. Damit ist es möglich, funktionale Anteile eines PROKLAM-Klassenmodells direkt in der Datenbank abzulegen. Mit diesen Stored Procedures kann auch die Einhaltung sehr komplexer Integrätsbedingungen in der Datenbank abgelegt werden. Dies wird auf einem Datenbankserver geschehen. Mit diesen Möglichkeiten können Anwendungen optimiert werden, indem allgemein benötigte Prozeduren zentral entwickelt, gewartet und gespeichert werden. Solche Konzepte sollten insbesondere dort Anwendung finden, wo die zu realisierende Funktionalität eine hohe Änderungsstabilität aufweist und die sie auslösenden Ereignisse bekannt sind.

Ihr Einsatz führt insbesondere zur

1. Steigerung der Zuverlässigkeit einer Anwendung,
2. Aufwandsreduktion der Anwendungsentwicklung und
3. Erhöhung des Datendurchsatzes.

Typische Anwendungsbeispiele sind

1. die Überwachung komplexer Integritätsbedingungen durch die Datenbank,
2. die automatische Auslösung von Bestellungen bei Bestandsunterschreitung,
3. die Auslösung und Durchführung von Copymanagementaktivitäten, z.B. von operativen in dispositve Systeme,
4. die Bearbeitung von Transaktionsfolgedaten.

Das Klassenmodell stellt durch die beschriebenen Methoden die Information zur Verfügung, die benötigt wird, um im Rahmen des Designs zu entscheiden, ob eine Methode innerhalb der Objektimplementierung in Cobol, C, etc. oder aber als Stored Procedure in der Datenbank abgelegt wird. Aufgabe der Objektimplementierung ist es dann, den Request eines Clients, der in der Sprache des Objektinterfaces erfolgt, objektintern entweder in den entsprechenden Programmabschnitt oder aber in die Ausführung einer gespeicherten Prozedur umzusetzen.

Die Basisklassen sind, wie im Architekturteil (Abschnitt 3.2) beschrieben, das Medium, um dem Client gegenüber dieses Detail vollständig zu verbergen. Die Entscheidung für eine Realisierung einer Methode als gespeicherte Procedure - oder auch Teile von ihr - ist eine Designentscheidung und wird im Modell als Implementierungshinweis abgebildet.

Gespeicherte Prozeduren bieten sich insbesondere für solche Attribute an, die nach einem gewissen Ableitungsalgorithmus aus den Werten anderer Attribute hergeleitet werden können, jedoch aus Performancegründen in der Datenbank abgelegt werden, da sehr häufig auf sie zugegriffen wird. Dies stellt eine typische Designentscheidung dar. Solche Attribute müssen im Falle der Änderung eines Basisattributes geändert werden. Diese Änderung ist z.B. dann anzustoßen, wenn eine Funktion der Klasse ausgeführt wird, die Auswirkungen auf die Basisattribute, auf denen dieses Attribut beruht, hat.

Es besteht die Möglichkeit, diese Anforderung mittels Stored Procedures und eines Datenbank-Triggers, der diese auf eine entprechenden Änderung anstößt, zu implementieren. Im letzteren Fall kann dies zum Verzicht auf die Implementierung bestimmter Klassenmethoden führen. Abbildung 3.23 skizziert dieses Design.[28]

Ohne den Einsatz von Stored Procedures und Datenbanktriggern (Abbildung 3.24) wird nach der Ausführung der vom Clientobjekt aufgerufenen Änderungsoperation durch das Serverobjekt eine Folgemethode aktiviert, die die notwendigen Folgeupdates ausführt.

---

[28] Zur Vereinfachung der Darstellung wird hier auf den Object Request Broker verzichtet. Dessen Einbindung wird zum Beispiel im Abschnitt zum Verteilungsdesign bei Einsatz eines verteilungsfähigen Datenbanksystems (3.3) näher betrachtet.

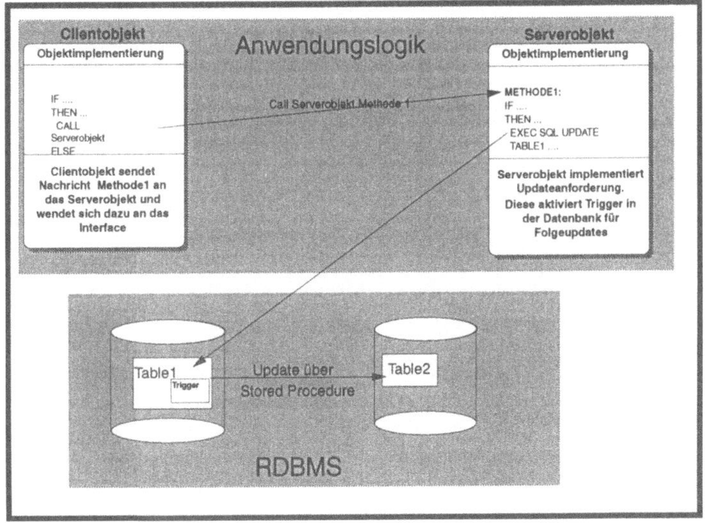

Abbildung 3.23 Implementierung von Folgeupdates mittels Stored Procedures

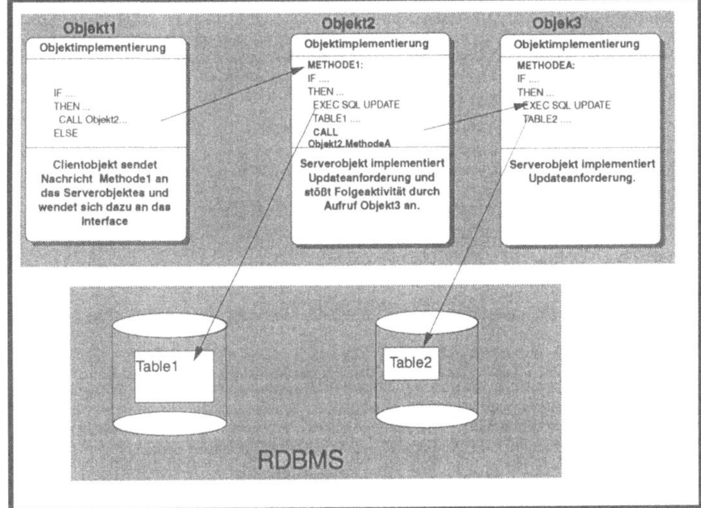

Abbildung 3.24 Folgeupdate ohne Stored Procedure

4 Implementierung

4.1 Einleitung

Die Implementierung beschäftigt sich mit der konkreten Konstruktion von EDV-Systemen. Sie ist die Domäne des klassischen Programmierers. Auf Grund der Tatsache, daß PROKLAM eine evolutionäre Methode ist, sind die Übergänge Analyse zu Design und Design zu Implementierung fließend.

In einem gut entworfenen System kommt der tatsächlichen Implementierung immer weniger Bedeutung zu. Der Rückgang an Wichtigkeit hat zwei Gründe. Eine Ursache ist methodischer, die andere technischer Natur. Der methodische Grund liegt darin, daß bei einer sehr exakten Spezifikation das Programm vollständig generiert werden kann[1]. Der technische Grund liegt in der explosionsartigen Entwicklung auf dem Hard- und Softwaresektor. War es in den siebziger und achtziger Jahren noch üblich, in der Programmierung auf Performance und Speicherplatzbedarf zu achten, so sind diese Punkte heute weniger wichtig geworden. Die fallenden Hardwarepreise für Prozessorleistung und Hauptspeicher machen es nicht mehr nötig, speicherplatzsparend zu implementieren. Eine Ausnahme bildet hier das mittlerweile antiquierte Betriebssystem DOS. Neben der Prozessorleistung hat auch die Leistungsfähigkeit der Compiler zugenommen, so daß eine assemblerbasierte Codeoptimierung von Seiten des Entwicklers unwichtig geworden ist.

Wir beschäftigen uns aus den oben aufgeführten Gründen nur mit den konstruktiven Aspekten der Implementierung.

---

[1] Ein Beispiel für ein solches Vorgehen ist die Entwicklungsumgebung IEF-Composer von der Firma Texas Instruments.

Die von uns angesprochenen Implementierungsteile sind das Exception Handling, die Klassenimplementierung für zwei verschiedene Plattformen und einige mainframespezifische Implementierungshinweise.

4.2 Exception Handling

Das Exception Handling ist eines der Fundamente für den Bau eines robusten Systems. Unter einer Exception verstehen wir eine unerwartete Reaktion eines Objekts im Gesamtsystem.

Streng zu trennen sind hier fehlerhafte Benutzereingaben. Diese sind keine Exceptions. Eine Benutzerfehleingabe ist stets ein erwarteter Fehler, d.h. es ist ein im Zustandsmodell vorgesehener Übergang. Es ist die Aufgabe der Oberflächenklasse, die Benutzereingaben konsequent zu überwachen und im regulären Interaktionsfluß vorzusehen. Folglich können, nach unserer Exceptiondefinition, fehlerhafte Benutzereingaben keine Exception auslösen.

Die Ursachen einer Exception können mannigfaltig sein. Zu den Ursachen zählen, ohne Anspruch auf Vollständigkeit:

1. Hardwarefehler,
2. Kommunikationsfehler bzw. -zusammenbrüche,
3. inkompatible Schnittstellen,
4. fehlerhafte Algorithmen bzw. Implementierungen,
5. fehlerhafte systemnahe Software.

Das größte Problem einer Exception ist das zeitverzögerte Auftreten der Exception gegenüber der kausalen Ursache. Hierzu ein Beispiel:

Angenommen, wir haben einen defekten Hauptspeicherchip, der einen Teil der eingespeicherten Daten verfälscht. Diese verfälschten Daten werden nun persistent gemacht, d.h. in einer Datenbank gespeichert. Erst Wochen später, wenn versucht wird, daß Objekt zu rekonstruieren, taucht eine Exception auf, ohne daß die kausale Ursache bekannt ist.

Wir müssen zwischen der kausalen Ursache des Fehlers und den von uns beobachteten Effekten trennen. Die Ursache ist selten direkt wahrnehmbar. Nur an Hand der sekundär auftretenden Exceptions können wir versuchen, den eigentlichen Fehler einzuengen und zu beseitigen.

Während der Entwicklung und Wartung von EDV-Systemen sind die meisten Fehler softwaretechnischer Natur. Am weitesten ist die fehlerhafte Nutzung von Programmschnittstellen verbreitet. Dies ist eine der Zielrichtungen für ein Exception Handling. Die andere Zielrichtung ist die Robustheitsphilosophie:

„Jedes Programm kann unvorhergesehen reagieren."

Für uns bedeutet unvorhergesehen außerhalb des regulären fachlich definierten Ablaufs. Die resultierende Exception ist aber ein erwarteter Fehler, daher wird auch auf ihn direkt reagiert.

Wie kann ein Fehler erwartet sein?

Betrachten wir hierzu noch einmal unsere Operationen. Der Begriff Operation ist weitgefaßt. Er reicht von einem einfachen Datenbankzugriff bis zum Aufruf eines kompletten Batchprogramms. Für jede Operation gilt aber: Die Operation erzeugt eine Postkondition (Nachbedingung), wenn die Präkondition (Vorbedingung) eingehalten wurde.

Die Präkondition enthält auch Bedingungen, die meist stillschweigend vorausgesetzt werden, z.B. die Existenz der angesprochenen Datenbank. Erst wenn alle Präkonditionen erfüllt sind, wird die Postkondition durch die Operation produziert. In diesem Kontext ist die Exception die Negation der Präkondition, d.h. eine Exception tritt dann auf, wenn eine der Voraussetzungen verletzt war.

Theoretisch könnten wir versuchen, alle impliziten und expliziten Präkonditionen zu überprüfen. Praktisch ist dies jedoch nicht durchführbar. Wir dürfen bei der Überprüfung der Präkonditionen nur einen bestimmten Teil betrachten und müssen alle anderen Präkonditionen als wahr voraussetzen.

Zu den überprüfbaren Präkonditionen gehören die Aufrufschnittstellen sowie solche Präkonditionen, die schon in der Vergangenheit öfters verletzt wurden. Die rein syntaktische Prüfung einer Aufrufschnittstelle ist der einfache Teil, da dies in manchen Sprachen von den Compilern und Präcompilern gewährleistet werden kann. Schwieriger ist die semantische Prüfung, da hier Fachlogik einfließt.

Die zweite Stütze des Exception Handling ist das Zustandsmodell einer Klasse. In diesem Modell werden in der Design- und Analysephase alle möglichen fachlichen Statusübergänge modelliert. Für das Exception Handling wird der Exceptionübergang eingeführt: Wenn ein Übergang von einem Zustand in einen undefinierten Zustand oder ein verbotener Übergang vorliegt, so wird eine Exception ausgelöst und die Verarbeitung terminiert. Die so ausgelöste Exception wird an die rufende Operation weitergegeben.

Für die rufende Operation ist dies im regulären Ablauf nicht vorgesehen, d.h. sie löst auch eine Exception aus. Auf diese Weise pflanzt sich die Exception durch die gesamte Aufrufhierarchie fort. Die Wurzel der Aufrufhierarchie ist eine Oberflächenklasse. Diese gibt dem Benutzer eine sinnvolle Fehlermeldung und führt ein Rollback aus.

Wie sieht eine Exceptionrückverfolgung aus?

Sobald eine Exception festgestellt ist, wird eine Exception Handling-Routine aufgerufen. Deren Aufgabe ist es, die an sie übergebenen Daten in ein Fehlerprotokoll zu schreiben. Ein an die Exception Handling-Routine übergebener Datensatz wird durch Datenelemente wie Transaktions-Id, Terminal-Id, User-Id, Datum und Uhrzeit ergänzt. Erst diese Kennungen ermöglichen eine Rückverfolgung zur eigentlichen Ursache der Exception. Wird die Exception in einem Programm ausgelöst, so wird der momentane Inhalt aller relevanten Datenstrukturen als eine Struktur an die Exception Handling-Routine übergeben. Wird die Exception jedoch in einem gerufenen Programm ausgelöst, so übergibt das rufende Programm die Schnittstelle vor und nach dem Aufruf an die Exception Handling-Routine. Voraussetzung ist, daß die Schnittstellenbestückung vor dem eigentlichen Aufruf in einer Pufferstruktur gespeichert werden. Die zurückgelieferte Schnittstelle wird im rufenden Programm eventuell um zusätzliche Informationen wie Status und Programmabschnitt ergänzt.

Das so entstandene Fehlerprotokoll kann bequem ausgebaut werden. Die Verfolgung der Schnittstelle ist besonders in der Entwicklungsphase wichtig, da hier Schnittstellenfehler einfach aufgedeckt werden können. Wurden die Programme hinreichend getestet, so kann für den produktiven Code auf die entsprechende Schnittstellenspeicherung verzichtet werden, um die Performanz zu erhöhen. Durch entsprechende Markierungen bzw. Compilerswitches ist dies einfach zu bewerkstelligen.

4.3 Klassenimplementierung in COBOL

4.3.1 Einleitung

Wie schon am Anfang des Buches erläutert, ist das Zielsystem des vorgestellten Ansatzes der klassische Großrechner. Aus historischen Gründen dominiert in dieser Umgebung die Programmiersprache COBOL. In einigen Unternehmen existieren zusätzliche Systeme in PL/I oder FORTRAN. COBOL ist jedoch so dominierend, daß es faktisch die Regelsprache ist. Die Programmiersprache COBOL hat trotz ihrer weiten Verbreitung im kommerziellen Sektor einige gravierende Defizite:

1. keine dynamische Speicherallokation,
2. keine syntaktisch unterstützte Vererbung,
3. kein Polymorphismus,
4. keine lokalen Variablen.

Trotz aller dieser Defizite werden wir im Rahmen von PROKLAM eine COBOL-Implementierung beschreiben. Die beiden wichtigsten Gründe für diese Entscheidung sind:

1. Die Programmiersprache COBOL ist bis auf weiteres defacto-Standard im kommerziellen Großrechnerbereich.
2. Die Objektorientierung ist primär eine Philosophie, welche durch eine adäquate Sprache einfacher realisiert werden kann, aber nicht zwangsläufig muß. Eine Sprache wie C++ oder Smalltalk vereinfacht die Realisierung von PROKLAM-Klassen, ist jedoch nicht notwendig.

Die dargestellte Realisierung basiert auf COBOL und DB2 mit dem Transaktionsmonitor CICS. Betrachten wir eine Klasse aus der Analyse bzw. aus dem Design. Die Klasse wird durch vier Modellteile beschrieben:

1. Klassenmodell,
2. Lifecycle-Modell,
3. Verteilungsmodell,
4. Datenbankentwurf.

Der letzte Punkt ist relativ einfach zu realisieren, da der Datenbankentwurf aus dem PROKLAM-Design direkt nach DB2 übertragen werden kann. Lediglich Parameter, die der Festlegung physischer Größen, z.B. Storagegroups, Bufferpools etc., im Zielsystem dienen, sind zu definieren. Zusätzlich können weitere Indizes erforderlich werden, um die Performance lesender Zugriffe zu optimieren. Die Umsetzung des Verteilungsmodells wurde im Abschnitt zum Verteilungsdesign hinreichend erläutert.

Bei der Implementierung des Klassen- und Lifecycle-Modells müssen einige fundamentale Überlegungen angestellt werden. Diese werden im folgenden dargestellt. Beide Modelle müssen simultan berücksichtigt werden. Aus dem Lifecycle-Modell entsteht eine abgeleitete „finite state machine". Diese Statusmaschine regelt die innere Konsistenz der implementierten Klasse.

Das Klassenmodell impliziert die Aufrufe der einzelnen Funktionen und den Ablauf der Funktionen selbst. Hier wird die tatsächliche Arbeit der Klasse getan. Das Klassenmodell enthält keine Statusinformationen.

Die Entkoppelung der konkreten Transaktionsumgebung von der Klassenimplementierung geschieht durch den Einsatz der Client- und Server-Stubs. Sie verstecken die CICS-Details vor den eigentlichen Klassen, vgl. hierzu den Abschnitt Funktionale Verfeinerung des Klassenmodells.

Neben den Klassen müssen auch eine Reihe von systemweiten Diensten realisiert werden. Eine PROKLAM-Systemleistung ist der Objekt-Id-Server. Dieser Server vergibt systemweit eindeutige Objekt-Ids, vgl. hierzu den Abschnitt Objekte im System.

4.3.2 Statusmaschine

Wie schon erwähnt, wird aus dem Zustandsmodell einer Klasse eine Statusmaschine abgeleitet. Allerdings braucht die Statusmaschine noch zusätzliche Fehlerausgänge.

Die getrennte Realisierung des Zustandsmodells anhand einer Statusmaschine hat die Vorteile:

1. Eindeutige Zuordnung zwischen dem Modell und einer realisierten Komponente.
2. Ein klare Trennung von Funktionalität (Methode) und Verwaltung (Zuständen) im entstehenden Code erleichtert die Wartung.

Wie sieht eine implementierte Statusmaschine aus?

Betrachten wir zunächst einmal das ursprüngliche Zustandsmodell aus der Analyse. In diesem Modell durchläuft die Instanz einer Klasse eine Reihe von Zuständen. Zwischen den einzelnen Zuständen werden die Übergänge durch die jeweils ausgeführten Methoden ausgelöst.

Abbildung 4.1
Statusmodell

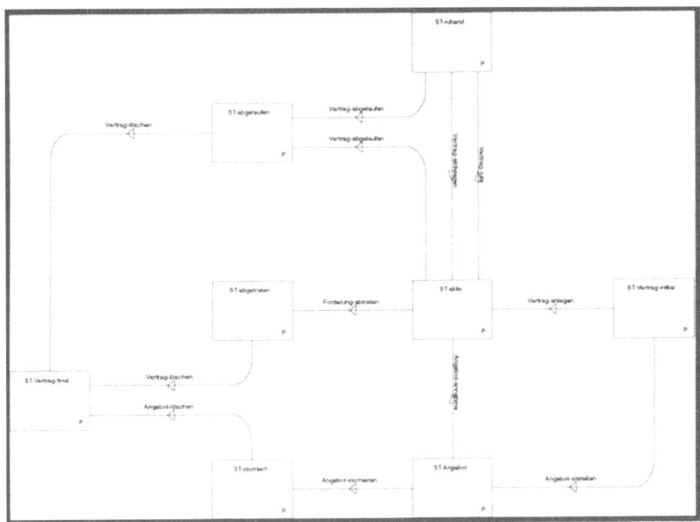

Dieses Zustandsmodell der Klasse bildet die Grundlage zum Bau der Instanzen der Klasse. Jede Instanz befindet sich immer in einem definierten Zustand.

Dem Methodenaufruf entspricht in dem aus der Klasse entstehenden COBOL-Programm ein PERFORM einer SECTION.

In dieser Section wird die Methode durchgeführt und ein entsprechender Returncode gesetzt und von der Statusmaschine interpretiert. Der folgende Abschnitt zeigt, vereinfacht, eine solche Statusmaschine:

```
EVALUATETRUE

WHENZUSTAND-1AND   METHODE-1
PERFORM METHODE-1-SECTION
PERFORM ZUSTANDSUEBERGANG-SECTION

WHENZUSTAND-1AND   METHODE-2
PERFORM ...

...

WHENOTHER
SET EXCEPTION  TO  TRUE

END-EVALUATE
```

Die Logik der Statusmaschine ist die einer Entscheidungstabelle. Wenn Zustand und auszuführende Methode korrekt sind, wird die Methodenimplementierung durchgeführt. Der Übergang findet in einer anderen Section statt, hier wird auch ein Rückgabewert aus der Methode interpretiert:

```
ZUSTANDSUEBERGANG-SECTION   SECTION.

ZUSTANDSUEBERGANG-START.

EVALUATE  TRUE

WHEN ZUSTAND-1 AND METHODE-1 AND SUCCESS
SET  ZUSTAND-2  TO  TRUE

WHEN ZUSTAND-1 AND METHODE-1 AND
     NOT SUCCESS
SET  ZUSTAND-3  TO  TRUE
```

```
WHEN ZUSTAND-1 AND METHODE-2 AND
    NOT SUCCESS
SET EXCEPTION   TO  TRUE
...

WHEN   OTHER
SET EXCEPTION   TO  TRUE

END-EVALUATE.
```

Diese Section mit den Übergängen folgt direkt aus dem Zustandsmodell.

Bei sehr großen oder komplexen Zustandsmodellen empfiehlt es sich, dieses in mehrere Teilmodelle zu zerlegen. Diese Teilmodelle bilden dann wechselwirkende Statusmaschinen. Alle Statusmaschinen haben aber den globalen Ausgang EXCEPTION. Die Exception kann jederzeit ausgelöst werden und unterbricht danach den normalen Verarbeitungsfluß.

Nach jeder Operation wird die Exception abgefragt und, falls sie eingetreten ist, protokolliert, z.B.

```
...
END-EVALUATE

IF      EXCEPTION    THEN

STRING ZUSTAND DELIMITED  BY  SIZE
METHOD  DELIMITED  BY  SIZE
INTO    X-BUFFER-LOCAL-STATE

MOVE    'ZUSTANDSUEBERGANG-SECTION'
TO      X-BUFFER-SECTION-NAME

MOVE    855     TO    X-BUFFER-LINE-NUMBER

PERFORM   EXCEPTION-HANDLING

END-IF
```

Nicht nur die Methodenimplementierungen protokollieren eine Exception, die Statusmaschine geht genauso vor. Diese zusätzlichen Angaben durch die Statusmaschine ermöglichen eine reibungslose Rückverfolgung der Exception.

4.3.3 Programmschnittstelle

PROKLAM ist durch die Interface Definition Language (IDL) geprägt. Im Abschnitt Funktionale Verfeinerung des Klassenmodells wurde dies detailliert erläutert. Das so entworfene Interface muß bei der Implementierung realisiert werden.

Ein Klasse mit allen Methoden wird in der Regel in einer Übersetzungseinheit, auch Programm genannt, realisiert. Bei sehr großen oder komplexen Klassen kann hiervon abgewichen werden, dann werden mehrere Programme genutzt zur Realisierung einer Klasse genutzt. In einem solchen Fall wird eine Steuereinheit für die Klasse realisiert, welche die einzelnen Programme aufruft. Diese Steuereinheit enthält auch die Statusmaschine.

Der Aufruf hat für alle Programme die gleiche Struktur. Als Übergabeparameter wird der Methodenname und ein Verweis auf die Ein- und Ausgabeparameter der Klasse erwartet. Neben diesen beiden Strukturen wird noch ein Transaktionsmonitorblock übergeben.

Dieser Transaktionsmonitorblock wird nur in den Client- und Server-Stubs interpretiert, er enthält die Informationen zur CICS-Steuerung. Die eigentliche Klassenimplementierung reicht diese Transaktionsinformationen durch, ohne sie zu interpretieren. Diese ist eng an unsere Anwendungsarchitektur angelehnt.

Ein Aufruf hat, wie für jedes Objekt, die Struktur:

```
CALL 'KLASSE'  USING METHOD
  TP-MONITORBLOCK
  KLASSEN-STRUKTUR
```

Der letzte Parameter definiert eine Struktur, welche alle Ein- und Ausgabeparameter enthält. Für jede Methode existiert eine eigene Copystrecke. Diese Copystrecke wird aus der Klassen- und Methodenspezifikation bzw. der IDL abgeleitet.

Die einzelnen Copystrecken redefinieren sich gegenseitig in der Schnittstelle. Die erste Struktur dient der Übermittlung von Exceptions und einer Nachricht über Erfolg oder Mißerfolg im ausgeführten Programm.

```
01  KLASSEN-STRUKTUR.
 02  STEUER-INFORMATION.
  10  EXCEPTION PIC X.
   88  NO-EXCEPTION       VALUE ' '.
   88  EXECPTION          VALUE 'E'.
  10  SUCCESS-VARIABLE PIC X.
   88  SUCCESS            VALUE ' '.
   88  FAILURE            VALUE 'N'.

 02  KLASSEN-METHODE PIC X(5000).

 02  KLASSE-METHODE1
REDEFINES KLASSEN-METHODE.

COPY KLASSE-METHODE1.

 02 KLASSE-METHODE2
REDEFINES KLASSEN-METHODE.

COPY KLASSE-METHODE2.
```

Das entstehende Copybook, d.h. die Summe aller Copystrekken, wird im aufgerufenen Programm in die Working Storage eingebunden. In der gerufenen Klasse erscheint es in der Linkage Section.

Hierzu ein Beispiel. Betrachten wir unser IDL-Beispiel Rente erfassen. Das Interface war im technischen Entwurf definiert worden durch:

```
#INTERFACE
Rente-erfassen (
in:
```

```
t-Rente    Rente,
     /* spezielle Rentendaten BK-Rente */
t-Finanzprodukt Fprodukt,
     /* allgemeine Finanzproduktdaten BK-
        Finanzprodukt */
t-W-Regelung  Waehrung,
     /* Daten zur Beschreibung der
        Währungsregelung einer Rente ->
        BK-Finanzprodukt */
t-Z-RegelungZinsdaten,
     /* Daten zur Beschreibung der Zinsregelung
        einer Rente -> BK-Finanzprodukt */
t-T-Regelung   Tilgungsdaten
     /* Daten zur Beschreibung der Tilgungsre-
        gelung einer Rente -> BK-Finanzprodukt */
out:
t-nachbd          erfuellte-nb
     /* Erfüllte Nachbedingung
        1 = Finanzprodukt unbekannt
        2 = Finanzprodukt vorhanden
        3 = Währungsregelung unzulässig
        4 = Zinsregelung unzulässig
        5 = Tilgungsregelung unzulässig
        6 = Rentendaten fehlerhaft
        7 = Rente erfaßt
     */
)
```

Das so definierte Interface läßt sich in eine Datenstruktur übersetzen.

```
02 RENTE-ERFASSEN
REDFINES RENTE-METHODE.
03 INPUT-DATEN.
   05 RENTE.
...
   05 FPRODUKT.
    10 BEZEICHNUNG PIC X(30).
```

```
         10 BOERSENNOTIERUNG PIC X(01).
          88 BOERSENNOTIERUNG-OK VALUE 'J'.
          88 BOERSENNOTIERUNG-NOK VALUE 'N'.
         10 FREIGEGEBEN  PIC X(01).
          88 FREIGEGEBEN-OK VALUE 'J'.
          88 FREIGEGEBEN-NOK VALUE 'N'.

         10 EINFUEHRUNGSDATUM-LISTE.
         15 EINFUEHRUNGSDATUM OCCURS 1 TIMES.
          20 T-DATE-JJMM  PIC X(04).

        05 WAEHRUNG.
...
        05 ZINSDATEN.
...
        05 TILGUNGSDATEN.
...
       03 OUTPUT-DATEN.
        05 ERFUELLTE-NB.
         10 NACHBEDINGUNG PIC 9(01).
          88 FINANZPRODUKT-UNBEKANNT
        VALUE '1'.
          88 FINANZPRODUKT-VORHANDEN
        VALUE '2'.
          88 WAEHRUNGSREGELUNG-UNZULAESSIG
        VALUE '3'.
          88 ZINSREGELUNG-UNZULAESSIG
        VALUE '4'.
          88 TILGUNGSREGELUNG-UNZULAESSIG
        VALUE '5'.
          88 RENTENDATEN-FEHLERHAFT
        VALUE '6'.
          88 RENTEN-ERFASST
        VALUE '7'.
```

Damit diese Strukturen für die Klasse alle die gleiche Länge besitzen, wird mittels eines Füllers aufgefüllt.

4.3.4 Programmstruktur

Jedes Programm, welches eine Klasse oder Teile einer Klasse realisiert, enthält eine Initialisierungssektion. In diesem Teil wird die auszuführende Methode bestimmt. Da die Form und die Ausprägung des Methodenaufrufs erst von der gerufenen Klasse bestimmt werden kann, erfolgt die Auswertung an dieser Stelle.

Nachdem die aufgerufene Methode festgelegt wurde, betritt das Programm eine entsprechende Einstiegssektion. Erst hier kann der Übergabebereich vollständig analysiert werden. Für jede Methode existiert eine solche Einstiegssektion.

Bei großen komplexen Methoden ist es jedoch vorteilhafter, mehrere Sektionen anzulegen. Im Rahmen des Einstiegs werden nur die Funktionsparameter zugänglich gemacht.

Nachdem die aufgerufene Methode und der aktuelle Zustand der Objekt-Implementierung bestimmt wurden, beginnt die methodenspezifische Verarbeitung. Prinzipiell bieten die meisten Klassen zwei verschiede Typen von Methoden an:

1. Instanzmethoden,

2. Klassenmethoden.

Die Klassenmethoden müssen meist ein spezielles Listenkonstrukt verwenden, vgl. hierzu den Abschnitt Funktionale Verfeinerung des Klassenmodells. Die Ursache hierfür liegt in der Unfähigkeit von COBOL, dynamisch Speicherplatz zu allokieren. Folglich können pro Klassenaufruf nur eine feste Anzahl von Objekten verarbeitet werden.

Betrachten wir hierzu ein Beispiel:
Nachdem in der DATA DIVISION die Tabellen, die Linkage Section und die Working Storage definiert wurden, wird die aktuelle Methode ausgewertet.

```
MOVE  METHOD   TO   KLASSE-METHODE.

EVALUATE   TRUE
     WHEN   METHODE-1
PERFORM  INIT-KLASSE
```

```
IF  NOT-OK OR EXCEPTION THEN
    SET EXCEPTION TO TRUE
    PERFORM EXCEPTION
    EXIT
END-IF
PERFORM  INIT-METHODE-1
IF  NOT-OK OR EXCEPTION THEN
    SET EXCEPTION TO TRUE
    PERFORM EXCEPTION
    EXIT
END-IF
PERFORM  STATE-METHOD-1
IF  NOT-OK OR EXCEPTION THEN
    SET EXCEPTION TO TRUE
    PERFORM EXCEPTION
    EXIT
END-IF
PERFORM  METHOD-1-EXECUTE
IF  NOT-OK OR EXCEPTION THEN
    SET EXCEPTION TO TRUE
    PERFORM EXCEPTION
    EXIT
END-IF
PERFORM  DEF-STATE-METHOD-1
IF  NOT-OK OR EXCEPTION THEN
    SET EXCEPTION TO TRUE
    PERFORM EXCEPTION
    EXIT
END-IF
PERFORM  REPLY-METHOD-1
IF  NOT-OK OR EXCEPTION THEN
    SET EXCEPTION TO TRUE
    PERFORM EXCEPTION
    EXIT
END-IF
     WHEN  METHOD-2
...
```

```
END-EVALUATE.
PERFORM  EXIT-SECTION.
EXIT.
```

Zunächst werden die Speicherbereiche und Variablen initialisiert (INIT-KLASSE). Danach werden methodenspezifische Initialisierungen vorgenommen (INIT-METHODE-1). Anschließend wird der aktuelle Zustand des Objekts bestimmt (STATE-METHOD-1). Zum jetzigen Zeitpunkt ist der Zustand des Objekts eindeutig bestimmt. Mißlingt eine dieser Operationen, so befindet sich unser Objekt in einem undefinierten Zustand, folglich muß eine Exception ausgelöst werden. Die logische Variable NOT-OK dient zum Transport dieser Information.

Nach dieser Initialisierung und Zustandsbestimmung wird die eigentliche Methode durchgeführt (METHODE-1-EXECUTE). Im Anschluß an die Durchführung der Methode wird der neue Zustand festgelegt (DEF-STATE-METHOD-1) und die Rückgabe an das rufende Programm vorbereitet (REPLY-METHOD-1). Eine solche Detaillierung ist vorteilhaft, wenn die realisierte Klasse komplex ist.

In der Initialisierungs-Section für die einzelne Methode wird die Datenstruktur für die Schnittstelle von der Linkage Section in die interne Datenhaltung (Working Storage) übertragen. Wir folgen hier der Robustheitsphilosophie, daß ein Programm nur auf den lokalen Daten arbeitet und erst zum Zeitpunkt der Rückgabe die Schnittstelle bestückt wird.

```
INIT-METHODE-1   SECTION.
INIT-METHODE-1-000.

        INITIALIZE  KLASSE-METHODE-1-INTERN.

        MOVE CORRESPONDING  KLASSE-METHODE-1
 TO   KLASSE-METHODE-1-INTERN.

 PERFORM   METHODE-1-CHECK.
```

```
IF  CHECK-NOT-OK   THEN
    ...
    SET EXCEPTION TO TRUE
    PERFORM  EXCEPTION
    EXIT
END-IF.
EXIT.
```

Durch diese Section wurde die interne Schnittstelle gefüllt. Nachdem die Daten nun lokal verfügbar sind, wird der momentane Zustand des Objekts bestimmt. Dies geschieht durch einen Zugriff mit der Objekt-Id auf die Datenbank.

Sind Methode und Zustand bestimmt, so kann nun die eigentliche Operation durchgeführt werden.

Der Abschluß der Operation wird durch die Bestimmung des neuen Zustands ergänzt. Der neue Zustand läßt sich aus dem alten Zustand und der ausgeführten Methode ermitteln, wobei je nach Erfolg oder Mißerfolg ein anderer Endzustand angenommen wird. Eventuell wird je nach Implementierung der Zustand in der Datenbank gespeichert. Folglich wird an dieser Stelle ein Update auf der Datenbank durchgeführt werden.

Zum Abschluß wird die neu gefüllte interne Struktur auf die Linkage Section abgebildet und das Programm verlassen.

```
REPLY-METHODE-1   SECTION.
REPLY-METHODE-1-000.

 INITIALIZE  KLASSE-METHODE-1.

     MOVE CORRESPONDING KLASSE-METHODE-1-INTERN
       TO   KLASSE-METHODE-1.

 PERFORM   METHODE-1-CHECK.
 EXIT.
```

4.3.5 Klassenfunktionen und Datenbankoperationen

Die Klassenfunktionen unterscheiden sich grundlegend von den Instanzfunktionen. Instanzfunktionen sprechen stets genau eine eindeutig bestimmte Instanz an. Eine Klassenfunktion hingegen operiert auf einer a priori unbekannten Anzahl von Instanzen.

Deshalb muß unter Umständen eine große Zahl von Objekten bearbeitet werden. Bedingt durch die Unfähigkeit dynamisch Speicherplatz zu allokieren, kann nur eine feste Zahl von Objekten bearbeitet werden. Diese maximale Zahl von Objekten wird in der Klassenmethode fixiert, z.B. 20. Damit mehrere Objekte in einer Klassenfunktion bearbeiten werden können, muß für den Datenbankzugriff ein Cursorkonstrukt aufgebaut werden.

Die Klassenrealisierung geschieht nicht reentrant, d.h. das Programm wird bei jedem Aufruf neu initialisiert und hat keine Informationen über vorherige Aufrufe. Diese Informationen befinden sich, falls nötig, im Aufrufer.

Technisch gesehen müssen wie beim Klassenfunktionsaufruf ein oder mehrere Cursors geöffnet und diese nach Abschluß der Methodenoperation wieder geschlossen werden. Ein Cursor ist notwendig, da die relationale Datenbank Mengenoperationen durchführt, die COBOL-Realisierung eine Einzelsatzverarbeitung vornimmt.

Die Klassenmethoden zerfallen ihrerseits in zwei getrennte Typen:

1. Methoden zur Bearbeitung einer festen Auswahlmenge, meist eine definierte Anzahl von Objekt-Ids oder fachlichen Schlüsseln,
2. Methoden zur Bearbeitung eines kontinuierlichen Bereichs von Objekten, identifizierbar durch ein Suchkriterium. Da die Objekt-Ids willkürlich sind, ergibt hier deren Übergabe keinen Sinn.

Betrachten wir zunächst den ersten Typus, die feste Auswahlmenge:

```
IF AUSWAHLMENGE  THEN
   PERFORM  VARYING  I  FROM  1
          UNTIL  I > MENGE OR SQLNOTFOUND
 OR EXCEPTION
   ...
   MOVE  KLASSE-OBJEKT-ID(I)
          TO    OBJEKT-ID

   EXEC SQL
   SELECT  ATTRIB1, ATTRIB2, ...
    FROM   TABELLE, ...
    INTO  :ATTRIB1, :ATTRIB2, ...
   WHERE  OBJEKT_ID = :OBJEKT-ID
   END-EXEC

   IF SQLFOUND THEN
      PERFORM  METHODE-X
   END-IF
   END-PERFORM
   ...
END-IF
```

Wir ermitteln zuerst das einzelne Objekt und führen die notwendige Operation für das Objekt durch. In diesem Fall handelt es sich um eine Listenverarbeitung ohne den Aufbau eines Cursors.

Im zweiten Fall werden bei dem Methodenaufruf die obere und untere Schranke gefüllt, falls das Suchkriterium sich als Intervall darstellen läßt. Betrifft diese Schranke nur ein einzelnes Attribut, so gestaltet sich die Abfrage recht einfach. Schwieriger ist die Situation, wenn die Schranke über mehrere Attribute hinweg definiert ist. Hier müssen wir in der Klasse für die Columns eine definierte Reihenfolge festlegen, da sonst Ordnungsrelationen keinen Sinn ergeben.

```
EXEC SQL
DECLARE  METHODE_X  CURSOR  FOR
SELECT   ATTRIB1, ATTRIB2, ...
  FROM   TABELLE, ....
```

```
WHERE
(((ATTRIB1 = :ATTRIB1-UNTEN  AND
   ATTRIB2 > :ATTRIB2-UNTEN)
   OR
  (ATTRIB1 > :ATTRIB1-UNTEN))
 AND
 ((ATTRIB1 = :ATTRIB1-OBEN   AND
   ATTRIB2 < :ATTRIB2-OBEN )
   OR
  (ATTRIB1 < :ATTRIB1-OBEN )))
END-EXEC
```

Die Cursor Deklaration wird von der Öffnung des Cursors gefolgt.

```
EXEC SQL
   OPEN CURSOR METHODE_X
END-EXEC
```

Nach dem Öffnen folgt eine Fetch-Schleife.

```
PERFORM  VARYING  I  FROM  1
        UNTIL I>MENGE OR SQLNOTFOUND
 OR  EXCEPTION
EXEC SQL
   FETCH  METHOD_X
INTO   :ATTRIB1, :ATTRIB2, ...
END-EXEC

IF SQLFOUND  THEN
   PERFORM METHOD-X
END-IF
...
END-PERFORM
```

Vor dem Verlassen der implementierten Klasse muß der Cursor via CLOSE und FREE wieder freigegeben werden. Das FREE wird bewußt eingesetzt, damit die Klasse kein Gedächtnis haben muß, ansonsten muß die Implementierung die Information speichern. ob der Cursor schon deklariert wurde.

Es ist die Aufgabe der rufenden Klasse oder des Anwendungskerns, für die korrekte Füllung der Schranke zu sorgen.

4.3.6 Client-/Server-Stubs

Die Client- wie auch die Server-Stubs besitzen einfache Schnittstellen. Dem Client-Stubs werden nur die Methode, der Transaktionsmonitorblock und die Klassenstruktur übergeben. Ihre Schnittstelle ist folglich identisch mit der Schnittstelle der Klasse.

Die Linkage Section des Client-Stubs hat daher den Aufbau:

```
LINKAGE SECTION.
01  METHODE PIC X(32).
01  TP-MONITORBLOCK PIC X(640).
01  KLASSENSTRUKTUR PIC X(5002).
```

Nachdem der Client-Stub den Aufruf entgegengenommen hat, ruft er den Object Request Broker (ORB) auf. Hierfür überträgt er die ihm übergebenen Daten auf eine für den ORB interpretierbare Struktur.

Da der ORB a priori nicht weiß, wer ihn aufgerufen hat, wird diese Information an ihn übergeben.

```
MOVE 'KLASSEN-NAME'
TO   KLASSE  OF ORB-BLOCK.
MOVE METHODE
TO   METHOD  OF ORB-BLOCK.
MOVE TP-MONITOR-BLOCK
TO  TP      OF ORB-BLOCK.
MOVEKLASSENSTRUKTUR
TO  PARAM     OF ORB-BLOCK.

CALL ORB USING ORB-BLOCK.
```

Der ORB seinerseits ruft den Server-Stub auf. Befinden wir uns in einer Batchumgebung, so geschieht dies mittels CALL, bei einer CICS-Umgebung mittels LINK.

Für die CICS-Umgebung ergibt sich somit im ORB folgender Aufruf des Server-Stubs:

```
EXEC  CICS LINK
PROGRAM(KLASSE-SERVER-STUB)
COMMAREA(ORB-BLOCK)
...
END-EXEC.
```

Im Fall eines Batches wird ein eigener Batch-ORB folgenden Aufruf absetzen:

```
CALL  KLASSE-SERVER-STUB
 USING   ORB-BLOCK.
```

Die Verteilung auf verschiedene Lokationen geschieht durch einen DPL (Distributed Program Link) zwischen dem ORB und den Server-Stubs. Die Information über die tatsächliche Lokation der Server-Stubs und somit auch der Klassenimplementierung besitzt die CICS-eigene PPT (Program Processing Table). Mit Hilfe dieser Information wird der Aufruf an das korrekte CICS weitergeleitet.

Der Server-Stub seinerseits entpackt die ihm übergebene Struktur (ORB-Block) und ruft dann die tatsächliche Klassenimplementierung auf. Dies geschieht durch den Befehl:

```
CALL 'KLASSE'  USING METHOD
  TP-MONITORBLOCK
  KLASSENSTRUKTUR.
```

Die so aufgerufene Klasse beginnt nun ihre Verarbeitung und ruft ihrerseits eventuell andere Client-Stubs auf oder sie gibt nach Beendigung aller Operationen Werte an den Server-Stub zurück.

4.3.7 Objekt-Id-Server

Das Ziel von Objekt-Ids ist die eindeutige Identifikation von Objekten in Systemen.

Die Erzeugung dieses Kunstschlüssels (Objekt-Id) ist die Aufgabe des Objekt-Id-Servers. Wir lehnen uns bei der Konstruktion an die Spezifikation von OSF/DCE (Open Software Foundation/Distributed Computing Environment) an. Der Schlüssel mit der Bytelänge von 16 setzt sich aus drei Teilen zusammen:

1. ein umgedrehter Timestamp in Nanosekunden, 8 Bytes Länge,
2. die Clock-Sequenz, 2 Bytes Länge,
3. die IEEE-Knoten-Id, 6 Bytes Länge.

Die IEEE-Knoten-Id ist die Identifikation des Netzwerkknotens und ist auf der Netzwerkkarte hardwaremäßig eingebrannt. Ein MVS-Rechner hat keine solche Knoten-Id. Es kann hier eine willkürliche Byte-Sequenz gewählt werden.

Die Clock-Sequenz dient neben dem sequentiellen Durchnumerieren der Boot-Sequenzen auch zum Herstellen einer größeren Zahl von Objekt-Ids zu einem Zeitpunkt. Normalerweise, im OSF/DCE-Standard, liegt die Clock-Sequenz zwischen 0 und 16384. Ihre Aufgabe ist es, die Zeit zwischen zwei eng aufeinanderfolgenden Systemboots monoton wachsen zu lassen.

Bei einem MVS-System ist die Boothäufigkeit gering, daher reichen hier Werte im Bereich von 0 bis 1024 aus. Der zweite Anteil im Bereich von 1024 bis 15360 ermöglicht es, bis zu 14000 Objekt-Ids zum gleichen Zeitpunkt zu erzeugen. Die Summe aus dem Boot-Anteil und dem zweiten Anteil ergibt für uns die Clock-Sequenz. Hierdurch kann der Objekt-Id-Server auch eine große Zahl von Objekt-Ids zu einem Zeitpunkt simultan erzeugen. Dies ist bei einer Massenverarbeitung, z.B. Batch, ein Performancegewinn.

Die ersten acht Bytes basieren auf einem Timestamp im Nanosekundenbereich. Wir benutzen diese Timestamps jedoch in umgekehrter Reihenfolge, mit der Nanosekunde an führender Stelle. Der Grund liegt in dem Zugriffsverhalten von DB2. Würden wir den tatsächlichen Timestamp nutzen, würden in der Datenbank die Objekt-Ids gruppiert auftauchen. Diese Gruppierung wird durch die Tatsache hervorgerufen, daß es nur bestimmte Erzeugungszeiten (Arbeitszeiten) am Tag gibt. DB2 geht von einer gleichförmigen Verteilung von Werten aus, d.h. in diesem Fall kann die Datenbank ihre Zugriffe nicht günstig optimieren. Daher wählen wir die Timestamps in umgekehrter Reihenfolge. Dies stellt eine gleichförmige Verteilung der Objekt-Ids sicher.

Diese Objekt-Id-Server-Implementierung beruht auf dem Ansatz, daß sich der Timestamp zwischen zwei Aufrufen des Objekt-Id-Servers geändert hat. Dies muß nicht der Fall sein. In CICS läßt sich die Zeit bis auf die Sekunde abfragen. Während einer solchen Zeitspanne können mehrere Zugriffe erfolgt sein. Damit trotzdem die Eindeutigkeit gewährleistet ist, lassen sich zwei technische Ansätze verfolgen:

1. Nach jeder Objekt-Id-Bestimmung wird die letzte Objekt-Id in einer TS-Queue gespeichert. Beim nächsten Zugriff wird die TS-Queue gelesen und der Timestamp der dortigen Objekt-Id um eine Nanosekunde erhöht. Das Ergebnis ist die nächste Objekt-Id.
2. Je nach Hardware wird ein Zähler für die CPU-Zyklen gelesen, dessen Inhalt in Nanosekunden umgerechnet und als Wert für die Objekt-Id genutzt.

Werden auf dem gleichen Rechner mehrere CICS-Regionen genutzt, so hat jede ihren eigenen Server und dieser eine eindeutige IEEE-ähnliche Byte-Sequenz. Dies stellt Eindeutigkeit bei Parallelität sicher.

Für eine Batchumgebung liegt es nahe, pro Batch die IEEE-Byte-Sequenz neu zu vergeben. Da der Batch keine TS-Queue ansprechen kann, muß die zweite Option oder eine Datenbank als Speichermedium genutzt werden.

Wird der Objekt-Id-Server aufgerufen, so bietet er zwei Methoden an:

1. Erzeugung einer einzelnen Objekt-Id,
2. Erzeugung einer Liste von Objekt-Ids.

Hierbei ist die zweite Methode auf ca. 14000 Objekt-Ids limitiert.

Für die Objekt-Id-Server hat die Objekt-Id die Struktur:

```
03 OBJEKT-ID.
  05 TMPSTAMP PIC 9(18) COMP.
  05 CLCK-SEQUENZPIC 9(04) COMP.
  05 IEEE PIC X(06).
```

Bei dieser Form der Implementierung ist es notwendig, die Zeitabfrage im Nanosekundenbereich zu tätigen. Da dies nicht immer gewährleistet ist, wählen wir in einem solchen Fall eine andere Erzeugungsregel. Hier wird pro Aufruf eine Nanosekunde zum einmalig definierten Startzeitpunkt hinzugefügt.

4.4 Klassenimplementierung in Smalltalk

4.4.1 Einleitung

Im Gegensatz zur Sprache COBOL ist Smalltalk eine echt objektorientierte Sprache, so daß einige der für COBOL auftauchenden Implementierungsprobleme entfallen.

Das Hauptaugenmerk der Klassenimplementierung in Smalltalk gilt der Übertragung von PROKLAM-Klassen in eine Smalltalk-Entwicklungsumgebung. Als konkrete Umgebung wurde PARTS von der Firma Digitalk ausgewählt. Die nachfolgenden Aussagen können jedoch ohne Mühe auf andere Smalltalk-Entwicklungsumgebungen übertragen werden.

Aus jeder PROKLAM-Klasse wird eine Smalltalk-Klasse erstellt. Es stellt sich nun die Frage, wie die Smalltalk-Implementierung in die System- und Anwendungsarchitektur von PROKLAM eingeht. Dabei ist u.a. zu klären, wie ein Transaktionsmonitor eingebunden werden kann. Smalltalk verwendet die Begriffe Klasse, Instanz und Methode. Deshalb wird der entsprechende PROKLAM-Begriff stets durch das Präfix PROKLAM- ergänzt. Dieses Präfix erlaubt es, zwischen Modell und Implementierung zu unterscheiden.

Zusätzlich zur Einbindung in die PROKLAM-Architektur wird die Einbindung lokaler Datenbanken betrachtet. Diese lokalen Datenbanken dienen, wie im Datenbankdesign erläutert, der Rekonstruktion von PROKLAM-Objekten, die lokal benötigt werden.

4.4.2 Smalltalk: Übersicht

Ein Programm in der Sprache Smalltalk besteht aus einer Menge von Objekten, die auf Nachrichten (messages) reagieren. Die Reaktion auf die Nachricht durch das Objekt wird in der Methode (method) festgelegt. Hierbei werden die Methoden für die Klassen definiert und von einzelnen Instanzen bzw. von Klassen nach Empfang der Nachricht bearbeitet. In Smalltalk kann auch ein Objekt ein Teil der Nachricht sein.

Programmcode stellt im Verständnis von Smalltalk ebenfalls ein Objekt dar. Gemäß dieser Smalltalk zugrundeliegenden Philosophie werden zusätzliche Methoden zu einer Klasse benötigt. Sie liefern auf den Empfang der entsprechenden Nachricht strukturelle Informationen an den Client einer Klasse. So können z.B. Methoden definiert werden, die alle Entity-Typen, die zu einer PROKLAM-Klasse gehören, zurückliefern und damit essentielle Strukturinformationen an den Nutzer der Klasse übergeben. Hierzu wird dann eine Liste von Entity-Typ-Namen geliefert, wenn z.B. die Nachricht entityNames an die PROKLAM-Klasse gesendet wird:

```
BK-Rente.entityNames
```

Die Verarbeitung der Nachricht liefert als Antwort eine Liste von Entity-Typ-Namen zurück:

```
(Finanzprodukt, Rente, ...)
```

In Smalltalk wird unter Nutzung solcher Methoden zur Beschaffung struktureller Informationen programmiert. So wie ein COBOL-Programmierer ein MOVE-Befehl von einer Struktur auf eine andere programmiert, würde ein Smalltalk-Entwickler eine Methode wie entityNames aufrufen, um die Struktur der Klasse zu ermitteln und anschließend die Daten zu übertragen.

Im Gegensatz zu COBOL eignet sich Smalltalk damit sehr viel besser zur objektorientierten Implementierung von objektorientierten Methodiken. Smalltalk ermöglicht, ja animiert zu einer evolutionären Implementierung. Kurze Zyklen aus Design, Codierung, Testen sind mit dieser Sprache besonders einfach zu realisieren. Ein Nachteil von Smalltalk ist die Typfreiheit sowie das „late binding". Die meisten Eigenschaften lassen sich somit erst zur Laufzeit überprüfen.

4.4.3 Smalltalk-Klassen

Die Programmiersprache Smalltalk bietet ein Klassenkonstrukt an. Die zentrale Frage für die Realisierung von PROKLAM in einer Smalltalk-Umgebung lautet:

Wie werden PROKLAM-Klassen auf Smalltalk-Klassen abgebildet?

In PROKLAM besteht eine PROKLAM-Klasse neben der internen Ablauflogik aus einer Datensicht auf das zugrundeliegende Entity-Relationship-Modell. Diese Datensicht baut sich aus den Entity-Typen mit allen Attributen sowie den Relationen zwischen den beteiligten Entity-Typen sowie zusätzlichen Beziehungen zu umliegenden Entity-Typen auf. Jede PROKLAM-Methode wird in der Regel mehrere Attribute der in der Klasse enthaltenen Entity-Typen nutzen. Aus diesem Grund müssen wir in der Lage sein, Operationen auf den Attributen durchzuführen. Für Smalltalk bedeutet dies, daß für jedes in der Datensicht einer PROKLAM-Klasse vorhandene Attribut eine oder mehrere Methoden benötigt werden. Benötigt werden nur diejenigen Attribute, die im Rahmen einer PROKLAM-Methode genutzt werden.

Zusätzlich zu diesen Methoden müssen auch für die Entity-Typen und die Relationship-Typen der Datensicht einer PROKLAM-Klasse Methoden implementiert werden.

In der Praxis stellt es sich als günstig heraus, mit der vollen logischen Sicht (Entity-Relationship-Modell) der einzelnen PROKLAM-Klasse zu arbeiten und keine Reduktion auf einzelne Attribute dieser Sicht durchzuführen.

Zusätzlich zur rein logischen Sicht der PROKLAM-Klasse auf das Entity-Relationship-Modell existiert die Abbildung der PROKLAM-Klasse auf eine relationale Datenbank. Die Art der Abbildung hat Auswirkungen auf die Anwendungsarchitektur, je nach der gewählten Form der Datenhaltung[2]:

1. unikat,
2. redundant oder
3. partitioniert.

In allen drei Möglichkeiten taucht das Problem auf, neben der Abbildung des PROKLAM-Klassenmodells und des logischen Enitity-Relationship-Modells für die Programmierung in Smalltalk auch eine Abbildung des „physischen" Datenbank-

---

[2] Vgl. hierzu den Abschnitt über Datenbankentwurf.

Modells nach Smalltalk zu gewährleisten. Außerdem müssen beide Abbildungen konsistent sein.

Für alle diese PROKLAM-Bestandteile müssen Klassen und Methoden in Smalltalk bereitgestellt werden. Neben den reinen Instanzmethoden sind auch Klassenmethoden zu implementieren. Klassenmethoden spielen in Smalltalk, im Gegensatz zu COBOL, eine zentrale Rolle, da mit Hilfe dieser Methoden programmiert wird. In Smalltalk wird eine Reihe von Methoden, die Informationen über Klassen liefern, benötigt. Ein Beispiel hierfür ist die bereits angesprochene Methode entityNames (liefere die Namen aller Entity-Typen, die in einer PROKLAM-Klassensicht enthalten sind). Diese Methoden bilden die eigentlichen Bausteine zur Schaffung der PROKLAM-Klasse in Smalltalk.

Die Implementierung in Smalltalk bildet die konsequente Fortsetzung des PROKLAM-Design. Mit der Nutzung von Smalltalk wird die Möglichkeit geschaffen, zu großen Teilen mit dem logischen Modell zu agieren und Implementierungsdetails zu verbergen.

Die zu erwartende Klassenhierarchie in Smalltalk gestaltet sich folgendermaßen:

```
...
  PROKLAM-Klasse
    PROKLAM-Klasse_1
       PROKLAM-Klasse_2
...
PROKLAM-Klasse_n
   Entity_1
      Entity_2
        ...
        Entity_n
        ...
   Tabelle_1
   Tabelle_2
     ...
```

Die dargestellte Klassenhierarchie zeigt, daß die Smalltalk-Klassen unterhalb der PROKLAM-Klassen beginnen. PROKLAM-Klassen nutzen die Methoden der unterliegenden Smalltalk-Klassen, um ihre fachlichen Anforderungen zu implementieren. Es hat sich als günstig herausgestellt, die Zugriffe auf physische Tabellen in eigene Klassen zu kapseln, so daß die Tabellen nur über definierte Methoden angesprochen werden.

Eine Schwierigkeit bildet hierbei der Umbruch von der PROKLAM-Klassendarstellung auf Basis des logischen Entity-Relationship-Modells zum physischen Datenbankmodell. Die realisierte PROKLAM-Klasse sollte nur Methoden aus der logischen Sicht benutzen. Diese wiederum gewährleisten, falls nötig, die Aufrufe der Methoden der Tabellen.

Betrachten wir zunächst die benötigten Instanzmethoden. Für jedes Attribut werden zwei Methoden benötigt. Zum einen eine lesende Methode (get method), zum anderen eine schreibende Methode (set method). Die lesende Methode besitzt den gleichen Namen wie das Attribut, zusätzlich qualifiziert durch seinen Entity-Typ-Namen. Die Bezeichnung der schreibenden Methode leitet sich aus dem Namen der lesenden Methode, ergänzt durch einen Doppelpunkt, ab. Sie muß die Atributwerte als Inhalt der Nachricht mitsenden.

Die PROKLAM-Klasse Privatperson mit dem Entity-Typ Privatperson besitzt das Attribut Geburtsdatum. Dieses Attribut liefert zunächst zwei Methoden. Die Methoden werden durch Voranstellen des Entity-Typ-Namens gekennzeichnet.

```
PROKLAM_Person>>person_Geburtsdatum
...
  ^self at#person_Geburtsdatum
```

und

```
PROKLAM_Person>>person_Geburtsdatum:aValue
...
  ^self at#person_Geburtsdatum:aValue
```

Zusätzlich zu den Instanzmethoden wird eine Reihe von Methoden für Strukturinformationen benötigt, die für eine weitere Entwicklung sehr nützlich sind. Hierzu zählen:

1. `entityNames`
2. `tableNames`
3. `attributeNames`
4. `columnNames`
5. `relationshipNames`
6. `relationshipNamesInClass`
7. `allowedValues`

Die eigentliche Aufgabe des Entwicklers reduziert sich darauf, alle oben benannten Methoden zu nutzen und aus diesen Bausteinen die eigentliche PROKLAM-Klasse zu implementieren.

Zur Rekonstruktion von Objekten wird ein Interface zu einer relationalen Datenbank für lokale Zugriffe auf dem PC benötigt. Die entsprechenden Methoden und Klassen müssen in Smalltalk vorhanden sein. Ein solches Interface wird in der PARTS-Workbench mitgeliefert. Falls das benutzte Smalltalk-Entwicklungssystem dies nicht bietet, müssen die entsprechenden Methoden selbst entwickelt werden. Zu den wichtigsten Klassenmethoden des relationalen Datenbankinterfaces gehören (vgl. Klassenimplementierung in COBOL):

```
fetchAs: aObject from: aSelectStatement
fetchAllAs: aClass from: aSelectStatement
openCursor: aSqlStatement
executeSQLs: aSqlListOfStatements
```

Bei diesen Methoden wird das SQL-Statement als Bestandteil der Message übergeben. Zurückgeliefert wird eine Anzahl von Sätzen aus der Datenbank. Die Methode openCursor baut einen Cursor auf. Die Daten werden an die sie nutzenden Klassen übergeben. Diese wiederum rekonstruieren aus den übergebenen Daten die ursprünglichen Objekte. Die rekonstruierten Objekte stehen nun als PROKLAM-Objekte zur Verfügung.

Die oben erwähnten Methoden des relationalen Datenbankinterfaces werden ergänzt durch Methoden für die Tabellen, welche die PROKLAM-Klassen zur Speicherung persistenter Daten nutzen. Dazu zählen:

```
insert: aRow
delete: aRow
update: aRow
```

Diese wirken auf die jeweils assoziierte Tabelle zum bestehenden Objekt. Mit Hilfe all dieser Methoden des Datenbankinterfaces gelingt es, die gleichen Operationen auf einer Datenbank durchzuführen, wie die im Abschnitt über Klassenimplementierung in COBOL dargestellten Methoden.

Die so definierten Smalltalk-Methoden ergeben zusammen das notwendige Gerüst, um PROKLAM-Klassen zu implementieren. Durch die Fähigkeit, mehrere Instanzen gleichzeitig anzusprechen, muß in Smalltalk keine Paketverarbeitung implementiert werden. Der Objekt-Id-Server[3] läßt sich in Smalltalk nur schwer implementieren. Daher sollte er auf C- oder Assembler-Basis realisiert werden. In diesem Umfeld kann dann die ursprüngliche Bedeutung der IEEE-Knotenadresse beibehalten werden.

4.4.3 Transaktionsverarbeitung

Der in der PROKLAM-Systemarchitektur gewählte Transaktionsmonitor ist CICS. Smalltalk befindet sich nicht unter der Kontrolle von CICS. Wie läßt sich Smalltalk an CICS anbinden?

In der PARTS-Entwicklungsumgebung ist der CICS-Wrapper für diese Anbindung zuständig. Diese Software analysiert den bestehenden COBOL-Code, genauer gesagt die Linkage Section eines CICS-COBOL-Programms. Der Wrapper erzeugt für jedes Datenfeld in der Linkage Section Messages. Außer diesen programmspezifischen Nachrichten wird eine Reihe

[3] siehe Abschnitt Objekt-Id-Server (4.3.7).

von allgemeingültigen Nachrichten verschickt. Allgemeingültige Nachrichten, auf die reagiert wird, sind z.B.:

```
execute
executeNoBlock
createUnitOfWork
setUnitOfWork
```

Das Ziel dieser Methoden ist das Ausführen und Verwalten von CICS-Tasks. Die Methode execute führt eine CICS-Task aus und wartet auf ihr Ende. Die zweite Methode ermöglicht das asynchrone Ausführen mehrerer CICS-Tasks parallel. Die Implementierung paralleler Aktivitäten innerhalb eines Geschäftsprozesses wird so direkt unterstützt. Das im Abschnitt Implementierungstricks dargestellte Parallelobjekt ermöglicht eine ähnliche Funktionalität für das MVS-Umfeld. Die beiden letzten Methoden dienen der Erzeugung von Transaktionen sowie der Anwahl einer aktiven Transaktion.

Der CICS-Wrapper antwortet mit den Nachrichten:

```
completed
exception
accepted
```

Die erste und letzte Nachricht wird beim Start bzw. beim Ende einer CICS-Task versendet. Die zweite Nachricht wird abgesetzt, falls die CICS-Task abnormal beendet wurde.

Zur Flexibilisierung der Anwendungsarchitektur werden zusätzliche Wrapper-Stubs eingeführt. Diese Stubs sind CICS-sensitiv, da sie vom CICS-Wrapper via CICS-Link aufgerufen werden. Sie können jedoch an jeder beliebigen Stelle residieren, d.h. die Lokationstransparenz kann hier unabhängig vom Object Request Broker realisiert werden. Die CICS-eigene Program Process Table ist dafür verantwortlich.

Durch die hier dargestellten Methoden ist es möglich, einen Anwendungskern auf der MVS-Host-Seite anzusteuern und ihn unter CICS ablaufen zu lassen. Die Anwendungskerne müssen dazu lediglich eigene Server-Stubs erhalten. Da die Anwendungskerne der IDL genügen, ist dieser Stub einfach zu realisieren.

4.5 Implementierungstricks

4.5.1 Einleitung

Eine Besprechung aller möglichen Implementierungsprobleme würde den Rahmen dieses Buchs sprengen. Wir beschränken uns auf ein aus unserer Sicht überschaubares Maß. Die hier gezeigte Auswahl stellt keine Wertung über Wichtigkeit und Häufigkeit der ausgewählten oder ausgelassenen Probleme dar. Die von uns ausgewählten Implementierungstricks wurden mehr nach designtechnischen Gesichtspunkten ausgewählt.

Zusätzlich zur Beschränkung auf die vorliegende Auswahl werden wir uns auf die Zielplattform COBOL und CICS beschränken. Für andere Zielplattformen und Transaktionsmonitore muß der Leser selbst die nötige Transferleistung erbringen, was je nach Zielplattform mehr oder minder schwierig ist.

Zu den angesprochenen Implementierungstricks gehören das positive Transaktionskonzept, die Parallelität in den Anwendungskernen und Objekten, die Code-Assertions und die Überdeckungsmaße.

4.5.2 Positives Transaktionskonzept

Wie schon im Design erwähnt, müssen die fachlichen Transaktionen auf technische Transaktionen abgebildet werden. Ein Ziel des Designs ist die Konstruktion dieser technischen Transaktionen. Sie sollten möglichst kurzlebig sein, gleichzeitig die fachliche Integrität nicht gefährden.

In CICS löst jeder Bildschirmwechsel ein Transaktionsende aus. Diese Restriktion ist sehr störend, da ein komplexes Objekt durchaus mehrere Bildschirme zu fachlichen Füllung benötigen kann. Aus diesem Grund muß sichergestellt sein, daß ein transaktionsähnliches Verhalten für lang andauernde Dialoge implementiert werden kann.

Das zweite Problem, das Transaktionsende bei der Bildschirm-I/O, wird durch den „pseudo conversational mode“ im CICS hervorgerufen. Dies ist einer der Gründe für die Verwendung von TS-Queues und Communication Areas, damit Informationen über die technischen Transaktionsgrenzen hinweg transportiert werden können. Um zu verhindern, daß sich die relevanten Datenbankinformationen während der oft langwierigen Bearbeitung verändern, muß ein CURSOR WITH HOLD eingesetzt werden.

Das CURSOR WITH HOLD-Konstrukt versucht, einen in der Datenbank deklarierten Cursor über Transaktionsgrenzen hinweg offenzuhalten. Dieses Konstrukt besitzt allerdings den schwerwiegenden Nachteil, nur im Batch einsetzbar zu sein.

Wie können wir das Problem, über eine stabile relevante Datenbasis für die Transaktionsdauer zu verfügen, ohne in die Lockproblematik zu geraten, lösen?

Um die Lockproblematik zu entschärfen, müssen der Zeitraum, in dem das Lock vorhanden ist, sowie die Anzahl der Locks möglichst klein sein.

Wichtig ist das eventuelle Lock auf der Datenbank nur während verändernden Zugriffen. Es gilt, diese Phasen in ihrer zeitlichen Ausdehnung möglichst klein zu halten. Auf der anderen Seite werden aber eine Reihe von Entscheidungen aus der Lesephase abgeleitet. Hierbei wird implizit vorausgesetzt, daß sich bis zum Ende der Transaktion diese Datenbasis nicht ändert.

Die im positiven Transaktionskonzept gewählte Methode basiert auf dem Vergleich von in der Vergangenheit rekonstruierten Objekten, auf denen die aktuellen Entscheidungen beruhen, mit den in der Gegenwart vorhandenen Objekten. Sind beide Objektmengen identisch, so darf die Änderungsoperation (Ändern oder Löschen) durchgeführt werden. Hat sich ein Objekt aus der Menge verändert, so wird keine Operation durchgeführt, und der Benutzer wird über den Fehlschlag informiert.

Ziel des Verfahrens ist es, alle ändernden Operationen im gleichen Transaktionschritt durchzuführen. Dies stellt die technische Konsistenz aller zu verändernden Objekte sicher. Um sicher zu gehen, daß sich die fachliche Datenbasis im Vergleich zum Entscheidungszeitpunkt nicht verändert hat, werden die früher rekonstruierten Objekte mit den jetzt vorhandenen verglichen.

Die Bündelung der Änderungsoperationen in einen engen zeitlichen Rahmen kann nicht verhindern, daß es zu Benutzerkonflikten kommt. Allerdings sinkt die Konfliktwahrscheinlichkeit rapide ab. Umgekehrt wird der Endanwender „bestraft", der seine Verarbeitung sehr lange offenhält. Für ihn steigt die Wahrscheinlichkeit, daß mittlerweile jemand anders seine Datenbasis geändert hat.

Ein Beispiel: Benutzer A rekonstruiert die Objekte O1 und O2 und läßt sich ihren fachlichen Inhalt auf einem Bildschirm darstellen. Nach der Darstellung führt Benutzer A ein langes Telephongespräch und ändert anschließend Objekt O2. Inzwischen rekonstruiert Benutzer B das Objekt O1; er ändert seinen Inhalt ab, bevor Benutzer A fertig ist. Benutzer B bestätigt seine Änderung. Nun wird bei seinem Zugriff das aktuelle Objekt O1 im System mit dem alten Abbild von O1 des Benutzers B verglichen. Es ist unverändert. Objekt O1 wird sofort geändert. Benutzer B wird über den Erfolg der Operation informiert. Benutzer A versucht seine Änderungen des Objekts O2 zu bestätigen. Nun werden die alten Abbilder von O1 und O2 mit den aktuellen verglichen. Das Objekt O1 ist inzwischen verändert worden. Die Änderung von O2 darf nicht durchgeführt werden, da die fachliche Datenbasis (O1 und O2), auf der die Entscheidung beruhte, nicht mehr gültig ist. Für den Benutzer A wird ein Rollback ausgelöst, und er wird davon informiert.

Ein weiterer wichtiger Punkt ist die meist vorhandene Pseudopartition der Daten. Eine Pseudopartition liegt vor, wenn einzelne Endanwender nur klar abgegrenzte Mengen auf der Datenbank nutzen. Ein Endanwender nutzt nur eine Reihe von Sätzen in der Datenbank. Diese Menge ist disjunkt zu der

Menge eines beliebigen anderen Endanwenders. Dies wird z.B. durch die Zuordnung von Regionen oder Nummernkreisen zu Sachbearbeitern hervorgerufen. Wurden die einzelnen Tabellen entsprechend geordnet – in DB2 bedeutet dies die Einführung eines clustered Indexes – so bleiben diese Menge auch disjunkt. Dies ist nicht ganz korrekt, in DB2 kann es auf einzelnen Datapages zu Lock-Konflikten kommen, allerdings sind die Datenzeilen streng disjunkt. Folglich sinkt die Konfliktwahrscheinlichkeit ab.

Wie stellen wir fest, ob sich unsere Datenbasis zwischen der Lese- und der Änderungsoperation geändert hat? Die zugrundeliegende Frage ist: Wie werden Änderungen an einem Objekt festgestellt?

Das Löschen eines Objektes wird anhand der Nichtexistenz der entsprechenden Objekt-Id registriert, folglich genügt die Betrachtung von Änderungen (Updates) im Objekt.

Eine Alternative besteht darin, den fachlichen Schlüssel oder alle Attribute des Objekts zu merken und bei der Änderungsoperation mit dem aktuellen Objekt zu vergleichen. Dies hat gravierende Nachteile. Wird nur der fachliche Schlüssel verglichen, können sich Attribute durchaus verändert haben, und es dürfen keine Änderungsoperationen durchgeführt werden. Der Vergleich aller Attribute durchbricht das Prinzip der Kapselung in der Objektorientierung. Der Client müßte stets alle Attribut eines Objektes kennen, inklusive jeder Menge von Implementierungsdetails des Objekts.

Einen Ausweg liefert hier der Einsatz von Objekt-Marken. Jedes Objekt erhält zusätzlich zu seiner Objekt-Id, dem unveränderlichen Kunstschlüssel, eine Objekt-Marke. Diese Marke wird bei jeder Änderungsoperation auf dem Objekt unverwechselbar verändert. Wird nun die Objekt-Id persistent in einer Datenbank gespeichert, so geschieht das gleiche auch für die Objekt-Marke. Bei jedem lesenden, d.h. objektrekonstruierenden Zugriff auf die Datenbank wird neben den Objekten auch die Objekt-Marke gelesen. Bei einer Änderungsoperation werden außer den Objekt-Ids auch die Objekt-Marken miteinander verglichen. Sind die Marken unterschiedlich, so muß die Transaktion abgebrochen werden. Sind die Marken der beteiligten Objekte gleich geblieben, so darf die Änderungsoperation durchgeführt werden und die Marke wird verändert.

Wie werden Objekt-Marken gewonnen?

Dazu bieten sich zwei Möglichkeiten an:

1. Die Benutzung des datenbankinternen Timestamps für alle gespeicherten Zeilen in jeder Tabelle. Bei jedem Update- oder Insert-Zugriff wird eine Column mit dem aktuellen Timestamp gefüllt, z.B. als Default für diese Column definiert. Dieser Timestamp wird nun zur Objekt-Marke der zur Tabelle gehörenden Objekten. Da nicht alle Klassen sich direkt auf Tabellen abbilden lassen (z.B. Aggregationsklassen) tritt hier eine Lücke auf.
2. Die Objekte erzeugen die Marken selbst, indem sie einen Objekt-Marken-Server nutzen. Wir können sogar so weit gehen und den Objekt-Id-Server hierfür nutzen. Er erfüllt alle Voraussetzungen für die Lieferung von Objekt-Marken. Hier wird vor jeder Update- oder Insert-Operation der Objekt-Marken-Server innerhalb der entsprechenden Methode aufgerufen.

Im Rahmen von PROKLAM wird der zweite Ansatz favorisiert. Er stellt die Forderung nach möglichen Vergleichen sicher, ohne die Objektintegrität zu gefährden. Zusätzlich ist diese Methode auf Instanzen beliebiger Klassen, auch Nichtbasisklassen, anwendbar.

Die Objekt-Marken sollten nicht in ein Selektionskriterium für lesende Zugriffe[4] aufgenommen werden. Sie müssen nur für eine feste Objekt-Id unterschiedlich sein, daher kann an einer Lokation ein Markenserver implementiert worden sein ohne die Mächtigkeit des Objekt-Id-Servers zu besitzen. Er muß lediglich die Eindeutigkeit pro Objekt-Id garantieren.

---

[4] Bei Änderungsoperation bietet es sich an, je nach Datenbankdesign (siehe gleichnamigen Abschnitt) die Objekt-Marke in einer WHERE-Klausel zu verwenden.

4.5.3 Parallelisierung

Im Kapitel über das Design von Anwendungskernen wurde das Parallelisierungsproblem erwähnt. Dies besteht darin, eine beliebige Zahl von parallelen Prozessen zu unterstützen. Falls die technische Plattform dies nicht erlaubt, muß serialisiert werden. Erlaubt die Zielplattform eine echte Parallelisierung, so sollte diese Möglichkeit genutzt werden, da hiermit die Antwortzeiten des Systems gesenkt werden können.

Alle parallelen Prozesse in PROKLAM haben die Eigenschaft, untereinander asynchron und unabhängig abzulaufen. Bedingt durch die Asynchronität können die parallelen Prozesse in ihrer Gesamtheit nicht in einer großen technischen Transaktion ablaufen, obwohl sie alle zu einer fachlichen Transaktion gehören. Jedoch kann und sollte jeder einzelne Prozeß seine eigene Transaktionsklammer besitzen.

Unter der Restriktion, daß die parallelen Teile nicht unter einer gemeinsamen technischen Transaktion liegen, gestaltet sich das Parallelisierungsproblem recht einfach.

Zu diesem Zweck wird ein Parallelobjekt definiert. Es nimmt die zu parallelisierenden Objekt- bzw. Anwendungskernaufrufe entgegen. Wichtig ist hier, daß die zu parallelisierenden Teile der Interface Definition Language bzw. der CORBA-Aufruf-Syntax genügen und eigene Client- und Server-Stubs besitzen. Das Objekt Parallel nimmt eine Liste entgegen. Jeder Listeneintrag stellt den Aufruf eines Objektes, einer Klasse oder eines Anwendungskerns dar, z.B.

```
05 PARALLEL-LISTE.
 06 PARALLEL-LISTE-ZAHL     PIC 9.
 06 PARALLEL-LISTE-ITEM
     OCCURS  9 TIMES.
   10 KLASSEN-NAME           PIC X(32).
   10 METHODE                PIC X(32).
   10  TP-MONITORBLOCK      PIC X(640).
   10  KLASSENSTRUKTUR      PIC X(5000).
```

Die Anzahl der Listenelemente, identisch mit der Zahl der in einem Aufruf maximal zu parallelisierenden Objekte, wird auf 9 beschränkt. Dies hat keinerlei fachlichen Hintergrund, sondern basiert auf der Tatsache, daß wir bei einem CICS-Aufruf nur eine endliche Menge von 65536 Bytes übergeben können.

Die Implementierung des Parallelobjekts hat nun eine Besonderheit. Sie ist CICS-sensitiv, d.h. der Server-Stub ruft die Objekt-Implementierung via CICS-LINK und nicht via COBOL-CALL auf. Das aufgerufene Programm, das Parallelobjekt, macht nun seinerseits einen CICS-START auf ein CICS-Programm mit dem Namen Managerobjekt sowie einer festen Transaktions-Id und übergibt dabei jeweils die entsprechende TS-Queue für das jeweilige Listenelement, z.B.

```
EXEC CICS START
   TRANSID(MANAGEROBJEKT-TRANSID)
   ...
   QUEUE(TSQ-NAME)
END-EXEC.
```

Vorher wurde diese TS-Queue mit dem entsprechenden Namen im Parallelobjekt gefüllt.

```
MOVE PARALLEL-LISTE-ITEM(K)
 TO  TSQ-DATA.
MOVE K      TO     TSQ-NAME-NUM.
MOVE1     TO    TSQ-ITEM.
MOVE   5704  TO    TSQ-LENGTH.

EXEC CICS WRITEQ
      QUEUE  (TSQ-NAME)
      FROM   (TSQ-DATA)
      LENGTH (TSQ-LENGTH)
      ITEM   (TSQ-ITEM)
      MAIN
END-EXEC.
```

Die TS-Queue wird mit dem entsprechenden Listenelement – dies entspricht der Schnittstelle des zu parallelisierenden Objekts – gefüllt.

Das gerufene Programm, das Managerobjekt, führt ein Retrieve durch:

```
EXEC CICS RETRIEVE
     ...
     QUEUE (TS-QUEUE)
END-EXEC.
```

Danach wird im Managerobjekt sofort ein „enqueue" auf die übergebene TS-Queue durchgeführt, um diese zu sperren und anschließend zu lesen. Die konkrete Manager-Instanz kennt nur eine TS-Queue, deren Name bei der Start-Retrieve-Kombination übergeben wurde.

```
EXEC CICS ENQ
     RESOURCE (TS-QUEUE)
END-EXEC.

EXEC CICS READQ
     QUEUE (TS-QUEUE)
     INTO (OBJEKT-SCHNITTSTELLE)
     LENGTH(5704)
     ITEM (1)
END-EXEC.
```

Jetzt wird der aufzurufende Programmname (Klassenname) ermittelt und der entsprechende Client-Stub per COBOL-CALL aufgerufen. Da dies eine eigenständige Transaktion ist, kann der TP-Monitorblock aus dem rufenden Programm nicht genutzt werden. Nachdem dieser Client-Stub die Kontrolle an das Managerobjekt zurückgegeben hat, wird das Ergebnis des gerufenen Objekts in die TS-Queue zurückgeschrieben und die Queue freigegeben, „dequeue".

```
EXEC CICS WRITEQ
     QUEUE  (TS-QUEUE)
```

```
            FROM   (OBJEKT-SCHNITTSTELLE)
            LENGTH (5704)
            ITEM   (1)
            REWRITE
            MAIN
    END-EXEC.

    EXEC CICS DEQ
            RESOURCE(TS-QUEUE)
    END-EXEC.
```

Inzwischen hat der Serverteil des Parallelobjekts schon die nächsten CICS START's abgesetzt. Somit liegt eine echte Parallelität vor.

Nachdem alle parallelen Tasks gestartet wurden, versucht das Parallelobjekt, seine TS-Queues auszulesen. Da die aufgerufenen Managerobjekte die einzelnen Queues aber bis zu ihrer Beendigung via „enqueue" gesperrt haben, muß das Parallelobjekt warten, bis alle Queues freigegeben wurden.

Die freigegebenen TS-Queues werden im Parallelobjekt über READQ ausgelesen und anschließend via DELETEQ gelöscht. Die zurückgelieferten Objektschnittstellen werden in die Listenelemente geschrieben und an das rufende Objekt oder Anwendungskern zurückgeliefert, wobei der Transaktionsmonitorblock des rufenden Objekts im Parallelobjekt zwischengespeichert wurde und nun mit zurückgegeben wird. Falls die Verarbeitung in einer vorweg definierten Zeit nicht abgeschlossen wurde, wird versucht, die noch ausstehenden parallelen Tasks via CANCEL zu löschen und für diese Tasks eine Fehlermeldung zu produzieren.

Befinden wir uns in einem Batch-Umfeld, so kann diese Form der Parallelisierung nicht durchgeführt werden. Bei einem Batch müssen wir die einzelnen Aufrufe serialisieren bzw. via Jobnetz eventuelle Anwendungskerne parallel ablaufen lassen.

4.5.4 Qualitätssicherungsmaßnahmen

In einer objektorientierten verteilten Welt wird der Qualität von entstehenden Objekten ein hohes Maß an Bedeutung zugemessen. Dadurch, daß ein Objekt keine Information über die Lokation und Implementierung anderer Objekte besitzt, muß jedes Objekt den sogenannten Objektvertrag erfüllen. Der Objektvertrag setzt voraus, daß bei erfüllten Präkonditionen die Postkonditionen stets garantiert werden. Verletzt ein Objekt diesen Vertrag, so kann es zu einer unkontrollierbaren Fehlerfortpflanzung kommen. Dies kann durch die intensive Überprüfung der einzelnen Klassen und Anwendungskerne verhindert werden.

Es existiert ein große Zahl von Qualitätssicherungsmaßnahmen. Diese beinhalten neben technischen auch eine Reihe organisatorischer Maßnahmen. Hier werden zwei Maßnahmen kurz betrachtet:

1. Assertions,
2. Überdeckungsmaße.

Das Ziel der Assertions ist es, die Begrenzung und die Werte einzelner Ausdrücke unabhängig von der Implementierung zu überprüfen und zu spezifizieren. Assertions sind boolesche Ausdrücke. Eine Assertion ist entweder wahr oder falsch. Die einzelne Assertion wird dazu genutzt, eine bestimmte Bedingung zu überprüfen. Diese Bedingung wird aus fachlichen bzw. technischen Gründen in den Code eingeführt. Sie erscheint jedoch nie im produktiven Code. Im Gegensatz zu Exceptions, die das Auffinden von Fehlern im produktiven System ermöglichen sollen, ist das Ziel der Assertions die Entdeckung von Implementierungsfehlern. Meistens dienen Assertions der zusätzlichen Prüfung, z.B. enthält die ISBN-Nummer dieses Buches eine Prüfziffer. Eine Berechnung dieser Prüfziffer mit anschließendem Vergleich mit der enthaltenen Prüfziffer ist eine Assertion.

Die Assertions lassen sich nicht immer klar von den Exceptions trennen. Die Übergänge sind meist fließend. Allerdings sollten die Assertions stets so formuliert werden, daß sie nur von lokalen Informationen abhängen, im Gegensatz zu den Exceptions.

Eine Assertion läßt sich entweder über ein Makro oder eine explizite Programmierung definieren. Für den Makrofall wird das Makro im produktiven Code durch ein leeres Makro ersetzt. Im expliziten Programmierungsfall kennzeichnen wir die Assertionszeilen mit ASSERT oder ähnlich in den ersten acht Zeichen einer Programmzeile. Auch ein D anstelle des Sterns für Kommentare ist eine Möglichkeit, wenn dies der Compiler unterstützt[5]. Ein Präprozessor kann dann diese Zeilen im produktiven Code entfernen.

Betrachten wir hierzu ein Beispiel. Angenommen, eine Berechnung wurde durchgeführt. Als Assertion wird formuliert, daß das Ergebnis größer sein muß als eine bestimmte Variable. Eine explizite Programmimplementierung einer solchen Assertion kann wie folgt aussehen:

```
...
END-PERFORM.
  D IF NOT (ERGEBNIS > VARIABLE-1) THEN
  D MOVE &ZEILE TO  ZEILE
  D CALL ASSERT USING
  D  PGMNAME
  D  ZEILE
  D END-IF
...
```

Ein Präprozessor bzw. der Compiler setzt vor der Übersetzung solche speziellen Symbole wie &Zeile in entsprechende Werte um, z.B. wird &Zeile durch die aktuelle Zeilennummer ersetzt.

Das aufgerufene Programm ASSERT schreibt die übergebene Information, Programmname und Zeilen, in eine Datei. Diese Datei wird dazu benutzt, die fehlgeschlagene Assertion zu finden. In der Regel ist das Fehlschlagen einer Assertion ein

5 Einige Compiler nennen dies den Debugging Switch.

Hinweis auf einen Implementierungsfehler. Daraufhin kann der Code nun überprüft werden.

Wird der Code zum produktiven Einsatz freigegeben, so entfernt der Präprozessor oder Compiler die Assertzeilen.

Ein zweiter Mechanismus zur Qualitätssicherung sind Überdeckungsmaße. In einem objektorientierten Umfeld kommt dem Programmtest oder Modultest zentrale Bedeutung zu. Ein entstehendes Programm muß alle formulierten Testfälle erfüllen.

Woher wissen wir, ob das Programm ausreichend getestet wurde? Oder, anders ausgedrückt: Wann ist die Testbatterie vollständig?

Um dies zu bestimmen, werden die Überdeckungsmaße genutzt. Die zwei am meisten verwendeten sind C-0 und C-1. Beim C-0-Maß wird der prozentuale Anteil der ausgeführten Anweisungen im Programm gemessen. Bei der C-1-Überdeckung wird der prozentuale Anteil der ausgeführten Zweige bestimmt. Das C-1-Maß bezieht auch die leeren Zweige ein. Wenn die Menge der Testfälle ausreichend ist, kann eine C-0-Überdeckung von über 95% und ein C-1-Maß von über 85% erreicht werden. Technisch wird ein solches Überdeckungsmaß mit Hilfe von kommerziellen Testwerkzeugen, z.B. von der Firma Verilog, bestimmt. Diese Werkzeuge bauen in den Code sogenannte Counter ein, welche die Bestimmung der Maße erlauben.

Zusätzlich zum Code wird für die Wiederverwendung auch die Testbatterie (bestehend aus allen Testfälle zusammen mit den Testtreiberprogrammen) archiviert und später wieder genutzt. Alle Änderungen müssen den alten Testfällen genügen, natürlich nur, wenn die Fachlichkeit konstant geblieben ist.

5 Anhang

5.1 ADW-Nomenklatur

Die im Rahmen von PROKLAM verwendete Darstellungssymbolik läßt sich auf einige Elemente reduzieren.

Die verwendete Symbolik kann in zwei Kategorien eingeteilt werden. Zum einen sind es Symbole aus dem Datenmodell und zum anderen Symbole aus den Datenflußdiagrammen. Die häufig verwendeten Dekompositionsdiagramme sind selbsterklärend.

Das Datenmodell besteht aus Entity-Typen mit den Relationships zwischen den Entity-Typen. Die Entity-Typen besitzen außer ihren Attributen, hier nicht dargestellt, manchmal Spezialisierungshierarchien. Zu den am meisten verwendeten Symbolen gehören die Entity-Typen. Diese unterteilen sich in die Arten:

1. Fundamentale Entity-Typen (solche, die für sich selbst existieren können), z.B. Produkt,
2. Assoziative Entity-Typen (informationstragende Beziehungen zwischen zwei Entity-Typen), z.B. Auftragsposition
3. Attributive Entity-Typen (dieser Typ hat die Aufgabe, andere Entity-Typen zu beschreiben), z.B. Preis.

Alle diese verschiedenen Arten sind in der Abbildung A1 dargestellt. Die ADW besitzt für die Entwicklung von Datenmodellen noch einen vierten Typ, die Other-Entity-Typ. In diesem Fall kann zum Entwicklungszeitpunkt noch nicht festgelegt werden, welche Art der Entity-Typ annimmt.

Abbildung A1
Entity-Typen

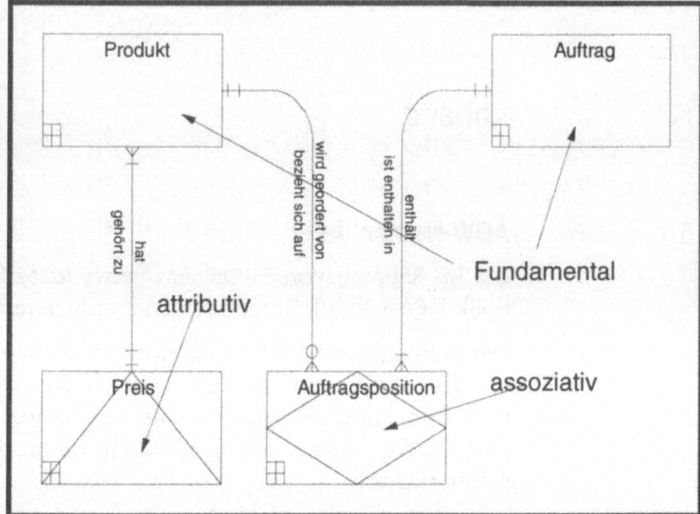

Die Entity-Typen werden über Relationships miteinander verknüpft. Die Relationships können unterschiedliche Kardinalitäten (Häufigkeiten) besitzen. Die hier verwandten Relationships und Kardinalitäten sind in Abbildung A2 dargestellt.

Abbildung A2
Kardinalitäten

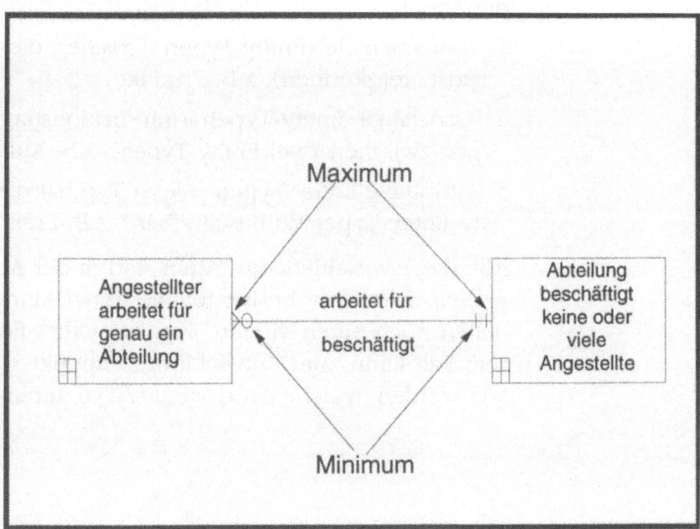

Das dritte Element unserer Darstellung ist die Form der Spezialisierung der Entity-Typen. Diese kann sein:

1. überdeckend,
2. nicht überdeckend,
3. exklusiv,
4. inklusiv.

Die verschiedenen Subtypen sind in der Abbildung A3 dargestellt. Anhand der Füllung des Spezialisierungskreises läßt sich der Spezialisierungsfall erkennen.

Abbildung A3
Überdeckungstypen

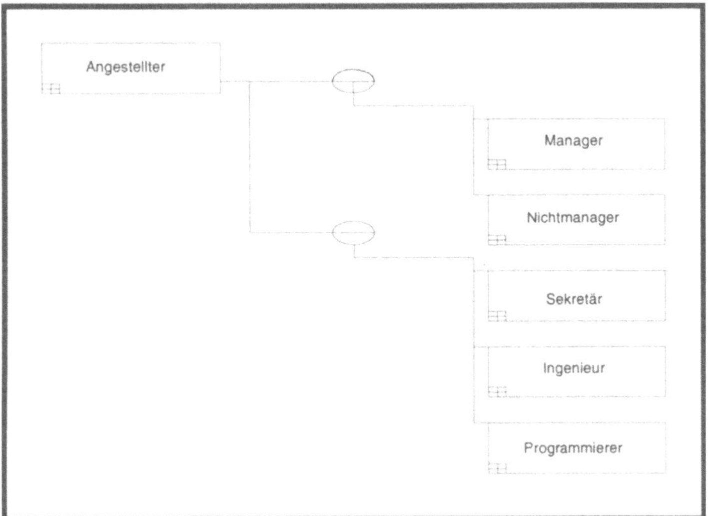

Außer dem Datenmodell wird das Datenflußdiagramm der ADW in PROKLAM verwendet. Die Datenflußdiagramme bestehen aus den Elementen:

1. Prozeß, in PROKLAM identisch mit einer Klasse bzw. einem Geschäftsprozeß oder Anwendungskern oder mit einem Zustand im Lifecycle-Modell.
2. Datenfluß, in PROKLAM eine Bedingung nach einem Aufruf bzw. ein Aufruf selbst oder eine Methode im Lifecycle-Modell.

3. Datenspeicher, in PROKLAM die Distributoren und Akkumulatoren um Parallelisierung im Rahmen von Geschäftsprozessen und Anwendungskernen zu erreichen.
4. Junctions, darstellungstechnisch notwendige Verzweigungen.

Alle diese Elemente sind in Abbildung A4 dargestellt.

Abbildung A4 Datenflußelemente

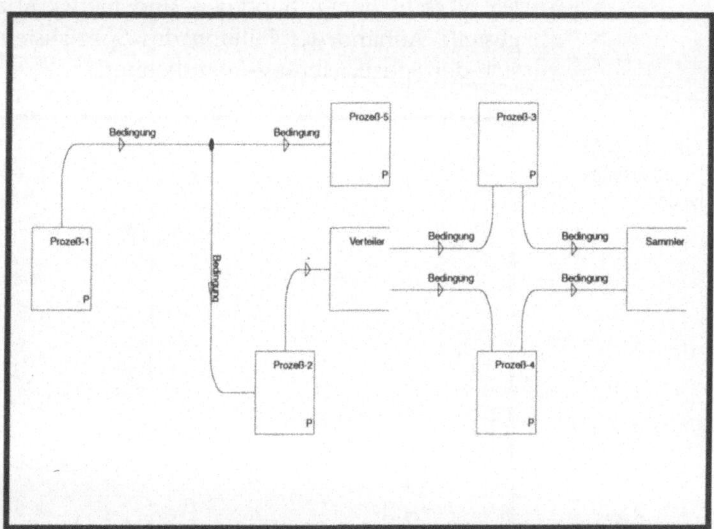

5.2 Literaturverzeichnis

1. Booch, G., „Objektorientierte Analyse und Design", Bonn 1994
2. Chantico, „CASE the potential and pitfalls", Wellesley 1989
3. Chen, P., „The Entity-Relationship Model: Toward a Unified View of Data", ACM Trans. on Database Systems Vol.No.1 1976
4. Coad, P. und Yourdan, E., „Object-Oriented Analysis", 2nd Ed., Prentice Hall 1991
5. Coad, P. und Yourdan, E., „Object-Oriented Design", Prentice Hall 1991
6. Codd, E.F., „A Relational Model for Large Shared Databanks", Communications of the ACM, Vol.13 No.6 1970
7. Date, C.J. und White, C.J., „A Guide to DB2", Reading 1989
8. Denert, E., „Softwareengineering", Berlin 1991
9. Denne, N., „DB2 Theorie und Praxis", Wiesbaden 1992
10. Goldberg, A., Robson, D., „Smalltalk-80 The Language and its Implementation", Addison-Wesley 1983
11. Hammer, M. und Champy, J., „Reengineering the Cooperation", New York 1993
12. Hetzel-Herzog, W., „Objektorientierte Softwaretechnik", Braunschweig-Wiesbaden 1994
13. Huckert, E., „Programmieren in C++", Markt&Technik Verlag AG 1990
14. Kageyama, Y., „CICS Handbook", New York 1989
15. Kilberth, K., Gryczan, G. und Züllighoven, H., „Objektorientierte Anwendungsentwicklung", Wiesbaden 1993
16. Kregeloh, Th., Schönleber S., „CICS, Eine praxisorientierte Einführung", Braunschweig-Wiesbaden 1993

17. McMenamin, S.M. und Palmer, J.F., „Strukturierte Systemanalyse“, München 1989
18. Meyer, B., „Objektorientierte Softwarekonstruktion“, Addison Wesley 1991
19. „The Common Object Request Broker: Architectur and Specification“. OMG Document 91.12.1. 1992
20. Rumbaugh, J.M., „Object-Oriented Modeling and Design“, Prentice Hall 1991
21. Shlaer, S., Meller, S.: „Object Lifecycles: Modeling the World in States“, Prentice Hall 1991
22. Stary, C., „Interaktive Systeme“, Wiesbaden 1994
23. Stein, W., „Objektorientierte Analysemethoden - Vergleich, Bewertung, Auswahl“, BI-Verlag 1993
24. „A Guide to Information Engineering Using the IEF“, 2nd Ed., Texas Instruments 1990
25. Trauboth, H., „Software-Qualitätssicherung“, München 1993
26. Wirfs-Brock, R., Wilkerson, B., Wiener, L., „Designing Object-Oriented Software“, Addison-Wesley 1990

Index

—A—

—B—

—C—

—E—

—F—

—G—

—H—

—I—

—J—

—K—

—L—

—M—

—N—

—Q—

—R—

—S—

—T—

—V—

—W—

—Z—

Objektorientierte Anwendungsentwicklung

von Klaus Kilberth, Guido Gryczan und Heinz Züllighoven

Unter Mitarbeit von Dirk Bäumer, Reinhard Budde, Klaus Hasbron-Blume, Karl-Heinz Sylla und Volker Weimer.

2., verbesserte Auflage 1994. XII, 218 Seiten. Gebunden.
ISBN 3-528-15346-6

Aus dem Inhalt: Die objektorientierte Methode – objektorientierter Systementwurf – der objektorientierte Entwicklungsprozeß, Objektorientierung und Softwarequalität – Einführungsstrategie, Chancen und Risiken – Wirtschaftlichkeitsbetrachtungen.

Auf der Basis einer praxisnahen Darstellung der Grundkonzepte objektorientierter Modellierung wird erläutert, daß für eine tragfähige Anwendungsentwicklung in der Zukunft eine neue Sichtweise notwendig ist. Der objektorientierte Entwicklungsprozeß wird in seinen fachlichen und technischen Dimensionen ausgeleuchtet. Ein verständliches Leitbild für die Systementwicklung, die Metapher von Werkzeugen und Materialien, wird vorgestellt. Objektorientierung beeinflußt aber nicht nur die Programmierung und die Projektstrategie, sie hat auch Auswirkungen auf die Entwicklerorganisation. Diese Überlegungen werden durch Einschätzungen über die kurz- und langfristige Wirtschaftlichkeit einer objektorientierten Vorgehensweise ergänzt. In einem eigenen Kapitel werden detaillierte Vorschläge für eine an den Bedürfnissen der kommerziellen Datenverarbeitung ausgerichtete Einführungsstrategie vorgestellt.

Über die Autoren: Dr. Kilberth ist Leiter der Abteilung „Beratung Methoden & Tools" bei der ALLDATA Unternehmensberatung in Düsseldorf. Dipl.-Inform. Guido Gryczan ist wissenschaftlicher Mitarbeiter am Fachbereich Informatik, Arbeitsbereich Softwaretechnik der Universität Hamburg. Dr.-Ing. Heinz Züllighoven ist Professor am Arbeitsbereich Softwaretechnik im Fachbereich Informatik der Universität Hamburg.